“十二五”职业教育国家规划教材
经全国职业教育教材审定委员会审定

电子技术

第2版

主　编　黄贻培
副主编　许艳英　郑雪娇
参　编　邓文亮　焦　键　杨代强　孙庆玲

机械工业出版社
CHINA MACHINE PRESS

本书是“十二五”职业教育国家规划教材，是根据《教育部关于“十二五”职业教育教材建设的若干意见》及教育部新颁布的《高等职业学校专业教学标准（试行）》，同时参考电子工程师、维修电工等职业资格标准，在第1版的基础上修订而成的。

本书内容精心编排，全书共分10个项目，包括简易直流稳压电源、OTL功率放大器、调光灯电路、温控器、正弦波信号发生器、四人表决器、抢答器、电子生日蜡烛、数字电子钟、双音门铃的分析与制作。

本书内容浅显、可操作性强，可作为高等职业院校、成人教育电子类、机电类专业教材，也可作为电子技术工作者岗位培训教材或参考书。

为便于教学，本书配套有电子教案、多媒体课件等教学资源，选择本书作为教材的教师可来电（010—88379195）索取，或登录www.cmpedu.com网站，注册、免费下载。

图书在版编目（CIP）数据

电子技术/黄贻培主编．—2版．—北京：机械工业出版社，2015.4（2025.1重印）

“十二五”职业教育国家规划教材

ISBN 978-7-111-49581-9

Ⅰ.①电…　Ⅱ.①黄…　Ⅲ.①电子技术-高等职业教育-教材　Ⅳ.①TN

中国版本图书馆CIP数据核字（2015）第046387号

机械工业出版社（北京市百万庄大街22号　邮政编码100037）
策划编辑：高　倩　责任编辑：高　倩　张利萍
封面设计：张　静　责任校对：陈秀丽
责任印制：郜　敏
北京富资园科技发展有限公司印刷
2025年1月第2版·第10次印刷
184mm×260mm·11.25印张·276千字
标准书号：ISBN 978-7-111-49581-9
定价：28.00元

凡购本书，如有缺页、倒页、脱页，由本社发行部调换

电话服务
服务咨询热线：010-88379833
读者购书热线：010-88379649

网络服务
机　工　官　网：www.cmpbook.com
机　工　官　博：weibo.com/cmp1952
教育服务网：www.cmpedu.com
金　书　网：www.golden-book.com

封面无防伪标均为盗版

第2版前言

本书是按照教育部《关于开展“十二五”职业教育国家规划教材选题立项工作的通知》，经过出版社初评、申报，由教育部专家组评审确定的“十二五”职业教育国家规划教材，是根据《教育部关于“十二五”职业教育教材建设的若干意见》及教育部新颁布的《高等职业学校专业教学标准（试行）》，同时参考电子工程师、维修电工等职业资格标准编写的。

本书主要特点：

1. 结合高职特点，完善教材，锤炼精品

对接教育部新的专业标准，根据标准设定的课程教学目标、教学内容、教学手段调整教材内容和形式，以适应新的教学要求。

2. 编写思路创新，注重任务驱动

本书的编写体现了职教理念，将理论与实践较好地融合在一起，实现了“保证基础、讲清原理、提高技能、深入浅出、方便学习”。书中各个项目均从典型工作任务入手，在完成对工作任务所需的相关知识的学习之后，通过任务分析、任务描述、任务实施和任务评价等环节，让学生通过完成工作任务学到相关的知识和技能，真正做到“学中做，做中学”。

3. 以学生为本位，注重能力培养

教材编写思想以学生为中心，把教师的“教本”转为学生的“学本”，体现了“学生为主，教师为辅”的特点。每一个学习项目既可以培养学生的知识能力，又强化了方法能力及社会实践能力，从而培养学生的职业岗位能力。

本书教学课时建议 64 学时，分配建议如下表，任课教师可根据自己学校的具体情况作适当的调整。

项 目	建议学时	项 目	建议学时
项目 1	8	项目 6	6
项目 2	6	项目 7	6
项目 3	6	项目 8	6
项目 4	6	项目 9	8
项目 5	6	项目 10	6

本书由黄贻培任主编并统稿。由许艳英、郑雪娇任副主编，参加本书编写的还有邓文亮、焦键、杨代强、孙庆玲。具体分工如下：黄贻培编写项目 5，许艳英编写项目 10，郑雪娇编写项目 3，邓文亮编写项目 1、2，焦键编写项目 6，杨代强编写项目 7、8，孙庆玲编写项目 4、9。

本书经全国职业教育教材审定委员会审定，教育部专家在评审过程中对本书提出了一些宝贵的建议，在此对他们表示衷心的感谢！

由于编者水平有限，书中不妥之处在所难免，恳请读者批评指正。

编 者

第1版前言

本书是在多年职业教育教学改革与实践的基础上，为适应我国的社会进步和经济发展的需要，结合高职高专的办学定位、岗位需求、生源的具体水平情况，专门为高职高专电子信息类专业编写的基于工作过程导向的电子技术教材。

编写中突出了以下几个特点：

1. 在理论知识够用的前提下，充实实际应用知识，加强技术应用能力的培养和专业素养的培养。

2. 各项目均从典型的工作任务入手，首先对完成工作任务所需的相关知识进行学习，然后通过任务描述、任务分析、任务实施和任务评价等环节，让学生通过完成工作任务学到相关的知识和技能，真正做到“学中做，做中学”，实现快乐学习。

3. 注意内容的实用性、先进性。主要介绍电子元器件的外部性能，以便读者学会电子元器件的合理选择、正确使用。对于单元电路，注重讲清其基本原理。适当压缩了分立元器件电路的内容，重点讲述集成器件及由集成器件组成的电路，特别是集成运算放大器的有关内容占有相当大的比例。课后习题的选择既注重所学理论的消化理解，又注重学生自学能力的培养。

总之，本书以项目导向、任务驱动、教学做一体化的教学模式为编写思路，以“保证基础，讲清原理；注重实际，提高技能；深入浅出，方便自学”为原则，将课程内容融入到10个项目中。主要内容包括简易直流稳压电源的分析与制作、OTL功率放大器的分析与制作、调光灯电路的分析与制作、温控器的分析与制作、正弦波信号发生器的分析与制作、四人表决器的分析与制作、抢答器的分析与制作、电子生日蜡烛的分析与制作、双音门铃的分析与制作、数字电子钟的分析与制作等。

参加本书编写工作的人员有黄贻培、许艳英、杨代强、邓文亮、李芳平、廖长荣。黄贻培负责全书的统稿工作。全书由重庆通信学院副教授蔡凯主审，他对初稿提出了宝贵的意见和建议；编审过程中还得到了康斌教授的大力支持，在此一并表示衷心的感谢。

由于编者水平有限，加之时间紧迫，书中难免存在不少问题或错误，敬请各位读者提出宝贵意见。

编　者

目　录

项目1　简易直流稳压电源的分析与制作

1.1　任务描述

在我国，日常生活中使用最方便的是220V、50Hz市电，而电子产品一般都需要由低于220V的直流电源供电。这就需要将标准的市电转换成适应需求的、稳定的直流电。本任务就是通过设计并制作图1-1所示的简易直流稳压电源电路，掌握半导体二极管及直流稳压电源的相关知识。

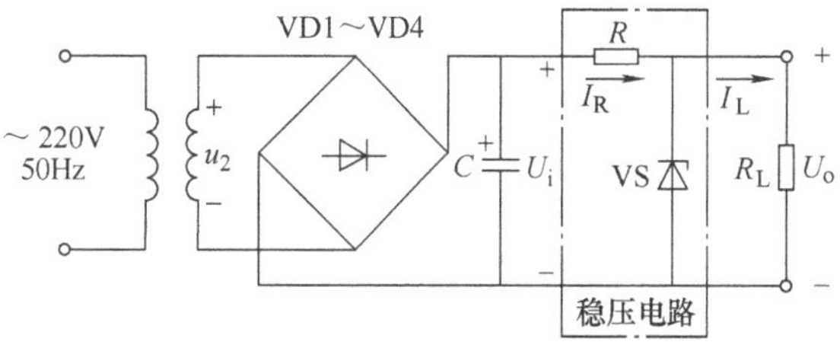

图1-1　简易直流稳压电源电路

1.2　任务目标

知识目标	1. 掌握直流电源的组成及工作原理 2. 掌握常见二极管的结构、工作原理及特性
技能目标	1. 学会直流稳压电源电路设计的方法、元器件参数计算方法和元器件的选取方法 2. 独立完成直流稳压电路的安装与调试
职业素养	1. 具有良好的沟通能力、团队协作精神及职业道德 2. 建立质量、成本、安全及环保的意识

1.3　任务资讯

1.3.1　半导体二极管

一、半导体

1. 半导体的定义

自然界的物质若按导电能力划分，可分为导体、半导体和绝缘体三种。半导体的导电能力介于导体和绝缘体之间，电阻率通常为$10^{-5}\sim10^{8}\Omega\cdot m$。

2. 本征半导体

纯净的、不含其他杂质的半导体称为本征半导体。本征半导体中的载流子（自由电子—空穴对）在常温下数量很少，因此本征半导体的导电能力很差。

3. 杂质半导体

在本征半导体中掺入微量元素后形成的半导体称为杂质半导体。掺杂后的半导体导电能力大大增强。根据掺入杂质的不同，杂质半导体可分为 P 型半导体和 N 型半导体。

在本征半导体中掺入五价杂质原子，例如掺入磷原子，便形成 N 型半导体。

在本征半导体中掺入三价杂质原子，例如掺入硼原子，便形成 P 型半导体。

杂质半导体内部有两种载流子（自由电子、空穴）参与导电。当杂质半导体加上电场时，两种载流子产生定向运动，共同形成半导体中的电流。N 型半导体主要靠自由电子导电，P 型半导体主要靠空穴导电。

二、PN 结及其单向导电性

1. PN 结的形成

在同一块本征半导体晶片上，采用特殊的掺杂工艺，在两侧分别掺入三价元素和五价元素，一侧形成 P 型半导体，另一侧形成 N 型半导体，在这两种半导体交界面上就形成一个具有特殊导电性能的空间电荷区，称为 PN 结。

2. PN 结的单向导电性

PN 结的导电特性决定了半导体器件的工作特性，是研究二极管、晶体管等半导体器件的基础。

（1）PN 结加正向电压　P 区接外加电源正极，N 区接外加电源负极，称 PN 结加正向电压（也称正向偏置），外加的正向电压方向与 PN 结内电场方向相反，削弱了内电场。故 PN 结呈现低阻性，即 PN 结加正向电压时导通。

（2）PN 结加反向电压　P 区接外加电源负极，N 区接外加电源正极，称 PN 结加反向电压（也称反向偏置），外加的反向电压方向与 PN 结内电场方向相同，加强了内电场。故 PN 结呈现高阻性，即 PN 结加反向电压时截止。

结论：PN 结具有单向导电性，即 PN 结加正向电压时导通，加反向电压时截止。

三、二极管的类型

PN 结加上引线和封装，就成为一个二极管。二极管的基本结构、电路符号及实物外形如图 1-2 所示。

二极管的种类很多，按不同的分类方法可以分为不同的类型。

1. 按结构分类

二极管可分为点接触型、面接触型和平面型三大类。

（1）点接触型二极管　PN 结面积小、结电容小、高频性能好，用于检波和变频等高频电路。

（2）面接触型二极管　PN 结面积大，用于工频大电流整流电路。

（3）平面型二极管　PN 结面积可大可小、性能稳定可靠，常用于高频整流、开关电路以及集成电路制造工艺中。

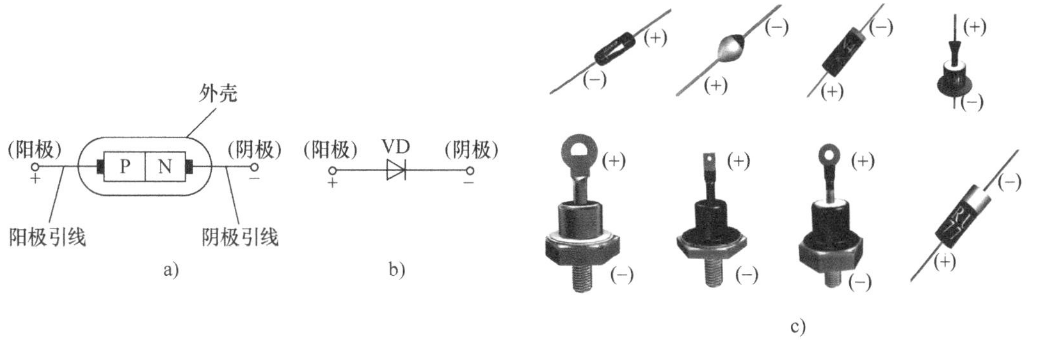

图 1-2 二极管的基本结构、电路符号及实物外形

a）基本结构 b）电路符号 c）实物外形

2. 按制造材料分类

二极管可分为硅二极管和锗二极管两种。

3. 按功能分类

二极管可分为普通二极管与特殊二极管，其中特殊二极管包括稳压二极管、发光二极管、光敏二极管和变容二极管等。

四、二极管的伏安特性曲线

二极管的伏安特性（即电压—电流特性）曲线如图 1-3 所示。处于第一象限的是正向伏安特性曲线，处于第三象限的是反向伏安特性曲线。

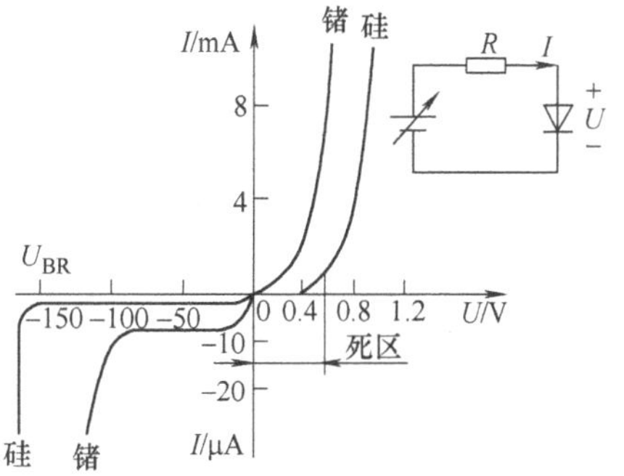

图 1-3 二极管的伏安特性曲线

1. 正向伏安特性

当正向电压低于某一数值时，二极管正向电流很小；只有当正向电压高于某一值时，二极管才有明显的正向电流，这个电压被称为导通电压，又称为门限电压或死区电压，常用 U_{ON} 表示。在室温下，硅二极管的死区电压约为 0.5V，导通后的正向压降为 0.6 ~ 0.8V；锗二极管的死区电压约为 0.1V，导通后的正向压降为 0.1 ~ 0.3V。一般认为，当正向电压大于 U_{ON}时，二极管才导通，否则二极管截止。

2. 反向伏安特性

二极管的反向电压一定时，反向电流很小，而且变化不大（反向饱和电流）；反向电压大于某一数值时，反向电流急剧变大，称为反向击穿电压。

五、二极管的主要参数及其受温度的影响

1. 主要参数

二极管的主要参数是选用二极管的依据，包括：

最大整流电流 I_F：二极管允许通过的最大正向平均电流。

最大反向工作电压 U_R：二极管允许的最大反向工作电压，一般取击穿电压的一半。

反向电流 I_R：二极管未击穿时的电流，它越小，二极管的单向导电性越好。

最高工作频率 f_M：它的值取决于 PN 结结电容的大小，结电容越大，频率越高。

2. 温度对伏安特性的影响

硅二极管温度每增加 8℃，反向电流大约增加一倍；锗二极管温度每增加 12℃，反向电流大约增加一倍。另外，无论是硅二极管还是锗二极管，温度每升高 1℃，正向压降 U_F 减小 2 ~ 2.5mV，即具有负的温度系数。

六、二极管的命名规则

国产二极管型号的命名方法如下：

2 A P 9
- 9：同类型器件的不同型号
- P：器件的类型
- A：器件的材料
- 2：二极管

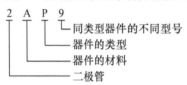

例如，2AP9 是 N 型锗材料制成的普通二极管，2CZ11D 是 N 型硅材料制成的整流二极管。

七、二极管的应用及检测方法

1. 普通二极管

普通二极管在工程中的应用非常广泛，利用其单向导电性，在电路中可实现整流、限幅、钳位、检波、保护、开关等功能。

可以使用万用表测试二极管性能的好坏，如图 1-4 所示。测试前先把万用表的转换开关拨到电阻档的 $R\times1k$ 档位（注意不要使用 $R\times1$ 档，以免电流过大烧坏二极管），再将红、黑两根表笔短路，进行欧姆调零。

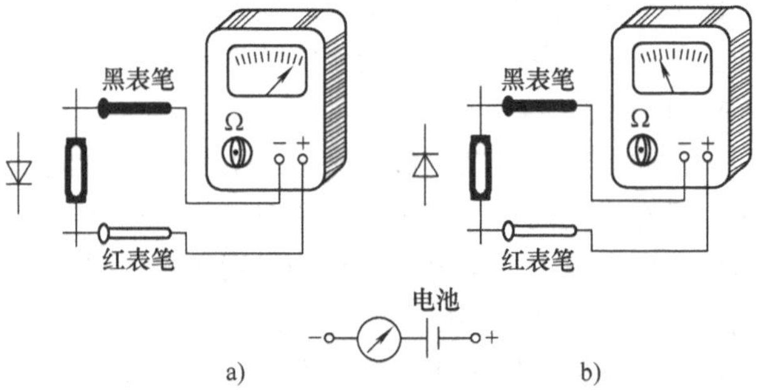

图 1-4　万用表简易测试二极管示意图

a）电阻小　b）电阻大

（1）正向特性测试　万用表的黑表笔（接表内电源正极）接触二极管的正极，红表笔（接表内电源负极）接触二极管的负极。测二极管正向压降，硅二极管为 0.6 ~ 0.7V，锗二极管为 0.2 ~ 0.3V。用数字式万用表测硅二极管时因输出电压只有 0.5V，二极管不能导通，阻值为无穷大；用指针式万用表测时因输出电压为 1.5V，指针会接近中间位置，不同档位指针位置变化不大，但阻值会相差很多。

（2）反向特性测试　万用表的红表笔接触二极管的正极，黑表笔接触二极管的负极。若表针指在无穷大或接近无穷大，则二极管是合格的。

2. 齐纳二极管

又称稳压二极管，其外形图和电路符号如图 1-5 所示。稳压二极管工作于反向击穿区，在电路中主要起稳压作用，应用时应串联限流电阻。

（1）正向测试　与普通二极管类似。

（2）反向测试　用 $R \times 1\text{k}$ 档测量时，电阻值一般在 10kΩ 以上；当用 $R \times 10\text{k}$ 档时，电阻值迅速下降。

3. 光敏二极管

又称远红外线二极管，其电路符号如图 1-6 所示，是一种将光能转换成电能的器件。当工作在反向无光照时，与普通二极管一样，反向电流很小。当工作在反向有光照时，光照越强，反向电流越大。可作为光电检测器件，也可做成光电池。检测方法电阻测量法，具体如下：

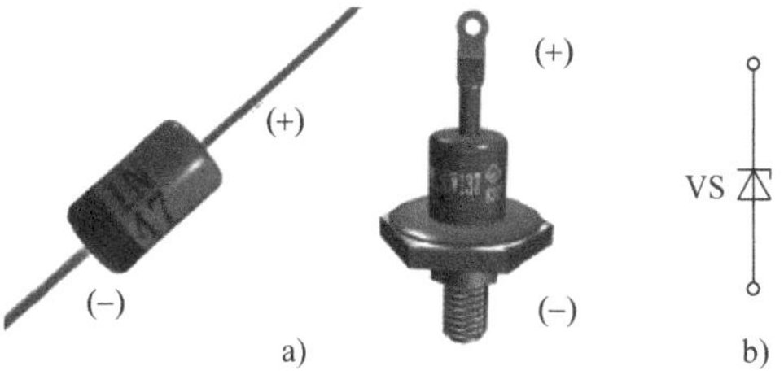

图 1-5　稳压二极管的外形图、电路符号
a）外形图　b）电路符号

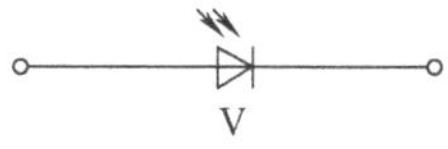

图 1-6　光敏二极管电路符号

用万用表 $R \times 1\text{k}$ 档。光敏二极管正向电阻约 10kΩ。在无光照情况下，反向电阻为∞时，说明二极管是好的（反向电阻不是∞时说明漏电流大）；有光照时，反向电阻应随光照强度增加而减小，若阻值可达到几千欧或 1kΩ 以下，则二极管是好的；若反向电阻都是∞或为零，则二极管是坏的。

4. 发光二极管

发光二极管是一种将电能转换成光能的特殊二极管，可以发出红、黄和绿等可见光。其正向导通电压比普通二极管的高，一般为 1 ~ 2V。可用作显示器件，也可组成光电传输系统，其电路符号和外形图如图 1-7 所示。

测量方法：反向电阻测量与普通二极管相同，正向测量时用 $R \times 1\text{k}$ 档，二极管会微弱发光。

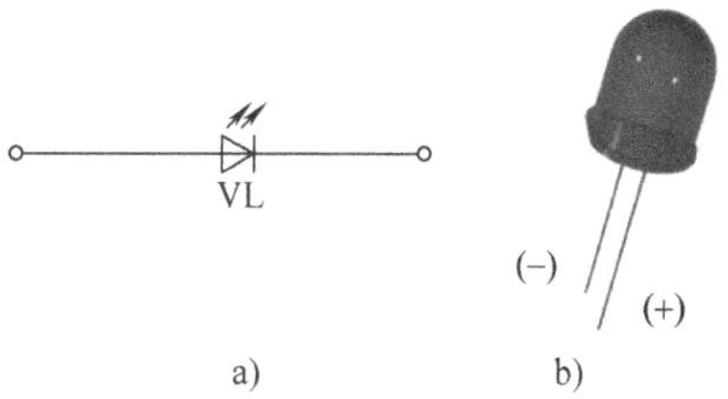

图 1-7　发光二极管
a）电路符号　b）外形图

5. 激光二极管

激光二极管具有光谐振腔，在正向偏置的情况下，PN 结发出的光与谐振腔相互作用，产生激光。宜作为大容量、远距离光纤通信的光源，也可用于小功率光电设备中。

1.3.2　二极管整流电路

整流电路是将工频交流电转换为具有直流电成分的脉动直流电。

一、单相桥式整流电路

1. 工作原理

单相桥式整流电路是最常用的整流电路，如图 1-8 所示。

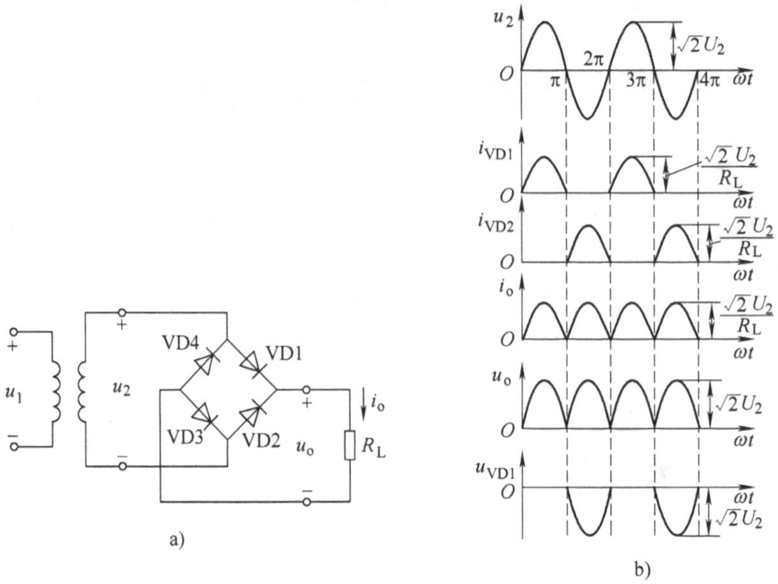

图 1-8 单相桥式整流电路

a）电路图 b）波形图

在分析整流电路工作原理时，二极管作为开关使用，具有单向导电性。根据图 1-8a 所示的电路图可知：

在 u_2 的正半周期和负半周期，VD1、VD3 与 VD2、VD4 交替导通，在负载电阻上得到同一个方向的单向脉动电压。单相桥式整流电路的波形图如图 1-8b 所示。

2. 参数计算

根据图 1-8b 可知，输出电压是单向脉动电压，通常用它的平均值表示其大小。

输出平均电压为

$$U_o = U_L = \frac{1}{\pi}\int_0^{\pi}\sqrt{2}U_2\sin\omega t\mathrm{d}(\omega t) = \frac{2\sqrt{2}}{\pi}U_2 \approx 0.9U_2$$

流经负载的电流为 $I_L = \frac{2\sqrt{2}U_2}{\pi R_L} \approx \frac{0.9U_2}{R_L}$

流过二极管的平均电流为 $I_{VD} = \frac{I_L}{2} = \frac{\sqrt{2}U_2}{\pi R_L} \approx \frac{0.45U_2}{R_L}$

二极管所承受的最大反向电压为 $U_{Rmax} = \sqrt{2}U_2$

二、单相半波整流电路

单相整流电路除桥式整流电路外，还有单相半波和全波两种形式。单相半波整流电路如图 1-9a 所示，波形图如图 1-9b 所示。根据图 1-9 可知，在一个工频周期内，负载上得到的是半个正弦波。负载上的输出平均电压为

$$U_o = U_L = \frac{1}{2\pi}\int_0^{\pi}\sqrt{2}U_2\sin\omega t\mathrm{d}(\omega t)$$

$$= \frac{\sqrt{2}}{\pi}U_2 \approx 0.45U_2$$

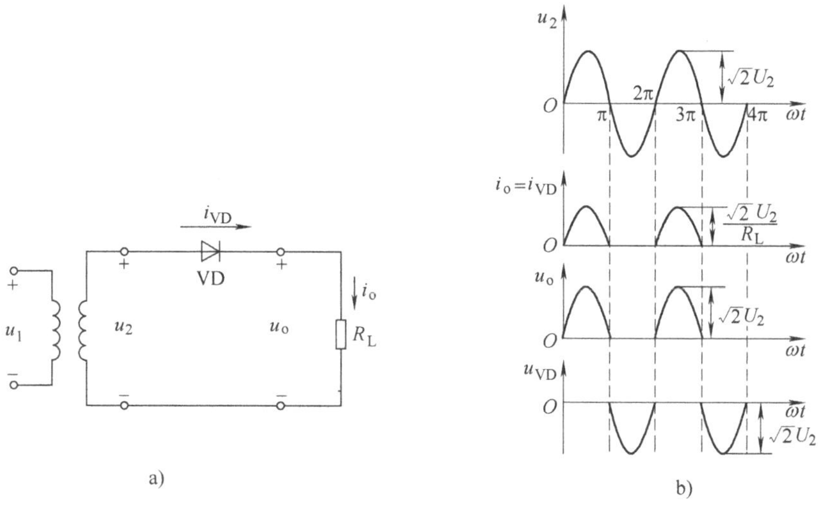

图 1-9　单相半波整流电路

a）电路图　b）波形图

流过负载和二极管的平均电流为

$$I_{VD} = I_L = \frac{\sqrt{2}U_2}{\pi R_L} \approx \frac{0.45U_2}{R_L}$$

二极管所承受的最大反向电压为

$$U_{Rmax} = \sqrt{2}U_2$$

三、单相全波整流电路

单相全波整流电路如图 1-10a 所示，波形图如图 1-10b 所示。

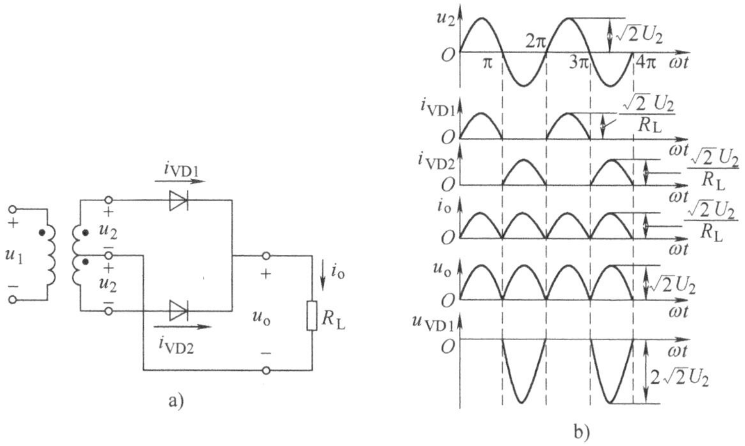

图 1-10　单相全波整流电路

a）电路图　b）波形图

根据图 1-10 可知，全波整流电路的输出与桥式整流电路的输出相同。输出平均电压为

$$U_o = U_L = \frac{1}{\pi}\int_0^{\pi}\sqrt{2}U_2\sin\omega t\mathrm{d}(\omega t) = \frac{2\sqrt{2}}{\pi}U_2 \approx 0.9U_2$$

流过负载的平均电流为

$$I_o = I_L = \frac{2\sqrt{2}U_2}{\pi R_L} \approx \frac{0.9U_2}{R_L}$$

二极管所承受的最大反向电压为

$$U_{Rmax} = 2\sqrt{2}U_2$$

单相桥式整流电路的变压器中只有交流电流流过，而半波和全波整流电路中均有直流分量流过。所以单相桥式整流电路的变压器效率较高，在同样的功率容量条件下，体积可以小一些。单相桥式整流电路的总体性能优于单相半波和全波整流电路，故广泛应用于直流电源之中。

注意：整流电路中的二极管是作为开关使用的。整流电路中既有交流分量，又有直流分量，通常计算整流二极管的参数时应遵循以下原则：

1）输入（交流）用有效值或最大值。

2）整流二极管正向电流用平均值。

3）输出（交直流）用平均值。

4）整流二极管反向电压用最大值。

1.3.3　滤波电路

一、电容滤波电路

（1）滤波的基本概念　滤波电路利用电抗性元件对交、直流阻抗的不同，实现滤波。电容器 C 对直流相当于开路，对交流阻抗小，所以 C 应该并联在负载两端；电感器 L 对直流阻抗小，对交流阻抗大，因此 L 应与负载串联。单向脉动直流电经过滤波电路后，既可保留直流分量，又可滤掉一部分交流分量，改变了交直流成分的比例，减小了电路的脉动系数，改善了其直流电压的质量。

（2）电容滤波电路　现以单相桥式电容滤波整流电路为例来说明。电容滤波电路如图 1-11 所示，在负载电阻上并联了一个滤波电容 C。

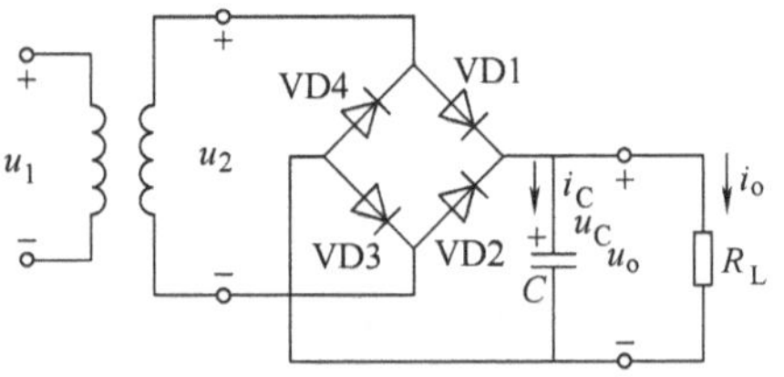

图 1-11　单相桥式电容滤波整流电路

（3）滤波原理　在 u_2 的正半周，二极管 VD1、VD3 导通，变压器二次电压 u_2 给电容器 C 充电。此时 C 相当于并联在 u_2 上，所以输出电压波形同 u_2，是正弦波形。

当 u_2 相位到达$\frac{\pi}{2}$时，u_2 开始下降。先假设二极管关断，电容 C 就要以指数规律向负载 R_L 放电。以指数规律放电时，电容 C 的起始点的放电速率很大。在刚过$\frac{\pi}{2}$时，u_2 正弦曲线下降的速率很慢，所以刚过$\frac{\pi}{2}$时，二极管仍然导通。在超过$\frac{\pi}{2}$后的某个点，u_2 正弦曲线下降的速率越来越快，当超过电容 C 的起始放电速率时，二极管关断。

所以，在 t_1 到 t_2 时刻，二极管导通，C 充电，$u_o = u_C$，按正弦规律变化；t_2 到 t_3 时刻二极管关断，$u_C = u_L$ 按指数曲线下降，放电时间常数为 R_LC。电容滤波过程如图 1-12 所示。

需要指出的是，当放电时间常数 R_LC 增加时，t_1 点要右移，t_2 点要左移，二极管关断时间加长，导通角减小，见图 1-13 中的曲线 1；反之，R_LC 减小时，导通角增加。显然，当 R_L 很小，即 I_L 很大时，电容滤波的效果不好，见图 1-13 中的曲线 2。反之，当 R_L 很大，即 I_L 很小时，尽管 C 较小，R_LC 仍很大，电容滤波的效果很好，见图 1-13 中的曲线 3。所以电容滤波适合输出电流较小的场合。

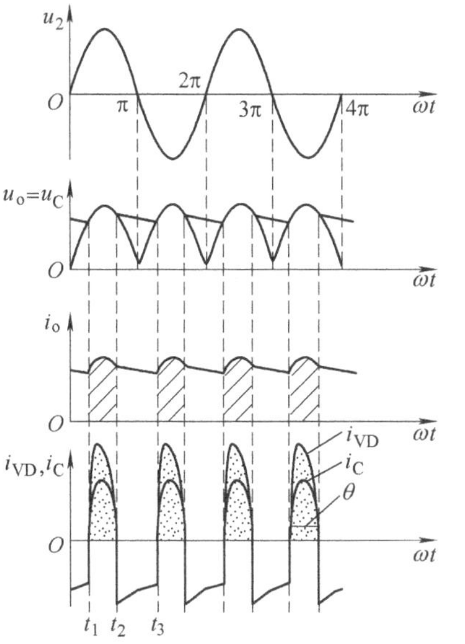

图 1-12　桥式整流电容滤波时的电压、电流波形

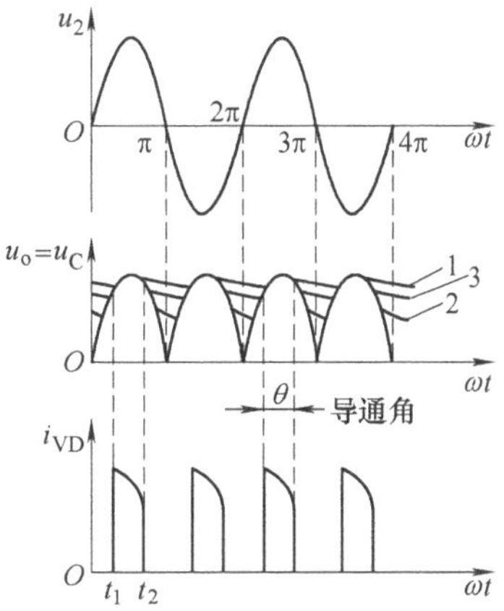

图 1-13　R_LC 不同时 u_o 的波形

（4）电容滤波的计算　电容滤波的计算比较麻烦，因为决定输出电压的因素较多。工程上有详细的曲线可供查阅。一般常采用以下近似估算法：

$$U_L = U_o = \sqrt{2}U_2\left(1 - \frac{T}{4R_LC}\right)$$

通常在负载开路，即 $R_L = \infty$ 时，$U_o = \sqrt{2}U_2$。在 $R_LC =$（3 ~ 5）$T/2$ 的条件下，近似认为 $U_L = U_o = 1.2U_2$。

电容滤波电路的常用参数见表 1-1。

表 1-1　电容滤波电路的常用参数

名称	U_L（空载）	U_L（带载）	二极管最大反向电压	每管平均电流
半波整流	$\sqrt{2}U_2$	$0.45U_2$	$\sqrt{2}U_2$	I_L
全波整流电容滤波	$\sqrt{2}U_2$	$1.2U_2$	$2\sqrt{2}U_2$	$0.5I_L$
桥式整流电容滤波	$\sqrt{2}U_2$	$1.2U_2$	$\sqrt{2}U_2$	$0.5I_L$

二、电感滤波电路

利用储能元件电感 L 的电流不能突变的性质，把电感 L 与整流电路的负载 R_L 相串联，也可以起到滤波的作用。电感滤波电路如图 1-14 所示。电感滤波的波形图如图 1-15 所示。

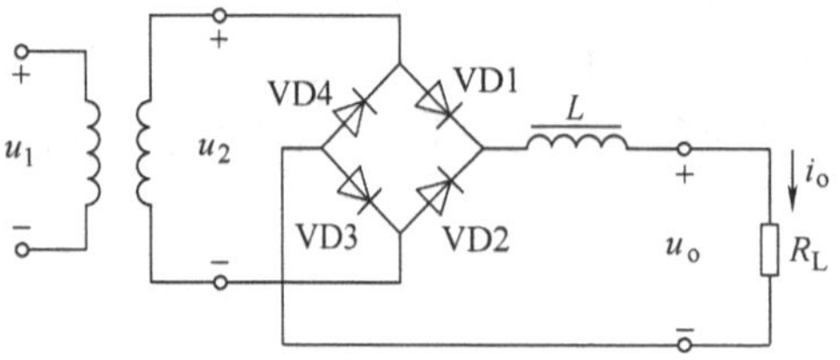

图 1-14 电感滤波电路

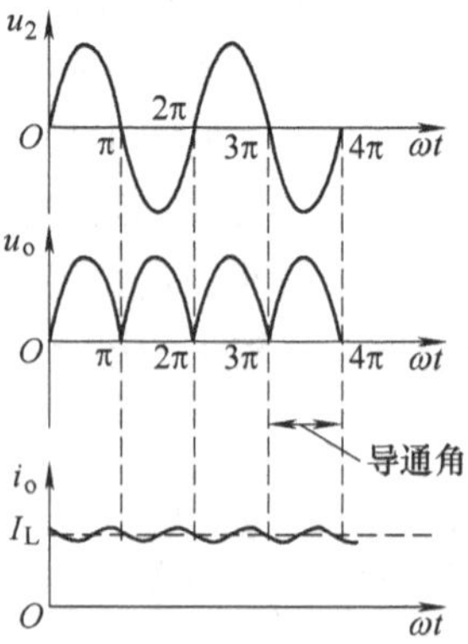

图 1-15 电感滤波的波形图

当 u_2 正半周时，VD1、VD3 导通，电感中的电流将滞后 u_2。当 u_2 负半周时，电感中的电流流过 VD4、VD2。因桥式电路的对称性和电感电流的连续性，四个二极管的导通角都是 π。

1.3.4 稳压电路

一、稳压电路概述

引起输出电压不稳定的原因是负载电流的变化和输入电压的变化，为了输出稳定的直流电压，在整流滤波之后还要加入稳压电路，如图 1-16 所示。

二、硅稳压二极管稳压电路

常用的硅稳压二极管稳压电路如图 1-17 所示。

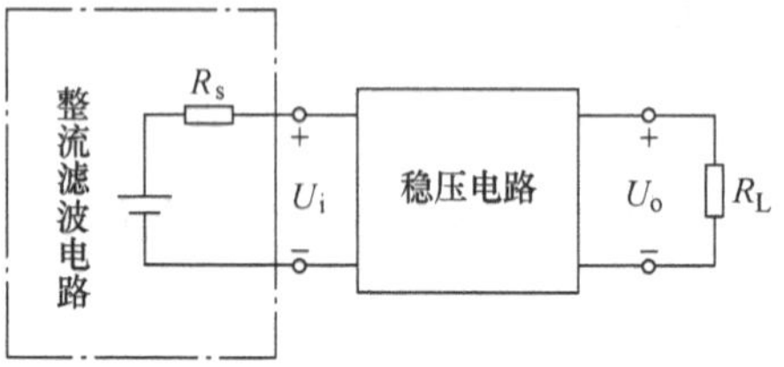

图 1-16 加入稳压电路后的直流稳压电源示意图

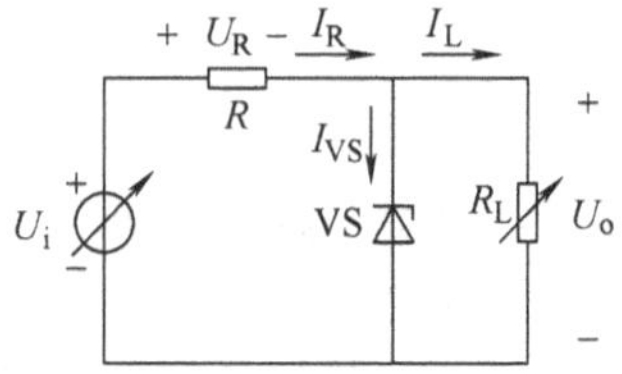

图 1-17 硅稳压二极管稳压电路

它是利用稳压二极管的反向击穿特性稳压的，稳压二极管反向击穿特性曲线陡直，较大的电流变化只会引起较小的电压变化。

1. 输入电压变化时的稳压过程

由图 1-17 可知：

$$U_o = U_{VS} = U_i - U_R = U_i - I_R R$$

$$I_R = I_L + I_{VS}$$

输入电压 U_i 的增加，必然引起 U_o 的增加，即 U_{VS}增加，从而使 I_{VS}增加，I_R 增加，使 U_R 增加，从而使输出电压 U_o 减小。输入电压变化时的稳压过程可概括如下：

$$U_i \uparrow \rightarrow U_o \uparrow \rightarrow U_{VS} \uparrow \rightarrow I_{VS} \uparrow \rightarrow I_R \uparrow \rightarrow U_R \uparrow \rightarrow U_o \downarrow$$

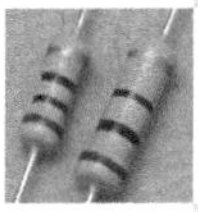

这里 U_o 减小应理解为，由于输入电压 U_i 的增加，在稳压二极管的调节下，使 U_o 的增加没有那么大而已。U_o 还是要增加一点的，这是一个有差调节系统。

2. 负载电流变化时的稳压过程

如图 1-18 所示，负载电流 I_L 的增加，必然引起 I_R 的增加，即 U_R 增加，从而使 $U_{VS}=U_o$ 减小，I_{VS}减小。I_{VS}的减小必然使 I_R 减小，U_R 减小，从而使输出电压 U_o 增加。负载电流变化时的稳压过程可概括如下：

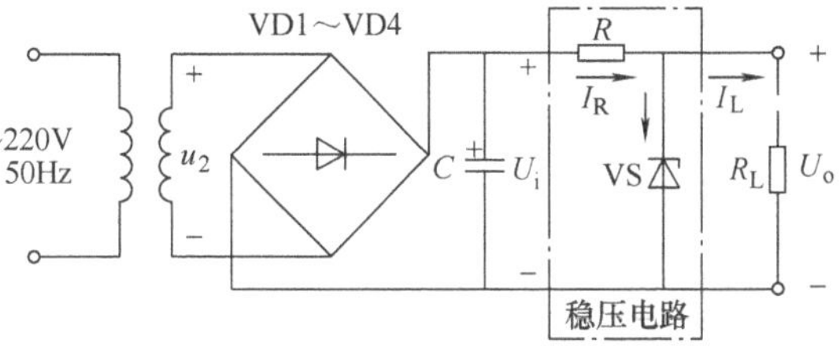

图 1-18　稳压二极管组成的稳压电路

$$I_L\uparrow\rightarrow I_R\uparrow\rightarrow U_R\uparrow\rightarrow U_{VS}\downarrow\ (U_o\downarrow)\rightarrow I_{VS}\downarrow\rightarrow I_R\downarrow\rightarrow U_R\downarrow\rightarrow U_o\uparrow$$

1.4　任务分析

一、电路设计

1. 设计要求

1）输入电压为 220V，电压波动范围为 ±10%，电源频率 $f=50$Hz，要求输出直流电压为 5V，输出电流为 10mA。

2）根据具体参数设计电路结构和元器件参数。

3）根据元器件参数进行元器件的选取和检测。

4）对电路进行安装和调试。

5）撰写电路制作报告。

2. 设计步骤

1）首先，根据输出电流和电压的要求查电子线路设计手册，选择适当的稳压二极管。

2）根据稳压二极管的参数确定直流输入电压 U_{Di}，一般 $U_{Di}=(2\sim3)U_{VS}$。

3）根据稳压二极管的参数及输入的直流电压确定限流电阻，原则上，稳压二极管的电流必须大于稳定电流而小于最大稳定电流。为了提高电源的效率，本设计采用桥式整流电路。

4）整流二极管的确定：根据电路的需要，计算整流二极管的最大整流电流和最高反向工作电压。

5）滤波电路确定：由于电感的体积大、笨重，一般适合于低电压和大电流的电路，本设计中，负载所需电流较小，所以电路中选择了电容滤波。

电容的耐压值一般选取为

$$U=\sqrt{2}U_2$$

电容一般选取电解电容，容量一般确定为

$$C\geqslant(3\sim5)\frac{T}{2R'_L}$$

在一些高频电路中，常在电解电容的两边并联一个瓷片电容，从而提高高频性能的稳定性。

综上所述，确定基本电路如图 1-18 所示。

3. 具体元器件选择及参数计算

（1）稳压二极管　按照输出电压的要求，可选择 2CW53，参数见表 1-2。

表 1-2　稳压二极管参数

参数 型号	稳定电压/V	稳定电流/mA	最大稳定电流/mA	动态电阻/Ω
2CW53	4.0~5.8	10	41	<50

（2）直流输入电压 U_{Di}　根据经验，一般应选：

$$U_{Di}=(2\sim3)U_{VS}=(2\sim3)\times5V=10\sim15V,\text{取 }U_{Di}=12V。$$

（3）选择限流电阻 R 的取值范围　当电网电压产生 ±10% 的波动时，输入电压 u_2 也产生 ±10% 的波动，则限流电阻

$$R_{max}=\frac{u_{Dimin}-U_{VS}}{I_L+I_{VS}}=\left(\frac{0.9\times12-5}{10+10}\right)\Omega=290\Omega$$

$$R_{min}=\frac{u_{Dimax}-U_{VS}}{I_L+I_{VSmax}}=\left(\frac{1.1\times12-5}{10+41}\right)\Omega=161\Omega$$

所以限流电阻 R 的取值范围为 161 ~290Ω。

（4）二极管的选择　根据上面的计算，本设计中选取 $R=200\Omega$，$r_{VS}=30\Omega$（r_{VS}表示稳压二极管的内阻）。

设负载电阻 $R_L=500\Omega$，则

$$R'_L=R+\frac{R_L r_{VS}}{R_L+r_{VS}}=\left(200+\frac{500\times30}{500+30}\right)\Omega=228\Omega$$

在全波及桥式整流情况下，有

$$U_{Di}\approx1.2U_2$$

可知

$$U_2=10V$$

根据二极管流过的最大平均电流和所承受的最高反向电压，可以选择二极管的型号。二极管的最大平均电流和所承受的最高反向电压计算如下：

二极管的最大平均电流为

$$I_{VD}\approx0.45\times\frac{U_2}{R'_L}=0.45\times\frac{10V}{228\Omega}\approx20mA$$

二极管承受的最高反向电压为

$$U_{RM}=\sqrt{2}U_2=\sqrt{2}\times10V=14.1V$$

考虑到电网电压 ±10% 的波动，二极管应该满足：

$$I_F>1.1I_{VD}\text{ 即 }I_F>22mA$$

$$U_R>1.1U_{RM}\text{ 即 }U_R>15.51V$$

根据以上参数，选择 1N4001 ~1N4007 都可以，一般选择 1N4007。

（5）电容的选择　根据计算结果 $R'_L=228\Omega$，又因为电网电压的频率为 50Hz，周期 $T=\frac{1}{f}=\frac{1}{50Hz}=0.02s$。

电容的容量为

$$C \geqslant (3\sim5)\frac{T}{2R_{\mathrm{L}}'} = (3\sim5)\frac{0.02}{2\times228}\mathrm{F} \approx 0.000132\sim0.000219\mathrm{F} = 132\sim219\mu\mathrm{F}$$

电容耐压为

$$U = \sqrt{2}U_2 \approx 1.41\times10\mathrm{V} = 14.1\mathrm{V}$$

考虑到电网电压的波动，选择容量为220μF、耐压为25V的电容。

1.5 任务实施

一、设备和元器件清单

设备和元器件清单见表1-3。

表1-3 设备和元器件清单

序号	名称	型号规格	数量	单位	备注
1	常用电工工具		1	套	
2	稳压二极管	2CW53	1	只	
3	电解电容	220μF/25V	1	只	
4	限流电阻	200Ω/0.5W	1	只	
5	整流二极管	1N4007	4	只	
6	变压器	220V/9V	1	只	
7	导线		若干		

二、元器件检测

1. 色环电阻的识别与检测

色环电阻是电子产品中用得最为广泛的电阻之一，其外形如图1-19所示，分五色环（由五道色环表示电阻器的参数）和四色环电阻（由四道色环表示电阻器的参数）两种。

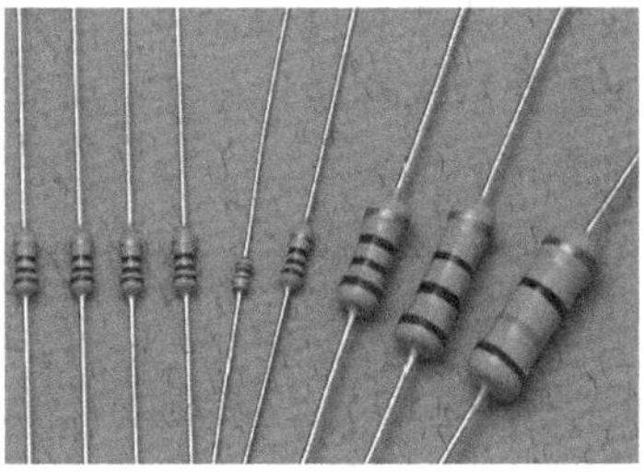

图1-19 色环电阻外形

（1）颜色和数字的对应关系 颜色和阿拉伯数字之间的对应关系如下：

颜色	棕	红	橙	黄	绿	蓝	紫	灰	白	黑
数字	1	2	3	4	5	6	7	8	9	0

此外，金、银两个颜色要特别记忆，它们在色环电阻中处在不同的位置具有不同的数字含义，这部分内容将在后面介绍。

（2）色环电阻的读数规则

1）“四色环电阻”用四条色环表示阻值的电阻。从左向右数，第一、二环表示两位有效数字，第三环表示数字后面添加“0”的个数，第四条色环表示误差（常见的是金色和银色，分别表示5%和10%）。例如：电阻色环：棕绿红金，第一位：1；第二位：5；第三位：10的幂为2（100），误差为5%；即阻值为：15×100Ω=1500Ω=1.5kΩ。

2）“五色环电阻”用五条色环表示阻值的电阻。从左向右数，第一、二、三环表示三位有效数字，第四环表示数字后面添加“0”的个数，第五环表示误差（常见的是棕色，误差为1%）。例如：电阻色环：黄紫红橙棕，前三位数字是：472，第四位表示10的三次方，即1000，阻值为：$472\times1000\Omega=472\mathrm{k}\Omega$，误差为1%。

（3）注意事项　在识别四色环电阻时，有两种情况要特别注意：

1）当第三环是黑色的时候，因为黑环代表“0”，即有效数字后“0”的个数是0，如：

红　红　　黑　　　金

2　　2　　0个0　　±5%

表示该电阻的阻值是22Ω，而不是220Ω。

2）金色和银色也会出现在第三环中。前面已经提到，第四环是表示误差的色环，用金、银两种颜色分别表示不同的精度；而第三环表示添加“0”的个数，那么当第三环出现金色或银色的时候，又怎么理解添加“0”的个数呢？可以这样来记：

第三环——金色：把小数点向前移动一位；

第三环——银色：把小数点向前移动两位。

举两个例子：

色环排列：橙灰金　金

阻值是3.8Ω

色环排列：绿黄银　金

阻值是0.54Ω

因为这种电阻的阻值太小了，在一般电路中几乎不用，所以在电阻的系列产品中实际上是没有的。

2. 电解电容的识别与检测

电解电容是指在铝、钽、铌、钛等金属的表面采用阳极氧化法生成一薄层氧化物作为电介质，以电解质作为阴极而构成的电容器。电解电容的阳极通常采用腐蚀箔或者粉体烧结块结构，其主要特点是单位面积的容量很高，在小型大容量化方面有着其他类电容无可比拟的优势。目前工业化生产的电解电容主要是铝电解电容和钽电解电容。铝电解电容以箔式阳极，电解液阴极为主，外观以圆柱形居多；钽电解电容以烧结块阳极，半导体材料二氧化锰阴极为主，外观以片式（chiptype）居多，适应于表面贴装技术（SMT）需求的表面贴装元件（SMD）。常见的电解电容外形图如图1-20所示。

图1-20　电解电容外形图

电解电容采用万用表进行检测，方法如下：

（1）机械式万用表　万用表电阻档的正确选择。因为电解电容的容量较一般的固定电容大得多，所以，针对不同容量的电容应选用不同的量程。根据经验，一般情况下，1～47μF间的电容可用$R\times1\mathrm{k}$档测量，大于47μF的电容可以用$R\times100$档测量。

（2）数字式万用表　用数字式万用表的二极管档或电阻档测。先将电容两引脚短接放电，然后红表笔接正极，黑表笔接负极，如发现数值不断增大，最后显示“1”，一般就是好的。如果没有反映就换合适的电阻档，如果一直显示“1”，就是电容击穿开路；若始终为零或某一数值，则说明电容已坏。

（3）漏电阻的测量　将指针式万用表红表笔接电解电容的负极，黑表笔接电解电容的正极。刚接触的瞬间，万用表指针即向右偏转较大幅度（对于同一电阻档，容量越大，摆幅越大），接着逐渐向左回转，直到停在某一位置，这个阻值称为电解电容的正向漏电阻。然后，将红、黑表笔对调，万用表指针将重复上述摆动现象，此时所测阻值为电解电容的反向漏电阻，此值略小于正向漏电阻。实际使用经验表明，电解电容的漏电阻一般应在几百千欧以上，否则，将不能正常工作。在测试中，若正、反向指针均不动，则说明电容容量消失或内部断路；如果所测阻值很小或为零，说明电容漏电大或已击穿损坏，不能再使用。

（4）极性的判别　对于正、负极标志不明的电解电容，可利用上述测量漏电阻的方法加以判别。即先任意测一下漏电阻，记住其大小，然后交换表笔再测出一个阻值。两次测量中阻值大的那一次便是正向接法，即黑表笔接的是正极，红表笔接的是负极。

二极管的检测在知识链接里已经进行了详细讲解，这里就不再赘述了。

三、安装与调试

1. 安装步骤及要求

1）按原理图在万能板上布置元器件的位置，要求布置合理。元器件实际布置图如图 1-21 所示。

2）按照平面布置图在万能板上安装好各元器件之后，用导线连接电路。导线连接图如图 1-22 所示。

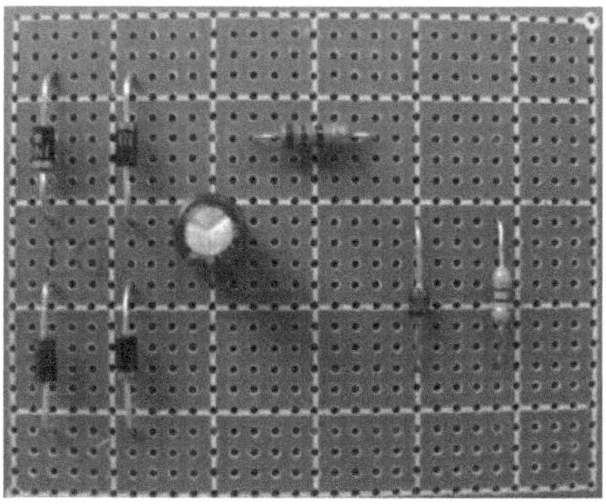

图 1-21　元器件实际布置图

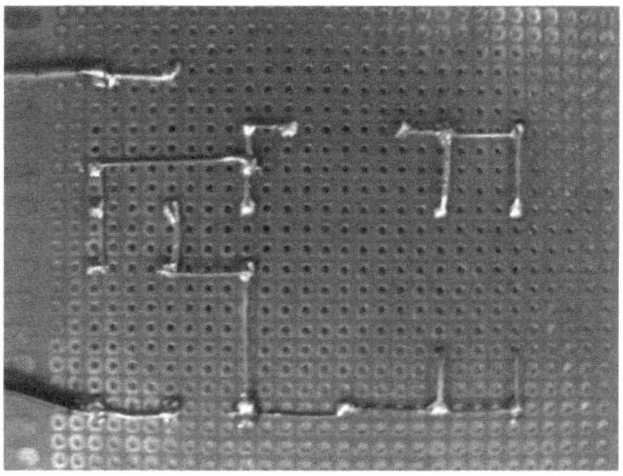

图 1-22　导线连接图

3）电阻采用水平安装，贴紧电路板，电阻的色环方向要一致。

4）可调电阻器采用直立安装，并紧贴电路板，注意调整三个脚的位置。

5）连接导线不能交叉，可正面穿孔焊接，也可反面直接焊接。

6）晶体管、电解电容采用直立安装，晶体管底面距面板 5mm 左右，电解电容底部距面板不大于 1mm。

7）所有插入焊盘孔的元器件引脚及导线均采用直脚焊接，剪脚留头在焊面以上 0.5 ~ 1mm。

8）熔断器架子安装时注意缺口的方向应向内，装好后可放得下熔丝管；电源变压器用螺钉紧固在面板上，螺母放在导线面；变压器的一次绕组向外，电源线由导线面穿过电源线孔，打结后与一次绕组引出线焊接，焊接后需用绝缘管恢复绝缘。

9）未要求之处均按常规工艺操作。

10）核对检查，确认安装。确认焊接无误后，即可通电测试。

2. 测试方法和步骤

测试输出电压 U_o 会出现四种情况：

（1）输出电压为零

1）原因分析：可能是稳压二极管、滤波电容击穿或者电路开路。

2）检测方法：电压测量法或者开路法。

若测得 U_o = 0V，可断开稳压二极管，如果断开后输出电压上升，证明稳压二极管被击穿；如果断开稳压二极管后，输出电压仍然为0V，则可以测量滤波电容两端电压。如果有12V左右，则是限流电阻开路；如果仍然为0V，可能是滤波电容击穿（用开路法检测）或者是整流二极管双桥臂同时开路。如果上述元器件都没问题，则可能是变压器开路或电源接触不良。

（2）输出电压偏高

1）原因分析：稳压二极管稳压值偏高或者限流电阻偏小。

2）解决方法：适当增加限流电阻或者替换稳压二极管。

（3）输出电压偏低

1）原因分析：稳压二极管被击穿，滤波电容漏电或者限流电阻偏大。

2）检测方法：首先用元器件替换法检测稳压二极管（有条件的话，可用晶体管图示仪）；反之检测滤波电容是否漏电（可用元器件替换法或者开路后用万用表测量），如果上述元器件都没问题，则可适当减小限流电阻。

（4）输出电压正常 则说明电路连接无误。

1.6 评分标准

本项任务的评分标准见表1-4。

表1-4 评分标准

		时限	45分钟	实用工时	
给分要素	技术要求	配分	评分细则	得分	备注
电子线路安装工艺	1. 检测元器件 2. 元器件布局合理，整齐规范 3. 焊接点光亮、圆滑无毛刺，锡量适中 4. 边线平直、无交叉	35	1. 元器件检测错误，每件扣2分 2. 电路排布不合理，元器件不规范、不整齐扣5～10分 3. 焊接不好每处扣1分，最高限扣15分 4. 连线不平直，交叉扣2～5分		
安装正确性	1. 按图装接正确 2. 电路功能完整	40	1. 未按图装接扣10～20分 2. 电路功能不完整扣20分 3. 在额定时限内允许返修一次，扣15分		
输出电压测量	1. 正确使用仪表 2. 测量并记录各点的电压	15	1. 仪表使用不规范扣5分 2. 测量电压有错每处扣2分		

（续）

		时限	45 分钟	实用工时	
给分要素	技术要求	配分	评分细则	得分	备注
安全文明生产	1. 穿戴好防护用品，工量具配备齐全 2. 遵守用电操作规范 3. 不损坏元器件、仪表	10	1. 穿戴不合要求，工量具不齐全扣 5 分 2. 通电操作违规扣 5～10 分，严重违规扣总分 20～40 分 3. 损坏设备、仪表，扣单项得分 10～30 分		
评分人		总分			

1.7 相关资讯

三端集成稳压电源

随着集成电路工艺的发展，稳压电源中的各环节和其他附属电路大都可以制作在同一块硅片内，形成集成稳压组件，成为集成稳压电路或集成稳压器。由于集成稳压器具有体积小、外接线路简单、使用方便、工作可靠和通用性等优点，因此在各种电子设备中应用十分普遍，基本上取代了由分立元件构成的稳压电路。目前生产的集成稳压器根据输出电压是否可调，可分为三端固定式集成稳压器和三端可调式集成稳压器。图 1-23、图 1-24 所示为集成稳压器符号及封装形式。

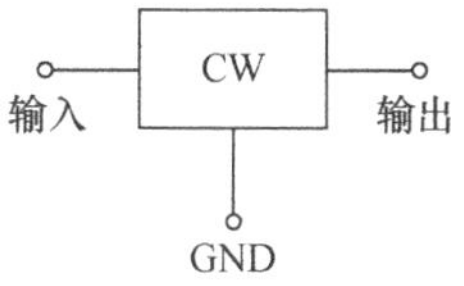

图 1-23　集成稳压器符号

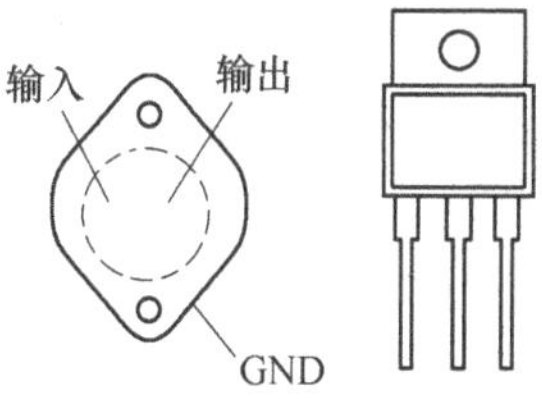

图 1-24　集成稳压器封装形式

（1）三端固定式集成稳压器

1）三端固定式集成稳压器型号。如:三端固定式集成稳压器 CW78L××的含义如下：

C——代表国标。

W——稳压器。

78——产品序号：78 输出正电压；79 输出负电压。

L——输出电流：输出为小电流，代号“L”。例如，78L××，最大输出电流为 0.1A。输出为中电流，代号“M”。例如，78M××，最大输出电流为 0.5A。输出为大电流，代号“S”。例如，78S××，最大输出电流为 2A。无字母表示电流为 1.5A。

××——用数字表示输出电压值。例：7805 表示输出电压值为 5V；7812 表示输出电压值为 12V。

2）三端固定式集成稳压器外形及接线图。W78××、W79××系列三端式集成稳压器的输出电压是固定的，在使用中不能进行调整。W78 × ×系列三端式稳压器输出正极性电压，一般有5V、6V、9V、12V、15V、18V、24V共7个档次，输出电流最大可达1.5A（加散热片），它的内容含有限流保护、过热保护和过电压保护电路，采用了噪声低、温度漂移小的基准电压源，工作稳定可靠。79 × ×系列集成稳压器是常用的固定负输出电压的三端集成稳压器，除输入电压和输出电压均为负值外，其他参数和特点与78 × ×系列集成稳压器相同。图1-25和图1-26所示为两种系列三端集成稳压器的外形及接线图。

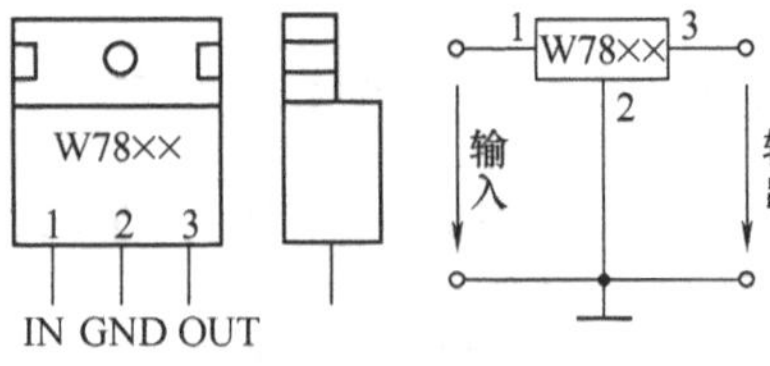

图1-25　W78 × ×系列外形及接线图

3）三端固定式集成稳压器的基本应用。

①固定输出电压电路如图1-27所示。电容 C_i 的作用是防止自激振荡，而 C_o 的作用是滤除噪声干扰。

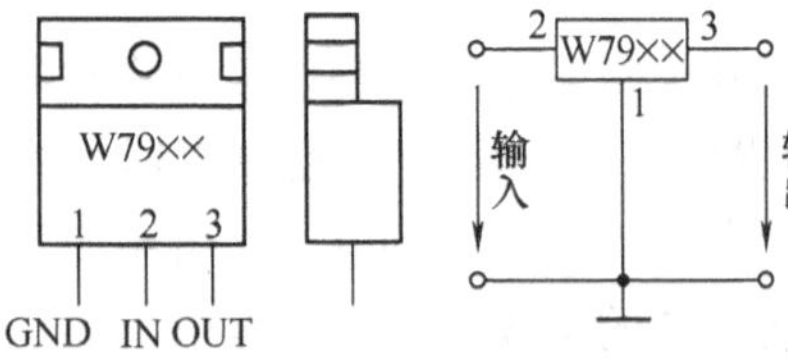

图1-26　W79 × ×系列外形及接线图

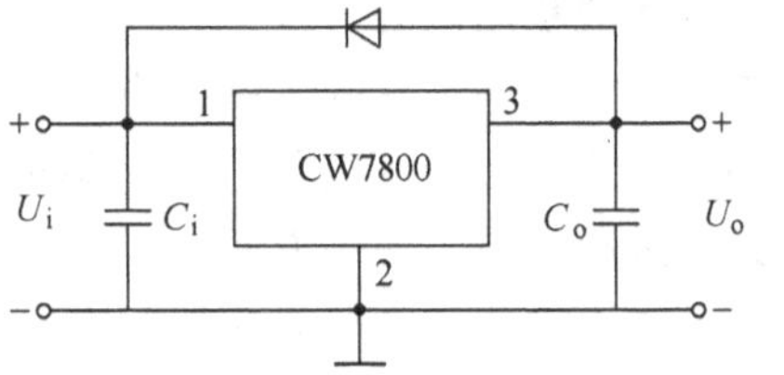

图1-27　固定输出电压电路

②正、负双电压输出电路如图1-28所示。例如需要 $U_{o1}=15V$，$U_{o2}=-15V$，则可选用W7815和W7915三端稳压器，这时的 U_i 应为单电压输出时的两倍。

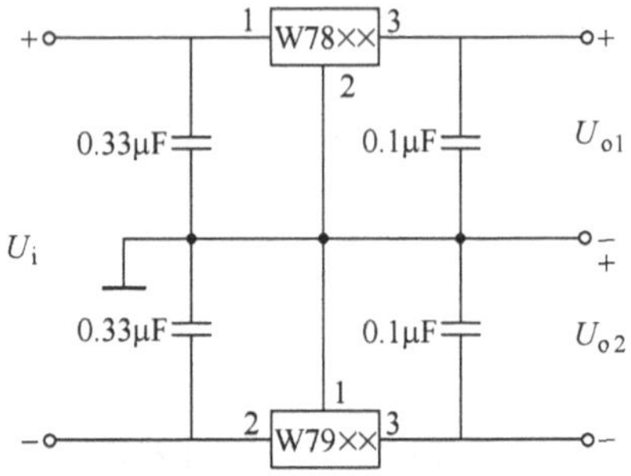

图1-28　正、负双电压输出电路

（2）三端可调式集成稳压器

1）三端可调式集成稳压器外形及接线图。图1-29所示CW317为三端可调负输出集成稳压器，输出电压可调范围为1.2～37V，输出电流可达1.5A。其1脚为调整端，2脚为输出端，3脚为输入端。

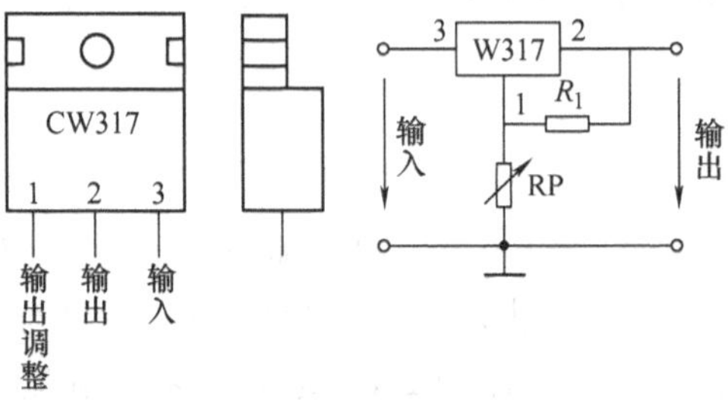

图1-29　CW317外形及接线图

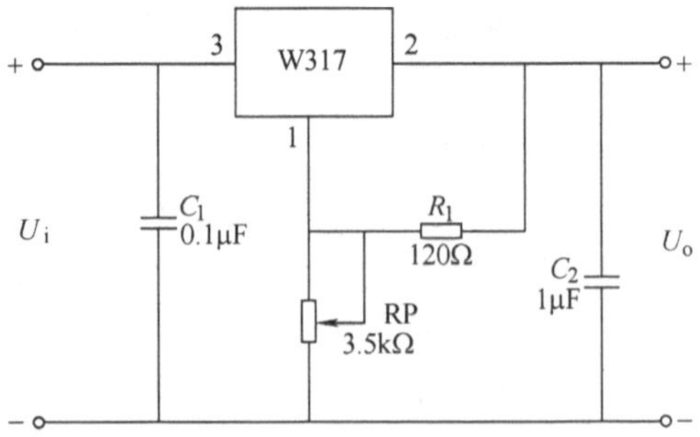

图1-30　可调输出电压电路

2）三端可调式集成稳压器的基本应用。图1-30所示为可调输出电压电路，它克服了固定三端稳压器输出电压不可调的缺点，继承了三端固定式集成稳压器的诸多优点。

1.8 思考与练习

一、填空题

1. 二极管的特性是________________。

2. 理想二极管是指____________________。

3. 变压器的工作特点是______________________________。

4. 整流的作用是将________________转换成________________的过程。

5. 单相半波整流电路中，U_L = ________________ U_2。

6. 单相桥式整流电路中，U_L = ________________ U_2。

7. 电容滤波器中电容与负载________________（串联/并联），电容滤波器是利用电容的________________特性来工作的。

二、简答题

1. 简述滤波的作用。

2. 简述整流的作用。

3. 简述稳压的作用。

4. 如何确定限流电阻的阻值范围？

5. 如何确定滤波电容的参数？

6. 如何选择整流二极管？

1.9 项目小结

本项目通过对简易直流稳压电源的分析与制作，让学生掌握半导体和二极管的相关知识，熟悉简易直流稳压电源的组成和工作原理。通过项目的制作，学生掌握电阻、电容、二极管以及三端稳压电源的测试和判断，在锻炼学生的对电路的安装、调试和维修能力的同时也培养学生的职业素养和团队协作能力。

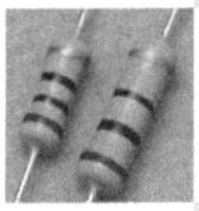

项目2 OTL功率放大器的分析与制作

2.1 任务描述

信号放大电路在消费类电子产品中的典型应用是功率放大电路，本任务通过制作如图2-1所示的带有前置放大级的OTL（Output Transfer Less，即无输出变压器）功率放大器，了解低频功率放大器的工作原理，熟悉低频功率放大器的特点和类型，掌握低频功率放大器的安装、调试的基本方法。

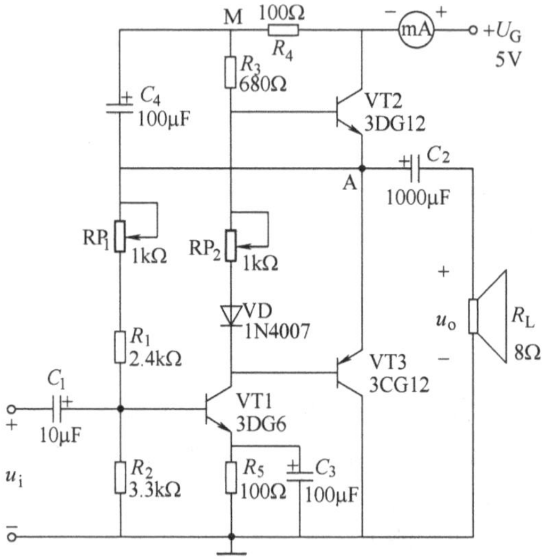

图2-1 带有前置放大级的OTL功率放大器

2.2 任务目标

知识目标	1. 掌握晶体管的结构和工作原理 2. 掌握基本放大电路的相关概念、组成、工作原理及分析方法 3. 掌握OTL功率放大器制作与调试的工艺规范 4. 熟悉OTL功率放大器的组成，理解电路的工作原理 5. 了解自举电路的组成，理解自举电路的作用原理 6. 了解场效应晶体管的相关概念
技能目标	1. 会识别与检测晶体管、扬声器等元器件 2. 能独立完成OTL功率放大器的制作与调试

（续）

职业素养	1. 具有良好的沟通能力、团队协作精神及职业道德 2. 建立质量、成本、安全及环保的意识

2.3　任务资讯

2.3.1　晶体管

半导体晶体管有两大类型：一是双极型晶体管；二是单极型场效应晶体管。本知识链接讨论双极型晶体管，通常用 BJT 表示，以下简称晶体管。

一、晶体管的结构及类型

按 PN 结的组合方式，晶体管有 PNP 型和 NPN 型，它们的结构示意图和电气符号分别如图 2-2a、b 所示。

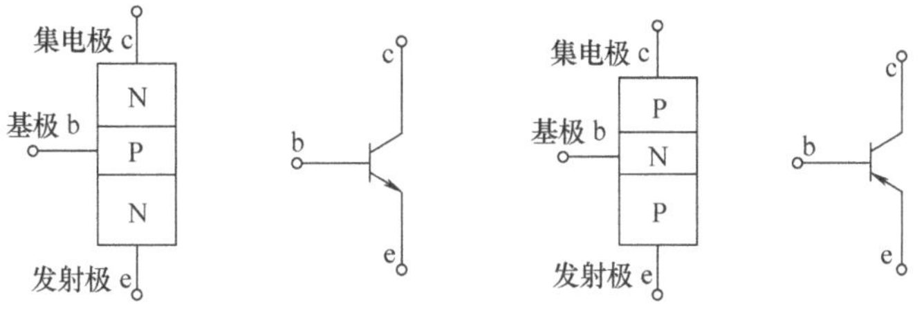

a)　　b)

图 2-2　晶体管的结构示意图和电气符号
a）NPN 型　b）PNP 型

不管是什么样的晶体管，它们均包含三个区：发射区、基区、集电区，同时相应地引出三个电极：发射极、基极、集电极。同时又在两两交界区形成 PN 结，分别是发射结和集电结。

二、晶体管的电流分配关系与放大作用

1. 晶体管的结构特点

1）发射区重掺杂（掺杂浓度高）。

2）基区必须很薄。

3）集电结的面积应很大。

4）工作时，发射结应正向偏置，集电结应反向偏置。

晶体管结构上的特点使其具备了电流放大作用的内部条件，但为实现它的电流放大作用，还必须具备一定的外部条件，必须提供放大的能量。使晶体管具有电流放大作用的外部条件是：晶体管发射结加正向偏置电压，集电结加反向偏置电压。

2. 载流子的传输过程

晶体管内部载流子传输示意图如图 2-3 所示。因为发射结正向偏置，且发射区进行重掺杂，所以发射区的多数载流子扩散注入基区，又由于集电结反向偏置，故注入基区的载流子

在基区形成浓度差，因此这些载流子从基区扩散至集电结，被电场拉至集电区形成集电极电流。因为基区很薄，所以留在基区的载流子很少。

3. 电流的分配关系

载流子的运动产生相应电流，它们的关系如下：

$$I_E = I_B + I_C$$

$$I_E = (1+\beta)I_B$$

式中，I_E 为发射极电流；I_B 为基极电流；I_C 为集电极电流。β 为共发射极电流的放大系数。可定义为

$$\beta = \frac{I_C}{I_B}$$

放大系数有两种：直流放大系数和交流放大系数，但一般认为，二者是相等的，不加以区分。

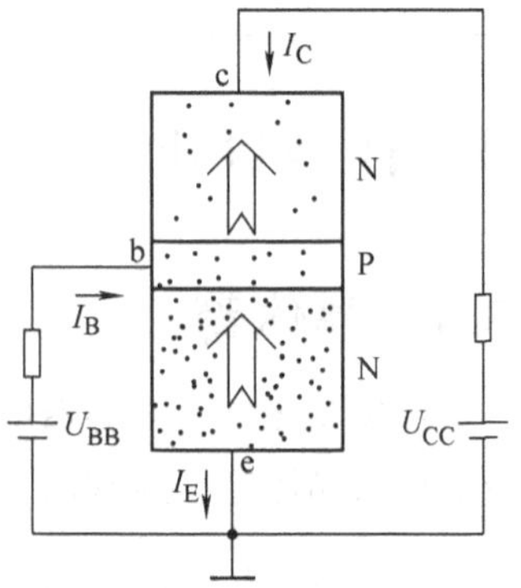

图 2-3　晶体管内部载流子传输示意图

三、晶体管的特性曲线

1. 输入特性

输入特性反映的是在集-射极电压 U_{CE} 为常数的情况下，基极电流 I_B 与发射结电压 U_{BE} 的关系，即

$$I_B = f(U_{BE})\mid_{U_{CE}=\text{常数}}$$

它与 PN 结的正向特性相似，晶体管的两个 PN 结相互影响，因此，输出电压 U_{CE} 对输入特性有影响，且 $U_{CE}>1$ 时，这两个 PN 结的输入特性基本重合。我们用 $U_{CE}=0$ 和 $U_{CE}\geqslant 1$ 两条曲线表示，如图 2-4 所示。

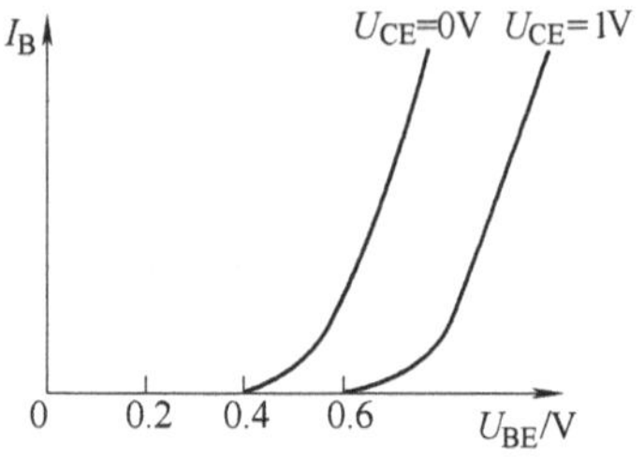

图 2-4　晶体管的输入特性曲线

2. 输出特性

输出特性反映的是在基极电流 I_B 为常数的情况下，集电极电流与集-射极电压 U_{CE} 的关系，即

$$I_C = f(U_{CE})\mid_{I_B=\text{常数}}$$

图 2-5 所示为晶体管输出特性曲线。晶体管的输出特性可分为三个区：

（1）截止区　$I_B \leqslant 0$ 时，此时的集电极电流近似为零，集电极电压等于电源电压，两个结均处于反向偏置。

（2）饱和区　在饱和区，两个结均处于正向偏置，此时 U_{CE} 称为饱和管压降，用 U_{CES} 表示。硅管的 $U_{CES}=0.3\text{V}$。

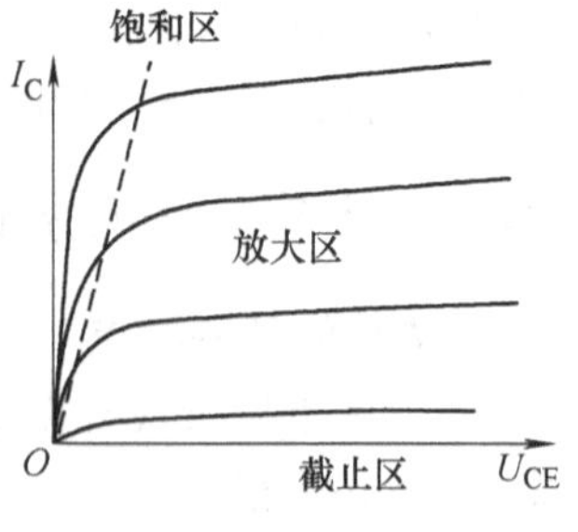

图 2-5　晶体管的输出特性曲线

（3）放大区　在放大区，$I_C=\beta I_B$，I_C 基本不随 U_{CE} 的变化而变化，此时发射结处于正向偏置，集电结处于反向偏置。

四、晶体管的主要参数

1. 电流放大系数

它主要用来表征晶体管的放大能力，有共基极的电流放大系数 α 和共发射极的电流放大

系数β两种。二者的关系是

$$\alpha = \frac{\beta}{1+\beta} \qquad \beta = \frac{\alpha}{1-\alpha}$$

2. 极间反向电流（它们是由少数载流子形成的）

1）I_{CBO}：集电结的反向饱和电流。

2）I_{CEO}：穿透电流，它与I_{CBO}的关系为$I_{CEO} = (1+\beta) I_{CBO}$。

3. 极间反向击穿电压

指晶体管某一个极开路时，另两个极间的最大允许反向电压。超过这个电压，管子会击穿。

1）集电极开路时，发射极与基极间的反向击穿电压$U_{(BR)EBO}$。

2）基极开路时，集电极与发射极间的反向击穿电压$U_{(BR)CEO}$。

3）发射极开路时，集电极与基极间的反向击穿电压为$U_{(BR)CBO}$。

4. 集电极最大允许功率损耗 $P_{CM} = i_C u_{CE}$

表示集电结上允许损耗功率的最大值，超过此值就会使管子性能变坏甚至烧毁。

五、晶体管的参数与温度的关系

由于半导体的载流子受温度影响，因此晶体管的参数也受温度影响。温度上升，输入特性曲线向左移，基极的电流不变，基极与发射极之间的电压降低，输出特性曲线上移。温度升高，电流放大系数也增加。

2.3.2 基本放大电路

晶体管可以通过控制基极电流来控制集电极的电流，从而达到电流放大的目的。放大电路就是利用晶体管的这种特性来组成的。

一、放大电路的基本概念

放大电路广泛应用于各种电子设备中，如音响设备、视听设备、精密测量仪器、自动控制系统等。放大电路的功能是将微弱的电信号（电流、电压）进行放大得到所需要的信号。放大器必须接直流电源才能工作，因为放大器的输出功率比输入功率大得多，输出功率是从直流电源转化而来的。所以放大电路实质上是一种能量转换器。

二、放大电路的三种基本组态

晶体管有三个电极，其中两个可以作为输入，两个可以作为输出，这样必然有一个电极是公共电极。因此，构成放大器时可以有三种连接方式，也称三种组态，如图 2-6 所示。

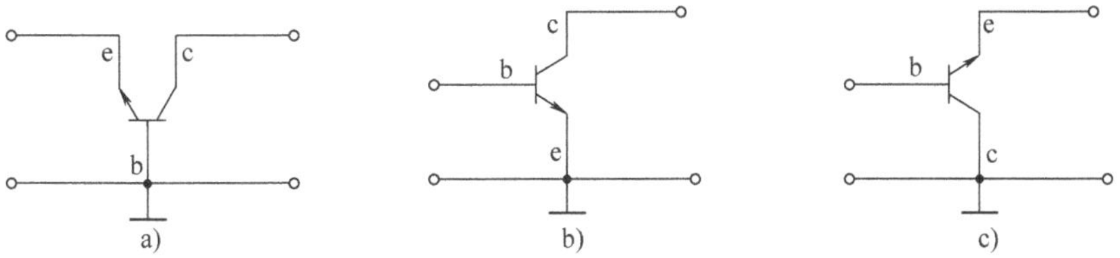

图 2-6　放大电路的三种组态

a）共基极　b）共发射极　c）共集电极

三、共发射极基本放大电路

1. 电路构成

共发射极基本放大电路如图2-7所示。

由前面的讨论我们得出，晶体管具有电流放大作用，其内因是晶体管生产制造时，从结构上、生产工艺上就保证了$\beta >> 1$；其外因是必须提供能量，保证有正确的外加偏置电压，即发射结正偏、集电结反偏。

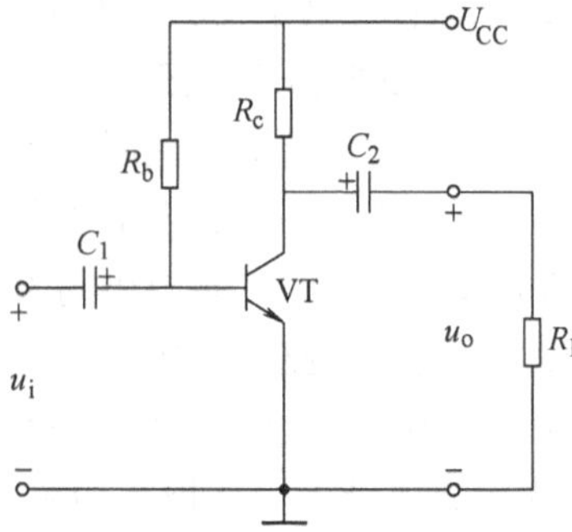

图2-7 共射极基本放大电路

2. 电路中各元器件的作用

（1）晶体管VT VT起电流放大作用，通过基极电流i_B控制集电极电流i_C。它是放大电路的核心器件。

（2）电源U_{CC} 它使晶体管处在放大状态，发射结正偏，集电结反偏。同时它也是放大电路的能量来源，提供电流i_B和i_C。U_{CC}一般在几伏到十几伏之间。

（3）基极偏置电阻R_b 电源U_{CC}通过R_b为晶体管提供发射结正向偏置电压，R_b用来调节基极偏置电流I_B，使晶体管有一个合适的工作点，一般为几十千欧到几兆欧。

（4）集电极负载电阻R_c 通过它为晶体管提供集电结反向偏置电压，并将集电极电流i_C的变化转换为电压的变化，从而实现电压放大作用，R_c一般为几千欧。

（5）耦合电容C_1、C_2 它们用来传递交流信号，起到耦合的作用。同时，它们又使放大电路和信号源及负载间的直流相互隔离，起到隔直的作用。为了减小传递信号的电压损失，C_1、C_2应选得足够大，一般为几微法至几十微法，通常采用电解电容。

3. 放大原理

1）输入信号u_i通过输入耦合电容C_1加到VT基极、发射极间，引起基极电流i_B作相应变化。

2）通过VT的电流放大作用，VT的集电极电流i_C也将变化。

3）i_C的变化引起VT的集电极电阻R_c上的压降变化。由于$U_{CE} = U_{CC} - i_C R_c$，集电极和发射极之间的电压$U_{CE}$也跟着变化。

4）输出信号U_{CE}通过输出耦合电容C_2隔离直流，交流分量畅通地传送给负载R_L，成为输出交流电压u_o，从而实现了电压放大作用。

综上分析可知，在共射极放大电路中，输入电压u_i与输出电压u_o频率相同，相位相反，幅度得到了放大，因此这种单级的共射极放大电路通常也称为反相放大器。

四、放大电路的主要性能指标

为了描述和鉴别放大电路性能的优劣，人们根据放大电路的用途制定了若干性能指标。下面介绍放大电路的几个主要性能指标。

1. 电压放大倍数A_u

定义为输出电压变化量与输入电压变化量之比，即

$$A_u = \frac{\Delta U_o}{\Delta U_i}$$

2. 输入电阻 r_i

r_i 就是在放大电路输入端看进去的等效电阻。当输入端接信号源时，放大器对信号源来说，相当于是信号源的负载，从信号源索取电流。索取电流的大小，表明了放大电路对信号源的影响程度。输入电阻定义为输入电压变化量与输入电流变化量之比，即 $r_i = \frac{\Delta U_i}{\Delta I_i}$。

3. 输出电阻 r_o

输出电阻相当于从放大电路输出端看进去的交流等效电阻。当放大电路将信号放大后输出给负载时，对负载 R_L 而言，放大器可视为具有内阻的信号源，这个信号源的电压值就是输出端开路时的输出电压U'_o，其内阻称为放大电路的输出电阻 r_o。输出电阻 r_o 值越小，则放大电路带负载的能力越强，或者说，输出电压在放大器内阻上的损失就越小。反之，r_o 越大，表明放大电路带负载的能力越差。

注意：放大倍数、输入电阻、输出电阻通常都是在正弦信号下的交流参数，只有在放大电路处于放大状态且输出不失真的条件下才有意义。

4. 通频带

通频带是用来衡量放大电路对不同频率信号的放大能力。由于放大电路存在电抗元件或等效电抗元件，信号频率过高或过低，放大倍数都会明显下降，把放大倍数下降到中频段放大倍数的$\sqrt{2}/2$（0.707）时的频率，称为下限频率f_L 和上限频率f_H。从下限频率到上限频率的频带宽度 B_W 称为通频带。通频带 $B_W = f_H - f_L$。

5. 不失真输出电压

最大输出幅值是指输出波形的非线性失真在允许范围内，放大电路可能输出的最大电压。若输入信号再增大，就会使输出波形的非线性失真超过允许范围。

6. 最大输出功率 P_{om}和效率 η

当输出电压为最大不失真电压 U_{om}时，负载得到的功率为放大电路的最大输出功率 P_{om}。所谓功率放大作用的实质是功率控制，能量来自电源，电源提供的功率 P_{CC}一部分给负载，一部分被电路自身所消耗。电路的效率 η 是负载得到的功率 P_o 与电源提供的功率 P_{CC}之比，即 $\eta = \frac{P_o}{P_{CC}} \times 100\%$。

2.3.3 放大电路的分析方法

对放大电路进行分析，目的是了解放大电路的工作状态，同时对放大电路的主要性能指标进行必要的估算，以便了解放大电路的基本情况。在讨论放大电路的分析方法之前，首先了解一下有关放大电路的几个重要概念。

一、放大电路的几个重要概念

1. 直流通路、静态分析和静态工作点 Q

放大电路在没有加输入信号即 $u_i = 0$ 时，电路所处的工作状态称为静态。此时，电路只有直流电源作用，故也称直流工作状态。把放大电路中直流信号所走的通路称为放大电路的直流通路。静态时电路中的 I_B、I_C、U_{CE} 的数值可在晶体管特性曲线上确定一个点，称为放大电路的静态工作点 Q。静态分析的目的就是求出静态工作点 Q，以确定它是否满足放大要求。

画放大电路的直流通路时，将电容元件视为开路，电感元件视为短路，其他不变。图 2-8a 所示的共射极放大电路的直流通路如图 2-8b 所示。

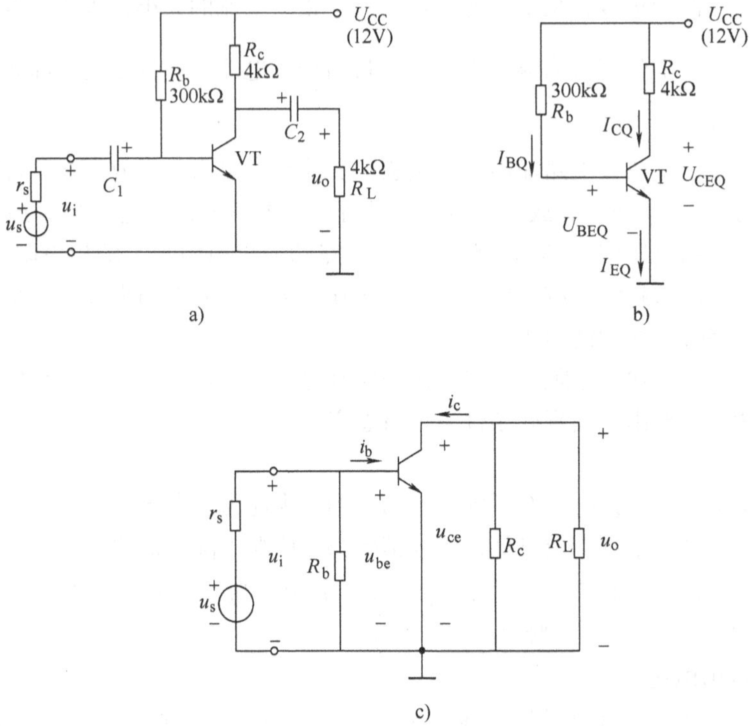

图 2-8 共射极放大电路

a）共射极放大电路 b）直流通路 c）交流通路

2. 交流通路、动态分析

当有输入信号，即 $u_i \neq 0$ 时，电路中的电压、电流都将随输入信号做相应变化，这时，电路所处的工作状态称为动态，也称交流工作状态。此时，电路中既有直流，也有交流。交流信号所走的通路称为放大电路的交流通路。绘制交流通路的原则是：

1）电路中的耦合电容、旁路电容的容量足够大，对交流信号而言，它的容抗很小，都视为短路。

2）直流电源 U_{CC} 的内阻极小，对于交流信号而言，也可以看作两极短路。

根据上述原则可画出图 2-8a 所示放大电路的交流通路如图 2-8c 所示。图中所有电压、电流都是交流成分。动态分析的目的就是确定电压放大倍数、输入电阻、输出电阻等主要性能指标。

放大电路设置合适的静态工作点是保证动态正常放大的前提。分析放大电路必须正确地区分静态和动态，区分直流通路和交流通路。

3. 电路中电压、电流符号的使用规定

放大电路在进行输入信号放大时，在直流通路与交流通路的公共部分，电压、电流都是由直流成分和交流成分叠加而成的，也就是说，都可以分解为直流分量和交流分量。为此做如下规定：

1）用大写字母带大写下标表示直流分量，如 I_B 表示基极直流电流。

2）用小写字母带小写下标表示交流分量，如 i_b 分别表示基极交流电流。

3）用小写字母带大写下标表示直流分量与交流分量的叠加，如 $i_B = I_B + i_b$，即基极电流总量。

4）用大写字母带小写下标表示交流分量的有效值，如 U_i 表示输入电压有效值。

二、放大电路的静态分析方法

在进行静态分析时，主要是计算基极直流电流 I_B、集电极直流电流 I_C、集电极与发射极间的直流电压 U_{CE}，即确定放大电路的静态工作点。

1. 估算 *Q* 点

估算静态工作点应以放大电路的直流通路为依据。

在图 2-8b 所示的直流通路中，I_B、I_C、U_{CE} 的计算公式为 $U_{CE} = U_{CC} - I_C R_c$，$I_B = \dfrac{U_{CC}}{R_b}$，$I_C = \beta I_B$。

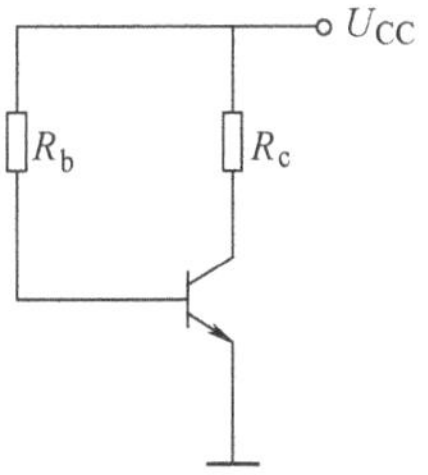

图 2-9　共射放大电路的直流通路

晶体管导通时，U_{BE} 的变化很小，可视为常数，一般认为，对于硅晶体管，U_{BE} 为 0.7V，对于锗晶体管，U_{BE} 为 0.3V。

例 2-1　估算直流通路为图 2-9 所示的放大电路的静态工作点。其中 $R_b = 120\text{k}\Omega$，$R_c = 1\text{k}\Omega$，$U_{CC} = 24\text{V}$，$\beta = 50$，晶体管为硅管。

解：$I_B = (U_{CC} - U_{BE}) / R_b = [(24 - 0.7) / (120 \times 10^3)]\ \text{A} = 0.194\text{mA}$

$$I_C = \beta I_B = 50 \times 0.194\text{mA} = 9.7\text{mA}$$

$$U_{CE} = U_{CC} - I_C R_c = (24 - 9.7 \times 1)\text{V} = 14.3\text{V}$$

2. 图解法计算 *Q* 点

晶体管的电流、电压关系可用输入特性曲线和输出特性曲线表示，可以在特性曲线上，直接用做图的方法来确定静态工作点。用图解法的关键是正确地做出直流负载线，直流负载线与 $i_B = I_{BQ}$ 的特性曲线的交点，即为 *Q* 点，读出它的坐标即得 I_C 和 U_{CE}。图解法求 *Q* 点的具体方法在这里不做详细的讲解。

3. 电路参数对静态工作点的影响

静态工作点的位置在实际应用中很重要，它与电路参数有关。电路参数 R_b、R_c、U_{CC} 对静态工作点的影响见表 2-1。

表 2-1　电路参数对静态工作点的影响

改变 R_b	改变 R_c	改变 U_{CC}
R_b 变化，只对 I_B 有影响	R_c 变化，只改变负载线的纵坐标	U_{CC} 变化，I_B 和直流负载线同时变化
R_b 增大，I_B 减小，工作点沿直流负载线下移	R_c 增大，负载线的纵坐标上移，工作点沿 $i_B = I_B$ 这条特性曲线右移	U_{CC} 增大，I_B 增大，直流负载线水平向右移动，工作点向右上方移动
R_b 减小，I_B 增大，工作点沿直流负载线上移	R_c 减小，负载线的纵坐标下移，工作点沿 $i_B = I_B$ 这条特性曲线左移	U_{CC} 减小，I_B 减小，直流负载线水平向左移动，工作点向左下方移动

例 2-2 如图 2-10 所示，要使工作点由 Q_1 变到 Q_2 点应使 R_c 增大，要使工作点由 Q_1 变到 Q_3 点应使 R_b 增大。

三、放大电路的动态分析方法

放大电路的动态分析有两种方法：图解法和微变等效电路法。

（1）晶体管的微变等效电路　电路图如图 2-11 所示。

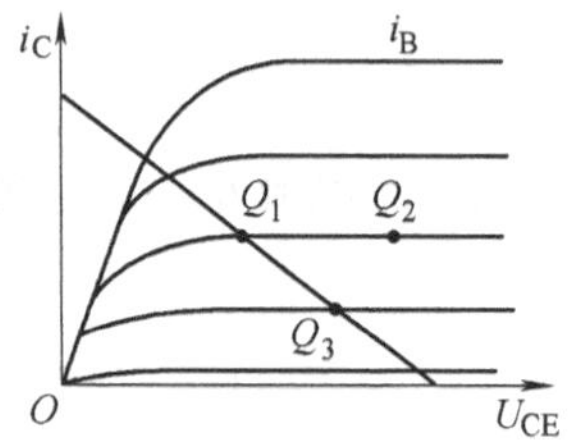

图 2-10　例图

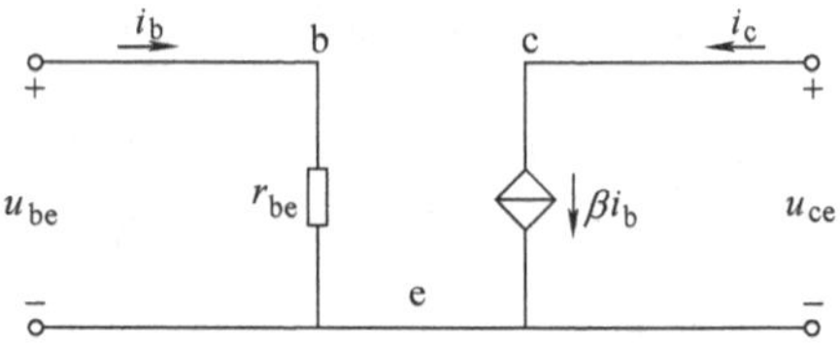

图 2-11　晶体管的微变等效电路

采用微变等效电路法的思想是：当信号变化的范围很小（微变）时，可以认为晶体管电压、电流变化量之间的关系是线性的。

通过上述思想，可以把含有非线性器件（如晶体管）的放大电路转换为线性电路，这样就可以利用电路分析的各种方法来求解了。

晶体管的输入回路可以等效为输入电阻 r_{be}，输出回路可用等效的受控恒流源来代替。在低频小信号工作条件下，r_{be}是一个与静态工作点有关的常数，可用下式估算：

$$r_{be} = 300\Omega + (1 + \beta)\frac{26\text{mV}}{I_{EQ}}$$

（2）放大电路的微变等效电路　微变等效电路主要用于放大电路的动态特性分析。晶体管有三种接法，因此放大电路也有三种基本组态。

下面以图 2-12 所示的电路为例，总结画放大电路的微变等效电路的方法和步骤。

1）画出放大电路的交流通路如图 2-13 所示。

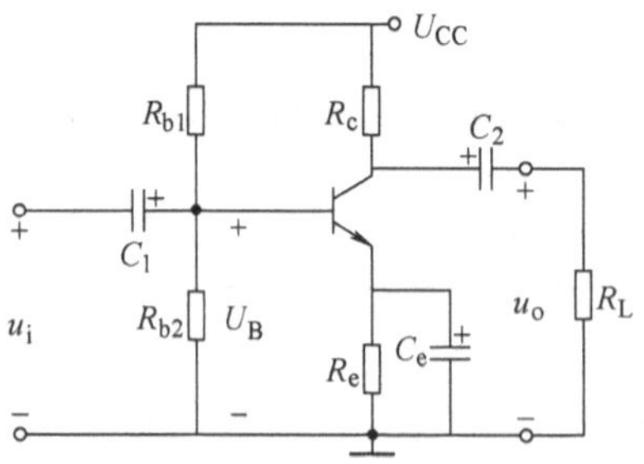

图 2-12　共射放大电路

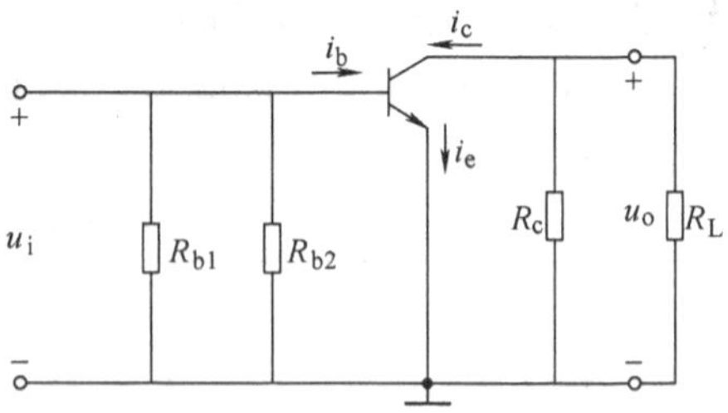

图 2-13　交流通路

2）用晶体管的微变等效电路代替交流通路中的晶体管，画出放大电路的微变等效电路如图 2-14 所示。

3. 共射极放大电路基本动态参数的估算

（1）电压放大倍数

1）求有载电压放大倍数 A_u。

$$u_o = -i_c R'_L = -\beta i_b R'_L$$

$$R'_L = R_c // R_L$$

$$u_i = i_b r_{be}$$

$$A_u = \frac{u_o}{u_i} = -\frac{\beta i_b R'_L}{i_b r_{be}} = -\frac{\beta R'_L}{r_{be}}$$

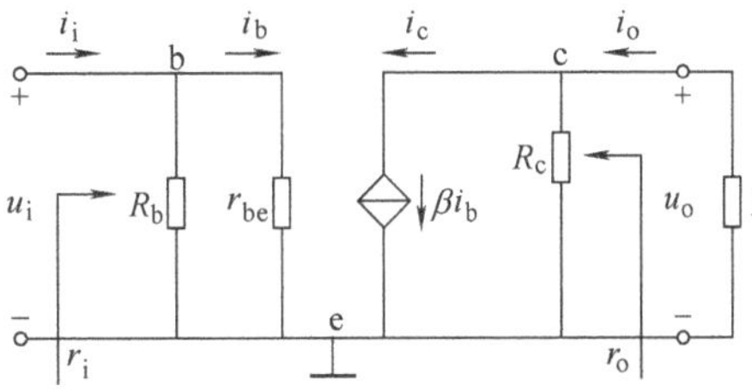

图 2-14　不考虑信号源内阻的微变等效电路（$R_b = R_{b1} // R_{b2}$）

2）求空载电压放大倍数 A'_u，即

$$A'_u = -\frac{\beta R_c}{r_{be}}$$

因为 $R_c > R'_L$，所以空载电压放大倍数大于有载电压放大倍数。

（2）输入电阻 r_i

$$r_i = \frac{u_i}{i_i} = R_b // r_{be}(R_b = R_{b1} // R_{b2})$$

当 $R_b >> r_{be}$时，有

$$r_i = R_b // r_{be} \approx r_{be}$$

（3）输出电阻 r_o　在图 2-14 中，根据戴维南定理计算等效电阻，$u_i = 0$，则 $i_b = 0$，从而受控源 $\beta i_b = 0$，因此可直接得出

$$r_o = R_c$$

（4）源电压放大倍数　图 2-15a 所示为考虑信号源内阻时的微变等效电路，可以得出

$$u_i = u_s \frac{r_i}{r_s + r_i} \approx u_s \frac{r_{be}}{r_s + r_{be}}$$

$$A_{us} = \frac{u_o}{u_s} = \frac{u_o}{u_i}\frac{u_i}{u_s} = A_u \frac{r_{be}}{r_s + r_{be}} = -\beta \frac{R'_L}{r_{be}} \frac{r_{be}}{r_s + r_{be}} = -\beta \frac{R'_L}{r_s + r_{be}}$$

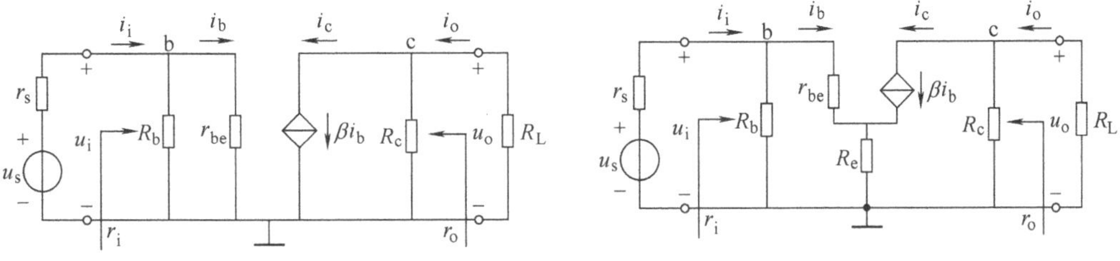

a)　　　　b)

图 2-15　微变等效电路

a）考虑信号源内阻时的微变等效电路　b）不接电容 C_e 时的微变等效电路

例 2-3　放大电路如图 2-12 所示，其中晶体管为硅管 $\beta = 50$，电阻 $R_{b1} = 50\text{k}\Omega$，$R_{b2} = 10\text{k}\Omega$，$R_c = 6\text{k}\Omega$，$R_e = 1.3\text{k}\Omega$，$R_L = 6\text{k}\Omega$，电源 $U_{CC} = 12\text{V}$。试求：

（1）静态工作点；

（2）A_u、r_i 和 r_o 值；

（3）不接电容 C_e 时的 A_u、r_i 和 r_o 值，并与接电容 C_e 时的 A_u、r_i、r_o 值进行比较。

解：（1）

$$U_{BQ}=\frac{R_{b2}}{R_{b1}+R_{b2}}U_{CC}=\frac{10}{50+10}\times 12V=2V$$

$$U_{EQ}=U_{BQ}-U_{BEQ}=2V-0.7V=1.3V$$

$$I_{CQ}\approx I_{EQ}=\frac{U_{BQ}-U_{BEQ}}{R_e}=\frac{1.3V}{1.3k\Omega}=1mA$$

$$U_{CEQ}\approx U_{CC}-I_{CQ}(R_c+R_e)=[12-1\times(6+1.3)]V=4.7V$$

$$I_{BQ}=\frac{I_{CQ}}{\beta}=\frac{1mA}{50}=0.02mA$$

$$r_{be}=300\Omega+(1+\beta)\frac{26mV}{I_{EQ}}=300\Omega+51\times\frac{26mV}{1mA}=1626\Omega\approx 1.6k\Omega$$

（2）

$$A_u=\frac{-\beta R_L'}{r_{be}}=-\frac{50\times(6\,//\,6)}{1.6}\approx -93.8$$

$$r_i=R_{b1}\,//\,R_{b2}\,//\,r_{be}=(50\,//\,10\,//\,1.6)k\Omega\approx 1.2k\Omega$$

$$r_o=R_c=6k\Omega$$

（3）不接电容 C_e 时，电路图 2-12 所对应的微变等效电路如图 2-15b 所示。根据电路图可得

$$A_u=\frac{-\beta R_L'}{r_{be}+(1+\beta)R_e}=\frac{-50\times(6\,//\,6)}{1.6+51\times 1.3}\approx -2.2$$

$$\begin{aligned}r_i&=R_{b1}\,//\,R_{b2}\,//\,[r_{be}+(1+\beta)R_e]\\&=\{50\,//\,10\,//\,[1.6+51\times 1.3]\}k\Omega\\&=7.4k\Omega\end{aligned}$$

$$r_o=R_c=6k\Omega$$

上面以共射基本放大电路为例，估算了它的输入电阻和输出电阻。一般来说，放大电路的输入电阻高一些好，这样可以获得尽量大的输入信号；希望输出电阻越小越好，这样可以提高电路的带负载能力。

共基极和共集电极放大电路的分析方法与共射极放大电路类似，这里不再赘述，三种组态的性能比较见表 2-2。

表 2-2　三种组态的性能比较

	共射极	共基极	共集电极
典型电路	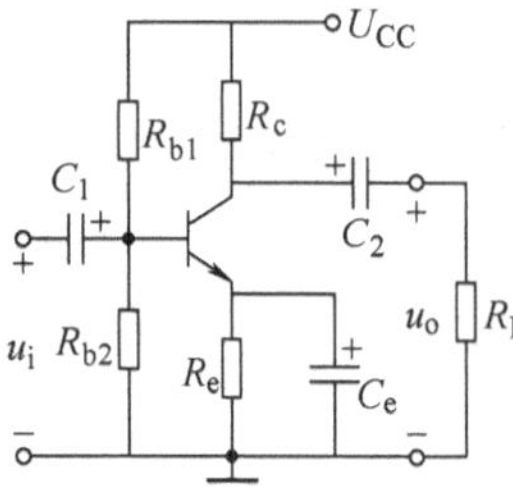	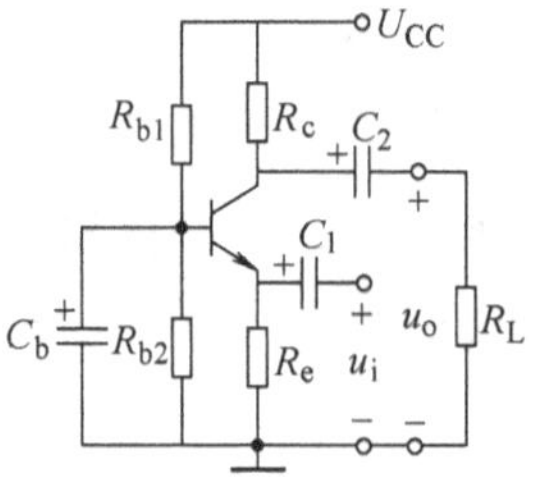	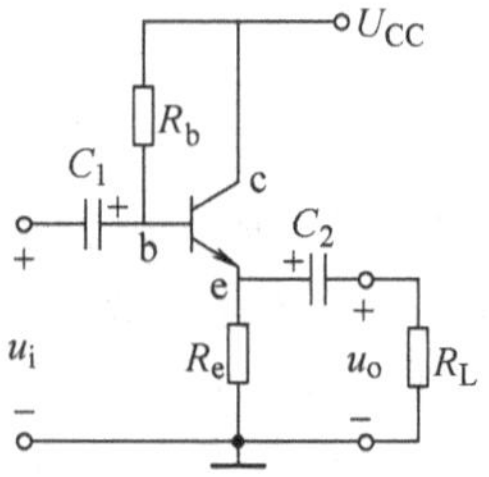

（续）

	共射极	共基极	共集电极
微变等效电路	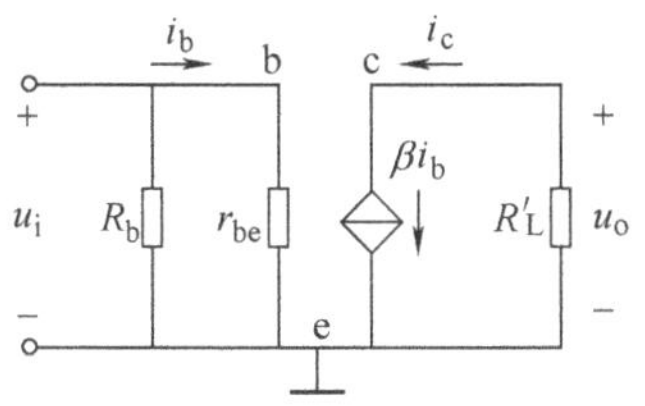	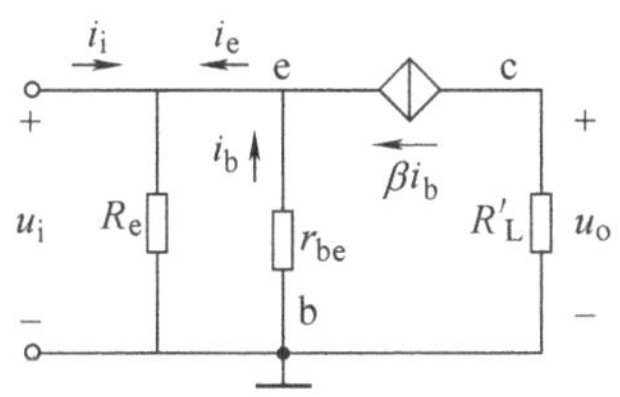	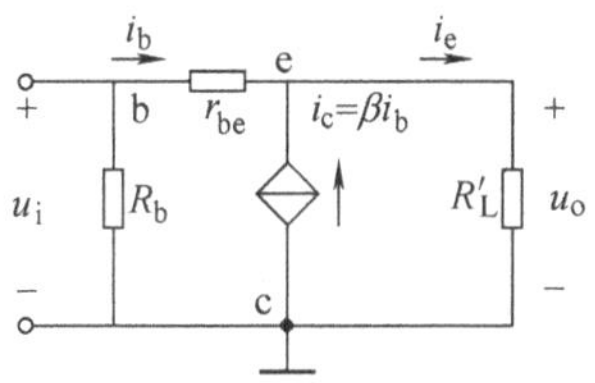
A_u	$A_u=-\frac{\beta R_L'}{r_{be}}$ （$R_L'=R_c /\!/ R_L$）	$A_u=\frac{\beta R_L'}{r_{be}}$ （$R_L'=R_c /\!/ R_L$）	$A_u=\frac{(1+\beta)R_L'}{r_{be}+(1+\beta)R_L'}$ （$R_L'=R_e /\!/ R_L$）
r_i	$r_i=R_b /\!/ r_{be}\approx r_{be}$，高	$r_i=R_e /\!/ \frac{r_{be}}{1+\beta}$，低	$r_i=R_b /\!/ [r_{be}+(1+\beta)R_L']$，高 （$R_L'=R_e /\!/ R_L$）
r_o	$r_o=R_c$，高	$r_o=R_c$，高	$r_o\approx R_e /\!/ \frac{r_{be}}{1+\beta}$，低
相位特性	反相	同相	同相
高频特性	差	好	较好

2.3.4 静态工作点对放大电路性能的影响

一、静态工作点对输出波形失真的影响

波形失真是指输出波形不能很好地重现输入波形的形状，即输出波形相对于输入波形发生了变形。对一个放大电路来说，要求输出波形的失真尽可能小。但是，当静态工作点设置不当时，输出波形将出现严重的失真。

如图2-16所示，若Q点在直流负载线上的位置过高，例如Q_A处，信号正半周的一部分进入饱和区，造成输出电流波形正半周和相应电压波形负半周被部分削除，产生“饱和失真”。反之，若静态工作点在直流负载线上的位置过低，例如Q_B处，则信号负半周的一部分进入截止区，

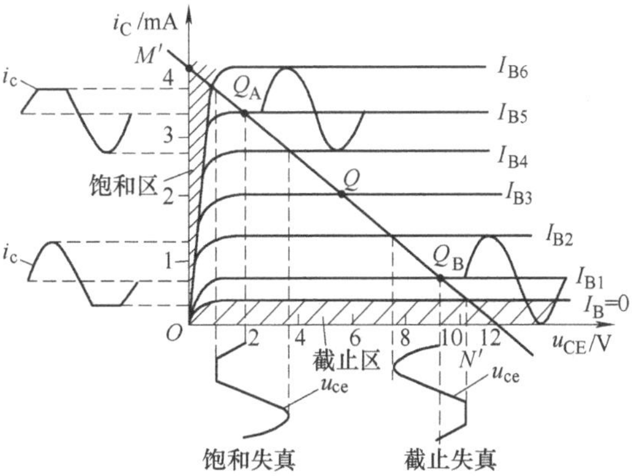

图2-16 静态工作点对输出波形的影响

造成输出电流波形负半周和相应电压波形正半周被部分消除，产生“截止失真”。由于它们都是晶体管工作状态离开线性放大区进入非线性的饱和区和截止区所造成的，因此称为非线性失真。

在工程中，在 U_{CC}、R_c 和管子已经确定的前提下，可通过调整偏置电阻 R_b 来使静态工作点沿直流负载线上下移动，实现调整静态工作点的目的。

$R_b\uparrow\rightarrow I_{BQ}\downarrow\rightarrow I_{CQ}\downarrow\rightarrow U_{CEQ}\uparrow\rightarrow Q$ 点上移→克服截止失真

$R_b\downarrow\rightarrow I_{BQ}\uparrow\rightarrow I_{CQ}\uparrow\rightarrow U_{CEQ}\downarrow\rightarrow Q$ 点下移→克服饱和失真

二、确定静态工作点的基本原则

对于一个放大电路，合理安排静态工作点至关重要，而且在动态运用时，工作点的移动不能超出放大区，这样才能保证放大电路不产生明显的非线性失真。通常情况下，为了使输出幅值较大，同时又不失真，静态工作点应选在直流负载线的中点；对于小信号的放大电路，失真可能性较小，为了减小损耗和噪声，工作点可适当选低一些。

三、静态工作点稳定的放大电路

上面讨论了静态工作点对放大性能的影响，指出如果 Q 点设置不当，将影响放大器的增益，并且会引起非线性失真，影响放大的效果。但即使设置了合适的静态工作点，当工作环境发生变化时，静态工作点仍将偏离正常位置，这种现象叫做静态工作点漂移。下面介绍一种可以稳定静态工作点的电路——分压偏置式放大电路。

1. 分压偏置式放大电路的组成

图 2-17 所示的分压偏置式放大电路具有自动稳定静态工作点的作用。与简单偏置放大电路（也称固定偏置放大电路）相比，多用了 R_{b2}、R_e 和 C_e 三个元件。R_{b1}、R_{b2} 分别称为上偏置电阻和下偏置电阻，R_e、C_e 分别称为发射极电阻和发射极旁路电容。

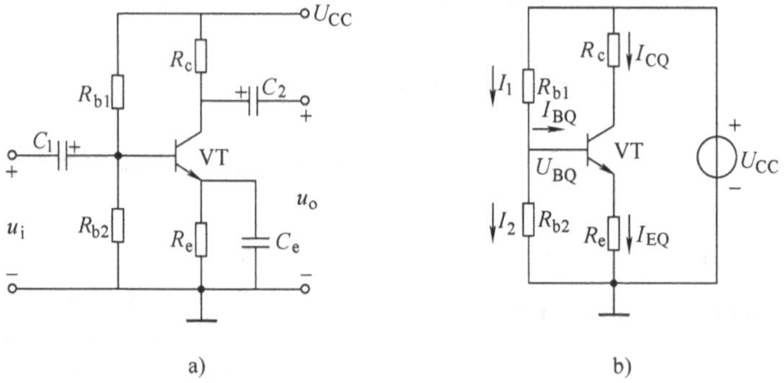

图 2-17 分压偏置式放大电路

a) 电路图 b) 直流通路

2. 稳定静态工作点原理

1) R_{b1}、R_{b2} 组成分压器，用来向晶体管基极提供固定的静态电压 U_{BQ}。合理地选择 R_{b1}、R_{b2} 的阻值，使 $I_1\approx I_2>>I_{BQ}$，这时 I_{BQ} 可忽略，认为基极支路被断开，于是由分压关系得到

$$U_{BQ}\approx\frac{R_{b2}}{R_{b1}+R_{b2}}U_{CC}$$

可见，只要满足 $I_1 \approx I_2 >> I_{BQ}$，$U_{BQ}$就基本固定，不受晶体管参数和温度变化的影响。

2）R_e 串入发射极电路，目的是产生一个正比于 I_{EQ}的静态发射极电压 U_{EQ}，并由其调控 U_{BEQ}。只要 $U_{BQ} >> U_{BEQ}$，则 $I_{EQ} = \frac{U_{BQ} - U_{BEQ}}{R_e} \approx \frac{U_{BQ}}{R_e} = \frac{R_{b2}}{(R_{b1}+R_{b2})R_e}U_{CC}$。

3）电路中，R_e 上并联的电容 C_e 应足够大，对交流信号而言，其容抗很小，几乎接近于短路。这样，放大电路的增益就不会因 R_e 的接入而下降。I_{EQ}只与电源电压和偏置电阻有关，不受晶体管参数和温度变化的影响，所以静态工作点是稳定的，即使更换了晶体管，静态工作点也能基本保持稳定。从另一个角度看，是 R_e 引入了直流电流串联负反馈，使 Q 点稳定。

稳定静态工作点的过程，可用以下流程表示：

$$温度\ T\uparrow \rightarrow I_{CQ}\uparrow \rightarrow I_{EQ}\uparrow \rightarrow U_{EQ}\uparrow \xrightarrow{U_{BQ}固定} U_{BEQ}\downarrow \rightarrow I_{BQ}\downarrow \rightarrow I_{CQ}\downarrow$$

反之，温度下降时其变化过程正好相反。

上述表明，这种分压偏置式放大电路的特点就是利用分压器取得固定基极电压 U_{BQ}，再通过 R_e 对电流 I_{CQ}（I_{EQ}）的取样作用，将 I_{CQ}的变化转换成 U_{EQ}的变化，自动调节 U_{BEQ}从而达到稳定静态工作点的目的。

为了使电路稳定静态工作点的效果较好，并兼顾其他指标，工程应用时一般可选取：$I_1 \approx I_2 = (5\sim10)I_{BQ}$，$U_{BQ} = (5\sim10)U_{BEQ}$。

另外，稳定静态工作点时，还可以利用非线性元器件如热敏电阻、半导体二极管等的参数随温度而变化的特点，把它接入放大电路的偏置电路中，以补偿晶体管参数随温度而发生的变化，达到稳定工作点的目的。

2.3.5 功率放大电路

一、功率放大电路概述

1. 功率放大电路的定义

功率放大电路是一种以输出较大功率为目的的放大电路。它一般直接驱动负载，因此要求它带负载能力要强。

2. 功率放大电路与电压放大电路的区别（见表 2-3）

表 2-3 功率放大电路与电压放大电路的比较

电路类型 / 项目	电压放大电路	功率放大电路
本质	进行能量转换	进行能量转换
任务	获得不失真的输出电压	获得不失真（或失真较小）的输出功率
指标	电压增益、输入和输出阻抗	功率、效率、非线性失真
研究方法	图解法、微变等效电路法	图解法

3. 功率放大电路的特殊问题

1）功率要大：为了获得大的输出功率，要求功率放大晶体管的电压和电流都有足够大的输出幅度，因此管子往往在接近极限的状态下工作。

$$P_o = U_o I_o$$

2）效率要高：所谓效率就是负载得到的有用功率和电源供给的直流功率的比值。它代表了电路将电源直流能量转换为交流能量的能力。

3）失真要小：功率放大电路是在大信号下工作，所以不可避免地会产生非线性失真，这就使输出功率和非线性失真成为一对主要矛盾。

在不同场合下，对非线性失真的要求不同。例如，在测量系统和电声设备中，这个问题显得很重要；而在工业控制系统等场合中，则以输出功率为主要目的，对非线性失真的要求就降为次要问题了。

4）散热要好：在功率放大电路中，有相当大的功率消耗在管子的集电结上，使结温和管壳温度升高。为了充分利用允许的管耗而使管子输出足够大的功率，放大器件的散热就成为一个重要问题。

4. 放大电路的工作状态分类

根据放大电路中晶体管在输入正弦信号一个周期内的导通情况，可将放大电路分为下列四种工作状态：

（1）甲类放大　如图2-18所示，在输入正弦信号的一个周期内，晶体管都导通。这种工作方式称为甲类放大，或称A类放大。此时，整个周期都有 $i_C>0$，晶体管的导通角 $\theta=2\pi$。

（2）乙类放大　在输入正弦信号的一个周期内，只有半个周期晶体管导通。这种工作方式称为乙类放大，或称B类放大，如图2-19所示。此时晶体管的导通角 $\theta=\pi$。

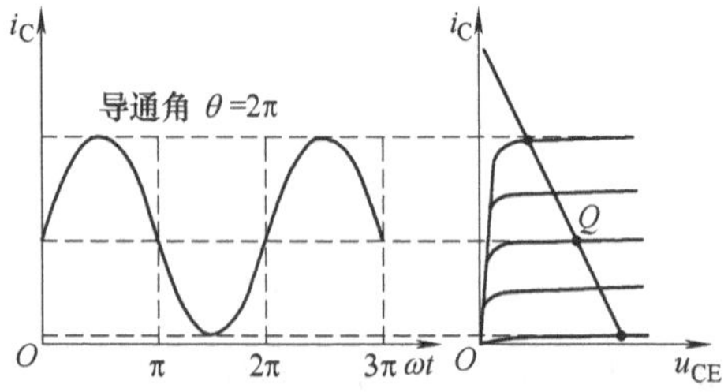

图2-18　甲类放大

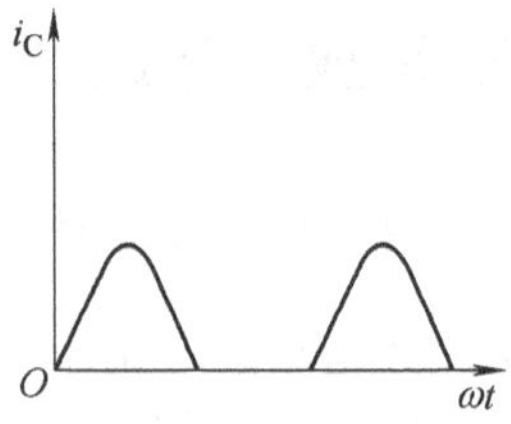

图2-19　乙类放大

（3）甲乙类放大　在输入正弦信号的一个周期内，有半个周期以上晶体管是导通的。这种工作方式称为甲乙类放大，或称AB类放大，如图2-20所示。此时晶体管的导通角 θ 满

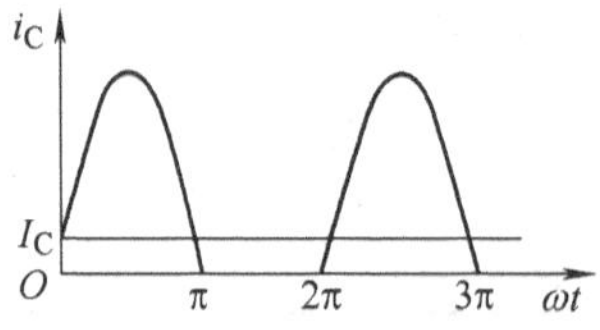

图2-20　甲乙类放大

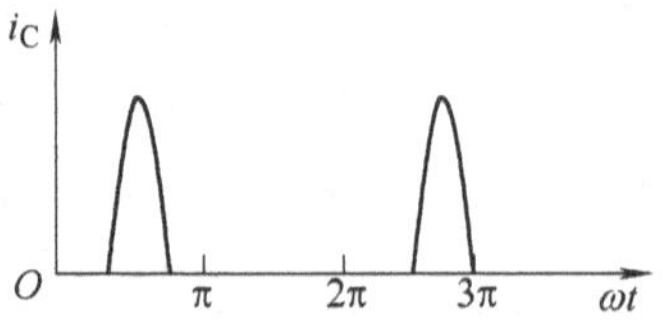

图2-21　丙类放大

足：$\pi<\theta<2\pi$。

（4）丙类放大　如图 2-21 所示，晶体管的导通角小于半个周期，即 $0<\theta<\pi$。这种工作方式称为丙类放大。

5. 提高效率的主要途径

效率 η 是负载得到的有用功率（即输出功率 P_o）和电源供给的直流功率（P_U）的比值。

$$\eta = P_o/P_U$$

而 $P_U=P_o+P_T$，要提高效率，就应降低消耗在晶体管上的功率 P_T，将电源供给的功率大部分转化为有用的信号输出。

在甲类放大电路中，为使信号不失真，需设置合适的静态工作点，保证在输入正弦信号的一个周期内，都有电流流过晶体管。

当有信号输入时，电源供给的功率一部分转化为有用的输出功率，另一部分则消耗在管子和电阻上，并转化为热量耗散出去，耗散出去的热量称为管耗。

甲类放大电路的效率较低，即使在理想情况下，甲类放大电路的效率最高也只能达到 50%。

提高效率的主要途径是减小静态电流，从而减少管耗。

静态电流是造成管耗的主要因素，因此如果把静态工作点 Q 向下移动，使信号等于零时电源输出的功率也等于零（或很小），信号增大时电源供给的功率也随之增大，这样电源供给的功率及管耗都随着输出功率的大小而变化，也就改变了甲类放大时效率较低的状况。实现上述设想的电路有乙类和甲乙类放大电路。

乙类和甲乙类放大主要用于功率放大电路中。这两种放大电路虽然减小了静态功耗，提高了效率，但都出现了严重的波形失真，因此，既要保持静态时管耗小，又要使波形失真不太严重，这就需要在电路结构上采取措施。

二、乙类互补对称功率放大电路

1. 电路组成

两个射极输出器组成的乙类互补对称功率放大电路如图 2-22 所示。

该电路是由两个射极输出器组成的。图 2-22 中，VT1 和 VT2 分别为 NPN 型管和 PNP 型管，两管的基极和发射极相互连接在一起，信号从基极输入，从射极输出，因此称为射极输出器，R_L 为负载。

2. 工作原理

（1）乙类放大电路　由于该电路无基极偏置，所以 $u_{BE1}=u_{BE2}=u_i$。当 $u_i=0$ 时，VT1、VT2 均处于截止状态，所以该电路为乙类放大电路。

（2）互补电路　考虑到晶体管的发射结处于正向偏置时才导电，因此当信号处于 u_i 的正半周时，$u_{BE1}=u_{BE2}>0$，则 VT2 截止，VT1 承担放大任务，有电流通过负载 R_L；而信号处于 u_i 的负半周时，VT2 承担放大任务，VT1 截止，也有电流流过负载 R_L。

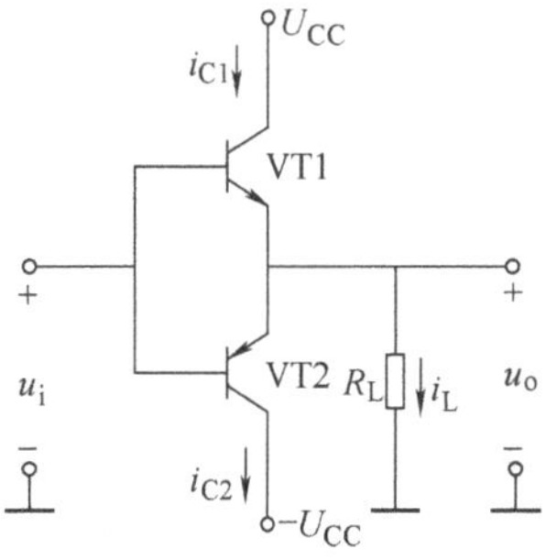

图 2-22　两个射极输出器组成的乙类互补对称功率放大电路

这样，一个在 u_i 的正半周工作，而另一个在 u_i 的负半周工作，两个管子互补对方的不足，从而在负载上得到一个完整的波形，称为互补电路。互补电路解决了乙类放大电路中效率与失真的矛盾。

(3) 对称电路　为了使负载上得到的波形正、负半周大小相同，还要求两个管子的特性必须完全一致，即工作性能对称。

所以图 2-23 所示的电路通常称为乙类互补对称功率放大电路。

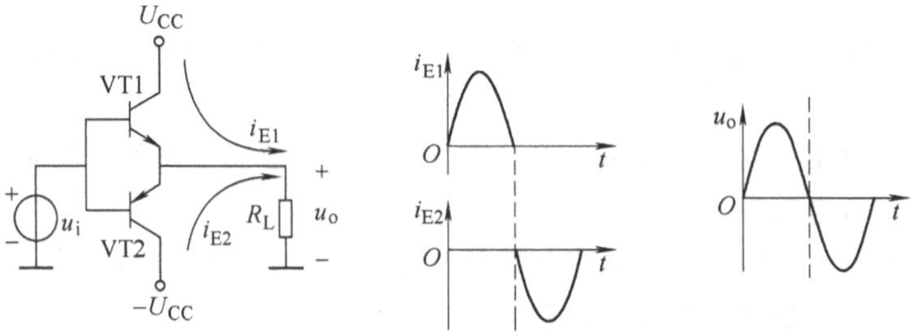

图 2-23　乙类互补对称功率放大电路

三、甲乙类互补对称功率放大电路

理想情况下，乙类互补对称功率放大电路的输出没有失真。

实际的乙类互补对称功率放大电路如图 2-24 所示，由于没有直流偏置，只有当输入信号 u_i 大于管子的死区电压（NPN 硅管约为 0.6V，PNP 锗管约为 0.2V）时，管子才能导通。当输入信号 u_i 低于这个数值时，VT1 和 VT2 都截止，i_{c1} 和 i_{c2} 基本为零，负载 R_L 上无电流通过，出现一段死区，如图 2-24 所示。这种现象称为交越失真。

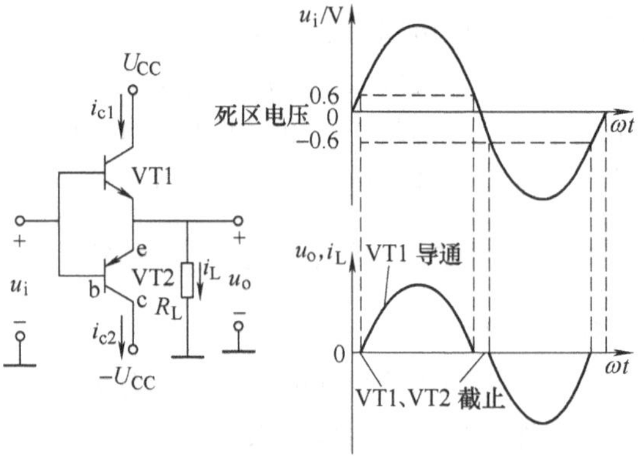

图 2-24　乙类互补对称功率放大电路及其交越失真

1. 甲乙类双电源互补对称功率放大电路

(1) 基本电路　为了克服乙类互补对称功率放大电路的交越失真，需要给电路设置偏置，使之工作在甲乙类状态。甲乙类双电源互补对称功率放大电路如图 2-25 所示。

图中，VT3 组成前置放大级（图中未画出 VT3 的偏置电路），给功率放大级提供足够的偏置电流。VT1 和 VT2 组成互补对称输出级。

静态时，在 VD1、VD2 上产生的压降为 VT1、VT2 提供了一个适当的偏置电压，使之处于微导通状态，电路工作在甲乙类状态。这样，即使 u_i 很小（VD1 和 VD2 的交流电阻也小），也可以实现线性放大。上述偏置方法的缺点是偏置电压不易调整。可采用 U_{BE} 扩展电路对其进行改进。

(2) U_{BE} 扩展电路　U_{BE} 扩展电路如图 2-26 所示。

图中，流入 VT4 的基极电流远小于流过 R_1、R_2 的电流，则由图可求出：$U_{CE4} = U_{BE4}(R_1 + R_2)/R_2$，

由于 U_{BE4} 基本为一固定值（硅管为 0.6 ~ 0.7V），只要适当调节 R_1、R_2 的比值，就可改变 VT1、VT2 的偏置电压 U_{CE4} 的值。

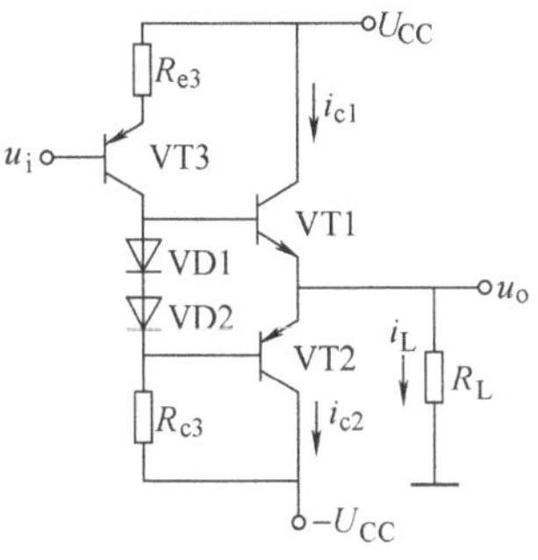

图 2-25　甲乙类双电源互补对称功率放大电路

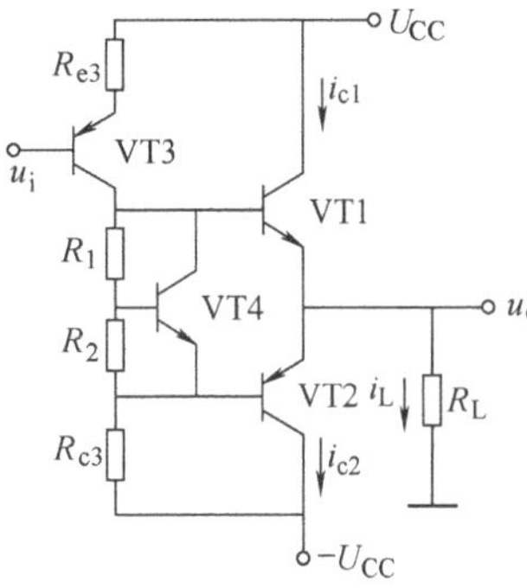

图 2-26　U_{BE} 扩展电路

2. 甲乙类单电源互补对称（OTL）功率放大电路

（1）电路组成　甲乙类单电源互补对称功率放大电路如图 2-27 所示。

图中，VT3 组成前置放大级，VT2 和 VT1 组成互补对称电路输出级。

（2）工作原理　在 $u_i = 0$ 时，调节 R_1、R_2，就可使 I_{C3}、U_{B2} 和 U_{B1} 达到所需大小，给 VT2 和 VT1 提供一个合适的偏置，从而使 K 点电位 $V_K = U_C = U_{CC}/2$。

$u_i \neq 0$ 时，在输入信号的负半周，VT1 导通，有电流通过负载 R_L，同时向 C 充电；在输入信号的正半周，VT2 导通，则已充电的电容 C 起着双电源互补对称功率放大电路中的电源 $-U_{CC}$ 的作用，它通过负载 R_L 放电。只要时间常数 R_LC 足够大（比信号的最长周期还大得多），就可以认为用电容 C 和一个电源 U_{CC} 可代替原来的 $+U_{CC}$ 和 $-U_{CC}$ 两个电源的作用。

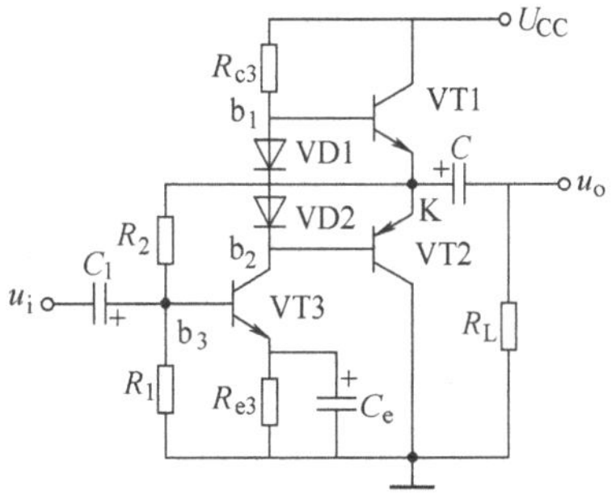

图 2-27　甲乙类单电源互补对称功率放大电路

（3）分析计算　采用一个电源的互补对称功率放大电路，由于每个管子的工作电压不是原来的 U_{CC}，而是 $U_{CC}/2$，即输出电压幅值 U_{om} 最大只能达到 $U_{CC}/2$，所以前面导出的计算 P_o、P_T 和 P_U 的最大值公式，必须加以修正才能使用。修正的方法很简单，只要以 $U_{CC}/2$ 代替原来公式中的 U_{CC} 即可。

3. 自举电路

（1）甲乙类单电源互补对称电路存在的问题　图 2-28 所示的甲乙类单电源互补对称功率放大电路解决了静态工作点的偏置和稳定问题。但输出电压幅值达不到 $U_{om} = U_{CC}/2$。现分析如下：

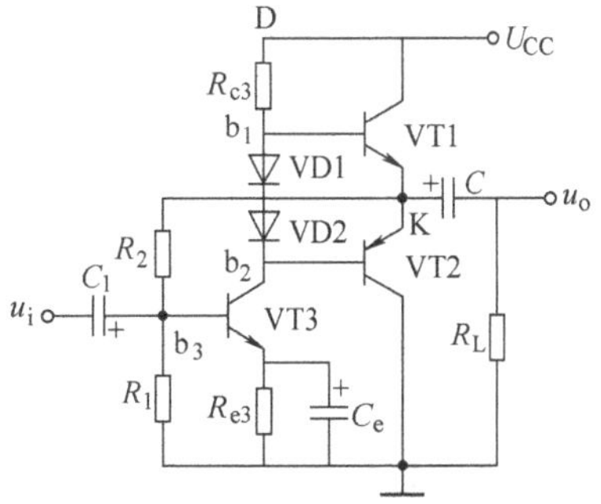

图 2-28　甲乙类单电源互补对称功率放大电路

1）理想情况：当 u_i 为负半周最大值时，i_{C3} 最小，U_{B1} 接近于 U_{CC}，此时 VT1 在接近饱和状态工作，即 U_{CE1}

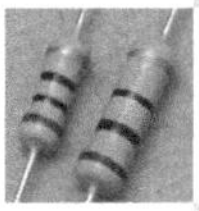

$=U_{CES}$（饱和电压降，很小），故K点电位 $V_K=+U_{CC}-U_{CES}\approx U_{CC}$。

当 u_i 为正半周最大值时，VT1 截止，VT2 接近饱和导通，$V_K=U_{CES}\approx 0$。因此，负载 R_L 两端得到的交流输出电压幅值 $U_{om}=U_{CC}/2$。

2）实际情况：当 u_i 为负半周时，VT1 导通，因而 i_{B1} 增加，由于 R_{c3} 上的压降和 U_{BE1} 的存在，当K点电位向 U_{CC} 接近时，VT1 的基极电流将受限制而不能增加很多，因而限制了 VT1 输向负载的电流，使 R_L 两端得不到足够的电压变化量，致使 U_{om} 明显小于 $U_{CC}/2$。

（2）解决方法

1）电路：解决上述矛盾的方法是把图 2-28 中的 D 点电位升高，使 $V_D>U_{CC}$。例如将图中 D 点与 U_{CC} 的连线切断，V_D 由另一电源供给，问题即可以得到解决。通常的办法是在电路中引入 R_3、C_3 等元件组成的所谓自举电路，如图 2-29 所示。

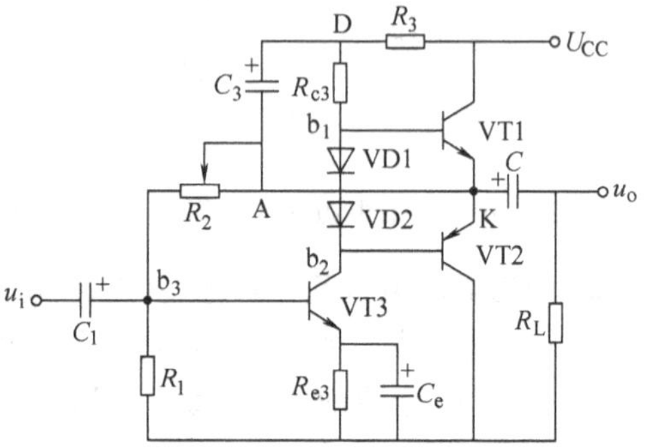

图 2-29 有自举电路的单电源互补对称电路

2）工作原理：在图 2-29 中，当 $u_i=0$ 时，$V_D=U_{CC}-I_{C3}R_3$，而 $V_K=U_{CC}/2$，因此电容 C_3 两端的电压为 $U_{C3}=U_{CC}/2-I_{C3}R_3$。

当时间常数 R_3C_3 足够大时，U_{C3} 将基本为常数，不随 u_i 而改变。这样，当 u_i 为负时，VT1 导通，V_K 将由 $U_{CC}/2$ 增大，考虑到 $V_D=U_{C3}+V_K$，显然，随着K点电位升高，D点电位 V_D 也自动升高。因而，即使输出电压幅度升得很高，也有足够的电流 i_{B1} 使 VT1 充分导电。这种工作方式称为自举，意思是电路本身把 V_D 提高了。

2.4 任务分析

图 2-30 所示为带有前置放大级的甲乙类 OTL 功率放大电路，前置放大级为共射极放大电路，且采用分压偏置式电路，它具有一定的电压与电流放大能力，这样，整个电路就具有较大的输出功率。同时，通过调节 RP_1 可实现静态下中点对地电压 U_A 的调整，原理如下：

$RP_1\uparrow\rightarrow U_{B1}\downarrow\rightarrow I_{E1}\downarrow\rightarrow I_{C1Q}\downarrow\rightarrow I_{R3}$ （$=I_{C1Q}$） $\downarrow\rightarrow U_{B2}$ （$=U_G-R_4I_{R3}-R_3I_{R3}$） $\uparrow\rightarrow U_A$ （$=U_{B2}-U_{BE2}$） $\uparrow$

同理，调小 RP_1，将使中点对地电压 U_A 下降。

二极管 VD、RP_2 为功率放大电路提供较小的静态偏置，使功率放大晶体管 VT2、VT3 静态下微导通，以克服交越失真。若将 VD 替换为一个可调电阻，则可调节功率放大晶体管静态下的导通深度。

图 2-30 中的 R_4、C_4 构成“自举电路”。R_4 为隔离电阻，将 M 点对地电压 U_M 与 U_G 隔开，R_4 阻值较小，一般远小于 R_3。C_4 为自举电容，其电容量很大，这样可使 U_M 紧随 U_A 同幅变化。

如果没有自举电路，功率放大电路输出电压正半周（此时 u_i 应为负半周，因为前置放大级为共射极放大电路，有反相作用）时的简化电路如图 2-31 所示。该电路工作时，将在 R_3 上形成一定的压降 $U_{R3}=R_3i_{R3}$，同时 VT2 管发射结也会有一部分的压降 U_{BE2}，这样就造

成了 U_A 远不能达到 $U_G/2$。也就是说，该电路正半周输出的振幅较小，远不能达到 $U_G/2$，电路的输出功率也就比较小。

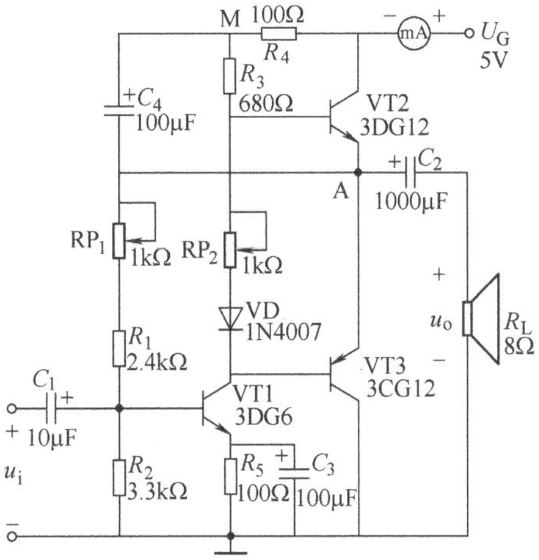

图 2-30　带有前置放大级的甲乙类 OTL 功率放大电路

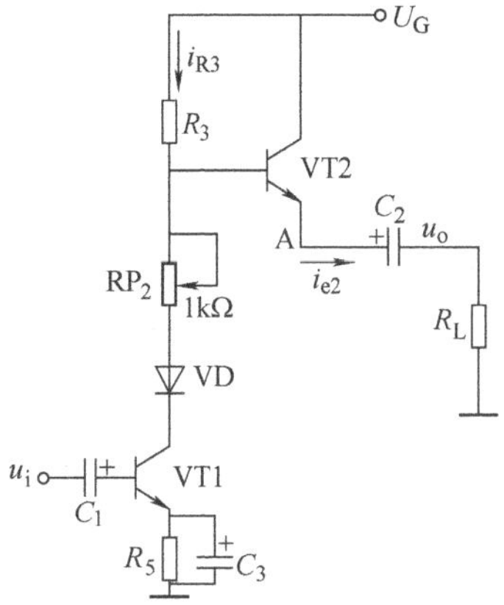

图 2-31　没有自举电路的正半周输出等效简图

加上自举电路后，由于 R_4 较小，故静态下 $U_M \approx U_G$。电路正半周输出时，由于大电容 C_4 的作用，可使 U_M 随 U_A 同幅上升（U_M 的升幅刚好弥补了这一过程中的压降 U_{R3} 和 U_{BE2}），当 U_A 由 $U_G/2$ 升至 U_G 时，U_M 同时由 U_G 升至 $3U_G/2$。由此可见，自举电路提高了正半周输出的振幅，使其最多可达 $U_G/2$。

2.5　任务实施

一、实训设备

1. 电路元器件清单

电路元器件清单见表 2-4。

2. 电路调试所用仪器

直流稳压电源 1 台；双踪示波器 1 台；函数信号发生器 1 台；万用表及直流毫安表各 1 块。

表 2-4　带有前置放大级的 OTL 功率放大器元器件清单

序号	位号	名称	数量	规格	序号	位号	名称	数量	规格
1	VT1	晶体管	1 只	3DG6	8	R_1	电阻	1 个	2.4kΩ
2	VT2	晶体管	1 只	3DG12	9	R_2	电阻	1 个	3.3kΩ
3	VT3	晶体管	1 只	3CG12	10	R_3	电阻	1 个	680Ω
4	VD	二极管	1 只	1N4007	11	R_4、R_5	电阻	2 个	100Ω
5	C_1	电解电容	1 个	10μF	12	R_L	扬声器	1 个	8Ω
6	C_2	电解电容	1 个	1000μF	13	RP_1、RP_2	电位器	2 个	1kΩ
7	C_3、C_4	电解电容	2 个	100μF	14	U_G	直流电源	1 个	5V

二、元器件检测

1. 纸盆式扬声器的检测方法

纸盆式扬声器又称为动圈式扬声器，其外形图如图 2-32 所示。

如图 2-33 所示，动圈式扬声器由三部分组成：①振动系统，包括锥形纸盆、音圈和定心支片等；②磁路系统，包括永久磁铁、导磁板和场心柱等；③辅助系统，包括盆架、接线板、压边和防尘盖等。当处于磁场中的音圈有音频电流通过时，就产生随音频电流变化的磁场，这一磁场和永久磁铁的磁场发生相互作用，使音圈沿着轴向振动。扬声器结构简单、低音丰满、音质柔和、频带宽，但效率较低。

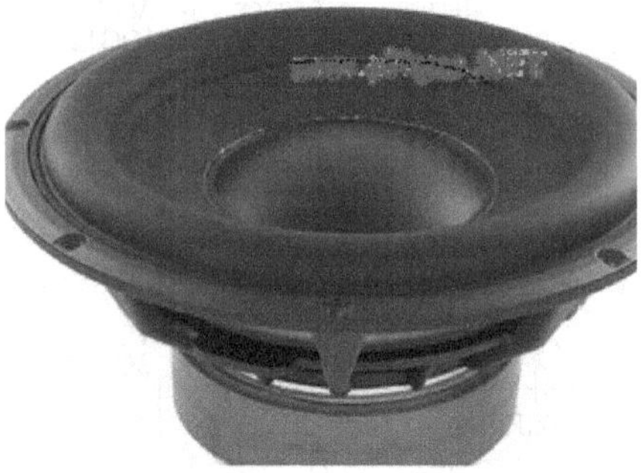

图 2-32　动圈式扬声器外形图

通常情况下，扬声器的故障包括开路故障、纸盆破裂故障和音质差故障。

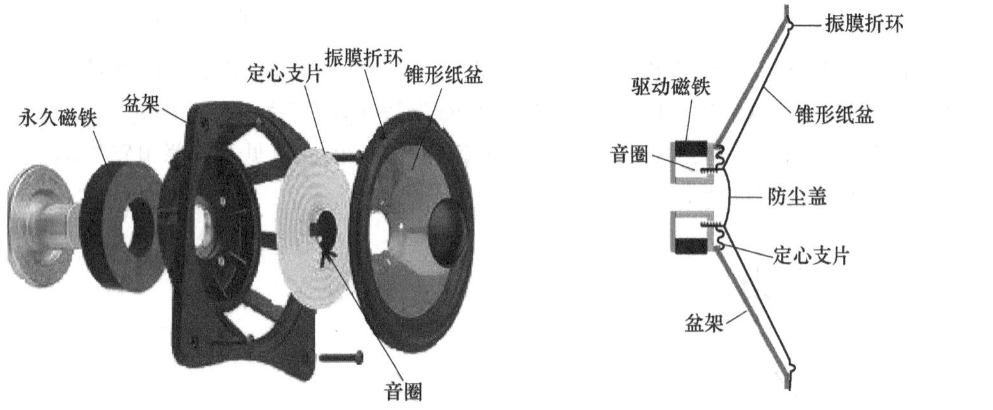

图 2-33　扬声器结构示意图

开路故障：两根引脚之间的电阻为无穷大，在电路中表现为无声，扬声器中没有任何响声。

纸盆破裂故障：直接检查可以发现这一故障，这种故障的扬声器要更换。

音质差故障：这是扬声器的软故障，通常不能发现什么明显的故障特征，只是声音不悦耳，这种故障的扬声器要更换处理。

没有专业设备时，对扬声器进行检测只能采用试听检查法和万用表检测法。

试听检查法是将扬声器接在功率放大器的输出端，通过听声音来主观评价它的质量好坏。

采用万用表检测法也是粗略的。

测量直流电阻：用 $R\times1$ 档测量扬声器两引脚之间的直流电阻，正常时应比扬声器铭牌上的阻抗略小。例如 8Ω 的扬声器，测量的电阻正常为 7Ω 左右，测量阻值为无穷大或远大于它的标称阻抗值，说明扬声器已经损坏。

听“喀喇喀喇”响声：测量直流电阻时，将一只表笔断续接触引脚，应该能听到扬声器发出“喀喇喀喇”响声，响声越大越好，无此响声说明扬声器音圈被卡死。

直观检查：检查扬声器有无纸盆破裂的现象。

检查磁性：用螺钉旋具去试磁铁的磁性，磁性越强越好。

2. 晶体管的检测方法

常见晶体管的外形如图 2-34 所示。

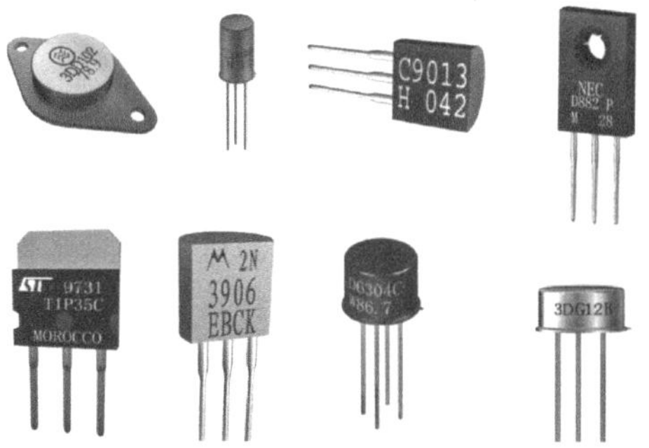

图 2-34 常见晶体管的外形

（1）管型的判别

1）红定黑动法：红表笔接晶体管的任一脚，黑表笔分别接晶体管的另外两脚。当测得的阻值两次都较小（几十欧至十几千欧）时为 PNP 型；当测得的阻值两次都较大（几百千欧以上）时为 NPN 型；且红表笔接的是晶体管的基极。如果阻值一大一小者应重新测量判断。

2）黑定红动法：与红定黑动法相反。

（2）集电极与发射极的判别

1）PNP 型管：基极与红表笔之间用手捏，对于阻值小的一次，红表笔对应的是 PNP 型管的集电极，黑表笔对应的是发射极。

2）NPN 型管：基极与黑表笔之间用手捏，对于阻值小的一次，黑表笔对应的是 NPN 型管的集电极，红表笔对应的是发射极。

（3）硅管与锗管的判别 用 $R\times1\text{k}$ 档，测发射结（eb）和集电结（cb）的正向电阻，硅管在 3～10kΩ，锗管在 500～1000Ω 之间，两结的反向电阻，硅管一般大于 500kΩ，锗管在 100kΩ 左右。

三、OTL 功率放大器的制作

1. 制作步骤

1）根据电路图 2-30，用 Protel 99 SE 绘制电路，并设计出 PCB 如图 2-35 所示，根据设计 PCB 用的万能板，也可制作印制电路板实现电路的装接。

2）按表 2-4 识别、清点与检测元器件。若有元器件短缺或损坏，需说明情况。

3）根据图 2-35，画出电路的装配图如图 2-36 所示，然后按照装配图进行电路装接。RP_1 的可调滑头置中间位置，RP_2 的置零。

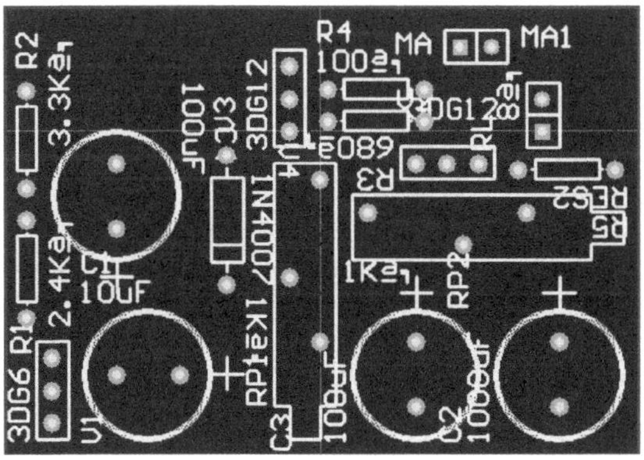

图 2-35 Protel 设计的 PCB

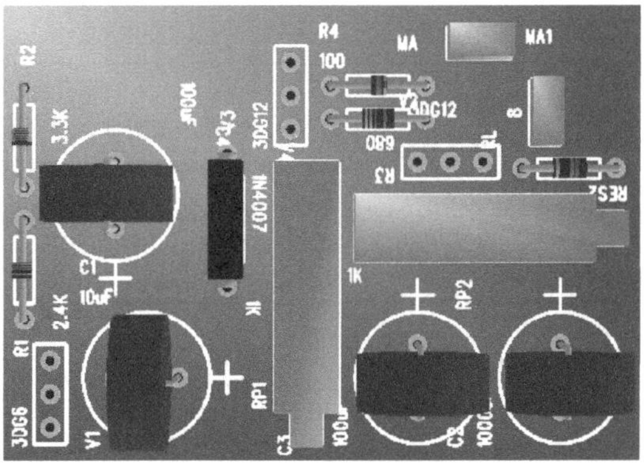

图 2-36 带有前置放大级的 OTL 功率放大器的装配图

4）要按工艺要求安装电子元器件，插件装配的工艺要求为美观、均匀、端正、整齐，高低有序，无跨越，不能歪斜。

2. 调试

1）直观检查，电解电容、二极管、晶体管的电极不能接错，以免损坏元器件。

2）确定电路装接无误之后才可通电，改装电路时也必须断电操作。

3）接通5V电源，用手触摸功率放大晶体管VT2与VT3，若管子温升显著，说明电路存在故障，应立即关闭电源进行故障排查，并记录如下：

故障现象及排除过程：____

____。

4）电路中点电位的调整。

调节RP_1，测量中点A的静态电位V_A，使其等于2.5V。

5）电路静态工作点的调节与测量。

接入频率为1kHz的正弦信号，缓慢增大u_i，用示波器监测u_o波形的交越失真。调节RP_2，直至交越失真刚好消除。记录毫安表读数，测量晶体管各极对地电压，填入表2-5。计算各晶体管的静态工作点I_{CQ}、U_{BEQ}、U_{CEQ}，填入表2-5。

表2-5　OTL功率放大器的静态工作点实测数据（V_A=2.5V）

晶体管	V_B/V	V_E/V	V_C/V	I_{CQ}/mA	U_{BEQ}/V	U_{CEQ}/V
VT1管						
VT2管						
VT3管						

2.6　评分标准

评分标准见表2-6。

表2-6　OTL功率放大器的制作与调试项目评分标准

项目	内容	配分	考核要求	扣分标准	评价主体			得分
					教师	学生		
						自评	互评	
实训态度	1. 实训的积极性 2. 安全操作规程的遵守情况 3. 纪律遵守情况	30	积极参加实训，遵守安全操作规程和劳动纪律，有良好的职业态度、协作精神和敬业精神	违反安全操作规程扣30分，其余不达要求酌情扣分				
元器件的识别与检测	1. 识别元器件 2. 用万用表检测元器件	10	能正确识别元器件；会用万用表检测元器件	不能识别元器件，每个扣1分；不会检测元器件，每个扣1分				

（续）

项目	内容	配分	考核要求	扣分标准	评价主体			得分
					教师	学生		
						自评	互评	
电路的制作	按原理图装接电路	20	电路装接符合工艺规范；布局合理；走线美观	装接不规范，每处扣1分；电路接错，每处扣5分；布局不合理，走线不美观，酌情扣分				
电路的调试	1. 中点电位的调整 2. 静态工作点的调节与测量 3. 自举电路的研究	40	会调整中点电位；会调节静态工作点，以消除交越失真；会测量静态工作点；会分析自举电路的作用	中点电位调整不合理，扣10分；静态工作点调节不当，扣10分；静态工作点测量与处理错误，每次扣2分；自举电路分析错误，扣10分				
合计		100						

注：各项配分扣完为止。

2.7 相关资讯

场效应晶体管是利用改变外加电压产生的电场强度来控制其导电能力的半导体器件。它具有双极型晶体管的体积小、重量轻、耗电少、寿命长等优点，还具有输入电阻高、热稳定性好、抗辐射能力强、噪声低、制造工艺简单、便于集成等特点，在大规模及超大规模集成电路中得到了广泛的应用。根据结构和工作原理的不同，场效应晶体管可分为两大类：结型场效应晶体管（JFET）和绝缘栅型场效应晶体管（IGFET）。

一、结型场效应晶体管

N沟道结型场效应晶体管的结构和电气符号如图2-37所示。

在一块N型半导体材料的两边各扩散一个高杂质浓度的P区，则形成两个不对称的PN结，即耗尽层。把两个P区并联在一起，引出一个电极，称为栅极g，在N型半导体的两端各引出一个电极，分别称为源极s和漏极d。

场效应晶体管的三个电极与晶体管的三个电极之间的对应关系为：栅极g——基极b，源极s——发射极e，漏极d——集电极c。夹在两个PN结中间的区域称为导电沟道（简称沟道）。

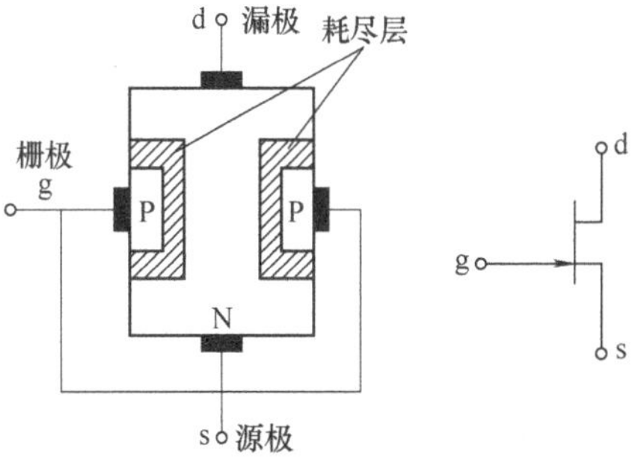

图2-37　N沟道结型场效应晶体管的结构和电气符号

如果在一块P型半导体的两边各扩散一个高杂质浓度的N区，则可以制成一个P沟道的结型场效应晶体管。P沟道结型场效应晶体管的结构示意图和电气符号如图2-38所示。

二、各种场效应晶体管的基本特性

结型场效应晶体管的输入电阻虽然可达 $10^6 \sim 10^9\Omega$，但在输入电阻要求更高的场合，还是不能满足要求。金属—氧化物—半导体场效应晶体管（MOSFET）具有更高的输入电阻，可达 $10^{15}\Omega$，并具有制造工艺简单、适于集成电路的优点。MOS 管也有 N 沟道和 P 沟道之分，而且每一类又分为增强型和耗尽型两种。增强型 MOS 管在 $U_{GS}=0$ 时，没有导电沟道存在；而耗尽型 MOS 管在 $U_{GS}=0$ 时，就有导电沟道存在。对于金属—氧化物—半导体场效应晶体管的结构和工作原理这里就不作详细介绍了，为了便于读者了解场效应晶体管的工作特点，把各种场效应晶体管的基本特性比较列于表 2-7。

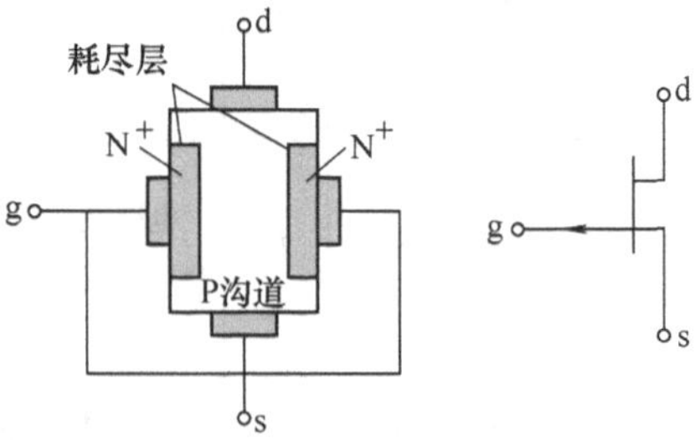

图 2-38　P 沟道结型场效应晶体管的结构和电气符号

表 2-7　各种场效应晶体管的基本特性比较

结构种类	工作方式	符号	电压极性 U_{GS}	电压极性 U_{DS}	转移特性	输出特性
绝缘栅型 N 沟道	耗尽型	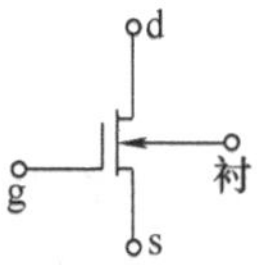	− 0 +	+	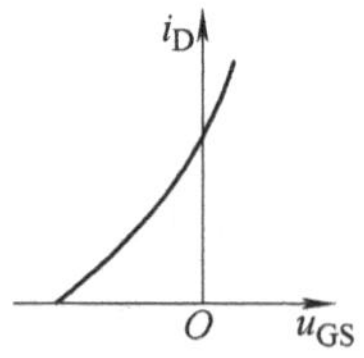	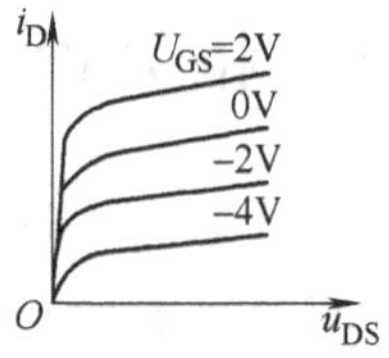
	增强型	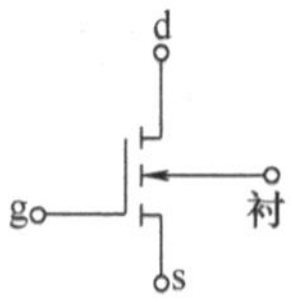	+	+	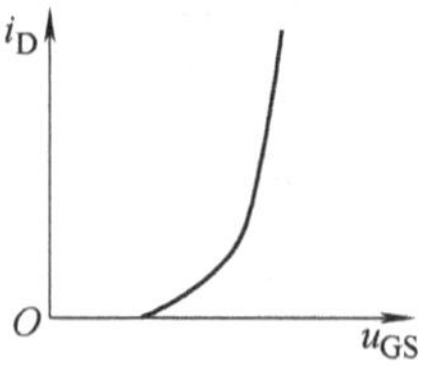	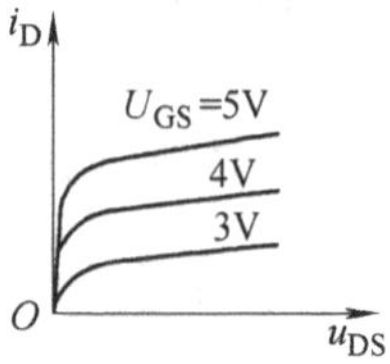
绝缘栅型 P 沟道	耗尽型	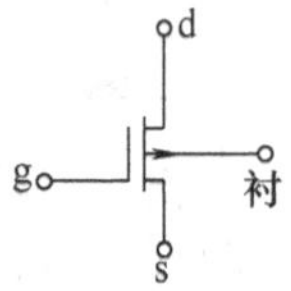	− 0 +	−	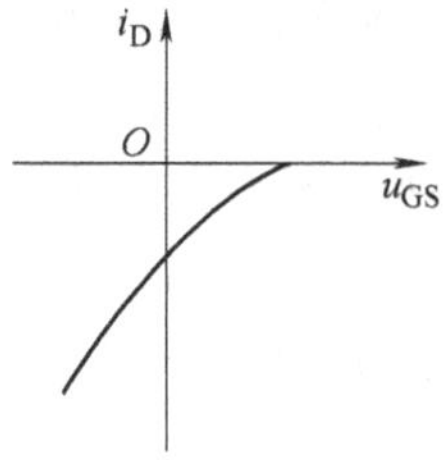	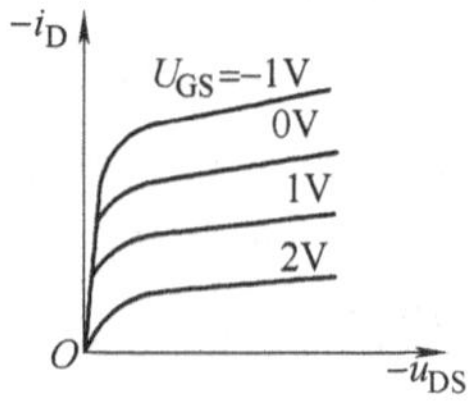
	增强型	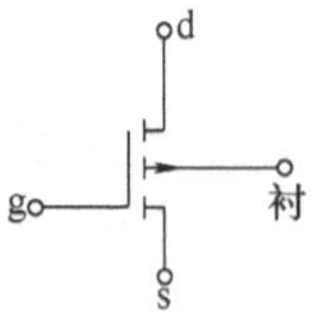	−	−	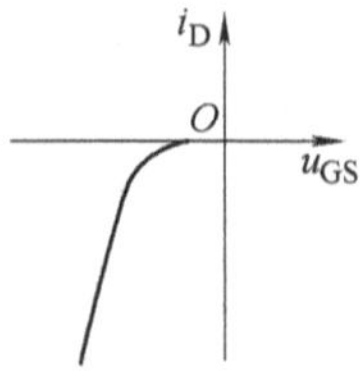	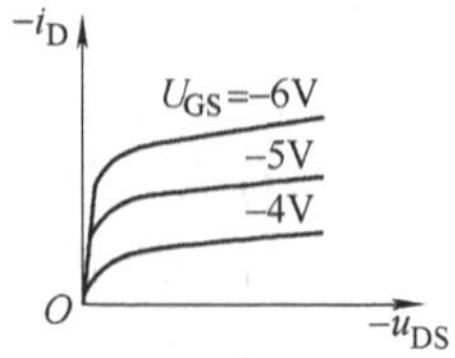

（续）

结构种类	工作方式	符号	电压极性		转移特性	输出特性
			U_{GS}	U_{DS}		
结型 P 沟道	耗尽型	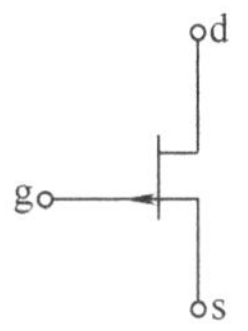	+	−	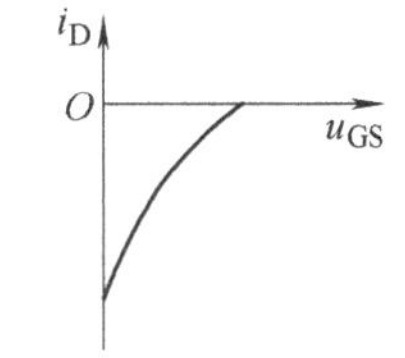	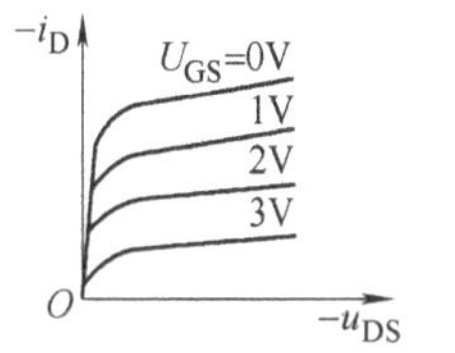
结型 N 沟道	耗尽型	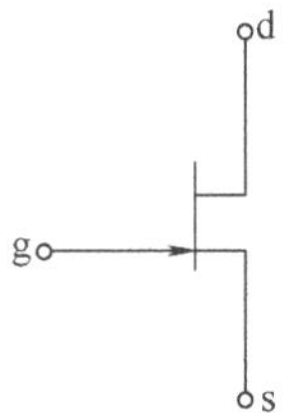	−	+	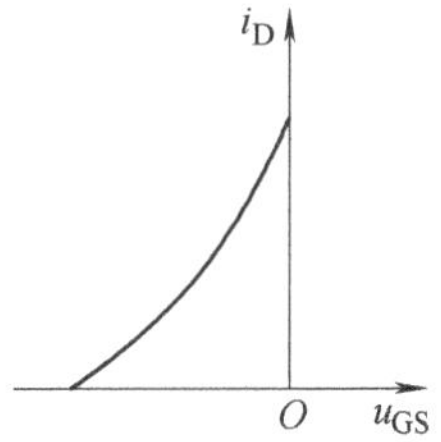	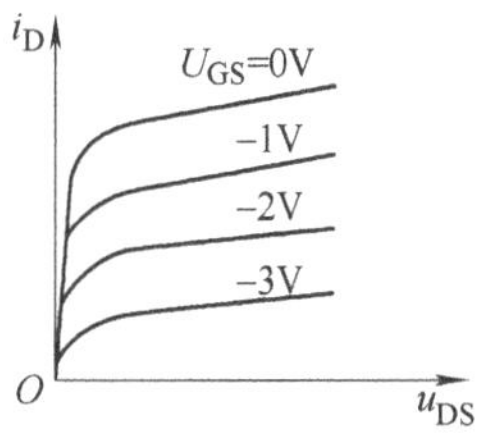

三、使用场效应晶体管的注意事项

1）从结构上看，场效应晶体管的源极和漏极是对称的，因此源极和漏极可以互换。但有些场效应晶体管在制造时已将衬底引线与源极连在一起，这种场效应晶体管的源极和漏极则不能互换。

2）场效应晶体管各极间电压的极性应正确接入，结型场效应晶体管的栅—源电压 U_{GS} 的极性不能接反。

3）当 MOS 管的衬底引线单独引出时，应将其接到电路中的电位最低点（对 N 沟道 MOS 管而言）或电位最高点（对 P 沟道 MOS 管而言），以保证沟道与衬底间的 PN 结处于反向偏置，使衬底与沟道及各电极隔离。

4）MOS 管的栅极是绝缘的，感应电荷不易泄放，而且绝缘层很薄，极易击穿。所以栅极不能开路，存放时应将各电极短路。焊接时，电烙铁必须可靠接地，或者断电后利用烙铁余热焊接，并注意对交流电场的屏蔽。

四、场效应晶体管与晶体管的性能比较

1）场效应晶体管的源极 s、栅极 g、漏极 d 分别对应于晶体管的发射极 e、基极 b、集电极 c，对应电极的作用相似。

2）场效应晶体管是电压控制电流的器件，由 u_{GS}控制 i_D，其放大系数 g_m 一般较小，因此场效应晶体管的放大能力较差；晶体管是电流控制电流的器件，由 i_B（或 i_E）控制 i_C。

3）场效应晶体管栅极几乎不取电流；而晶体管工作时基极总要吸取一定的电流。因此场效应晶体管的输入电阻比晶体管的输入电阻高。

4）场效应晶体管只有多子参与导电；晶体管有多子和少子两种载流子参与导电，因少子浓度受温度、辐射等因素的影响较大，所以场效应晶体管比晶体管的温度稳定性好、抗辐射能力强。在环境条件（温度等）变化很大的情况下应选用场效应晶体管。

5）场效应晶体管在源极未与衬底连在一起时，源极和漏极可以互换使用，且特性变化不大；而晶体管的集电极与发射极互换使用时，其特性变化很大，电流放大倍数将减小很多。

6）场效应晶体管的噪声系数很小，在低噪声放大电路的输入级及信噪比要求较高的电路中要选用场效应晶体管。

7）场效应晶体管和晶体管均可组成各种放大电路和开关电路，但由于前者制造工艺简单，且具有耗电少、热稳定性好、工作电源电压范围宽等优点，因而被广泛用于大规模和超大规模集成电路中。

2.8 思考与练习

一、填空题

1. 晶体管是一种____________控制器件，具有____________和____________作用。

2. 晶体管放大电路有____________、____________和____________三种组态。

3. 放大电路的失真分为____________、____________和____________三种。

4. 场效应晶体管是通过改变____________来改变漏极电流的，所以它是____________控制器件。

5. 晶体管工作在放大状态的条件是________________________。

二、思考题

在图2-30所示电路的安装与调试过程中：

1. 为什么 RP_2、VD 支路的断开会造成功率放大晶体管的热损坏？

2. 为什么调节 RP_1 可实现对中点电位 V_A 的调整？

3. 为什么调节 RP_2 可克服交越失真？

4. 若 $U_G = 10V$，且测得静态下的中点电位 $V_A = 5.5V$，则应如何进行调整？

2.9 项目小结

本项目主要是制作OTL功率放大器，通过本项目学生学习晶体管、基本放大电路、OTL功率放大器的工作原理和分析方法，在制作过程中，学生掌握扬声器、晶体管和功率放大器的识别和测试，培养学生电子电路的设计能力的同时也培养学生的职业素养，考核部分对学生的实际操作给出客观的评价，学生还在项目中学到电路的调试、故障分析和检修能力。

项目3　调光灯电路的分析与制作

3.1　任务描述

人们在日常生活中经常会用到调光灯。调光灯既能够根据用户需求调节灯光的亮度，又可以节约能源。它的主要原理是利用触发电路调整晶闸管的导通角，从而调整流过灯泡的电流而实现调光。本任务是分析与制作调光灯电路。调光灯电路如图 3-1 所示，通过改变 VT 的导通程度而改变灯泡的亮度。下面来学习晶闸管的工作原理。

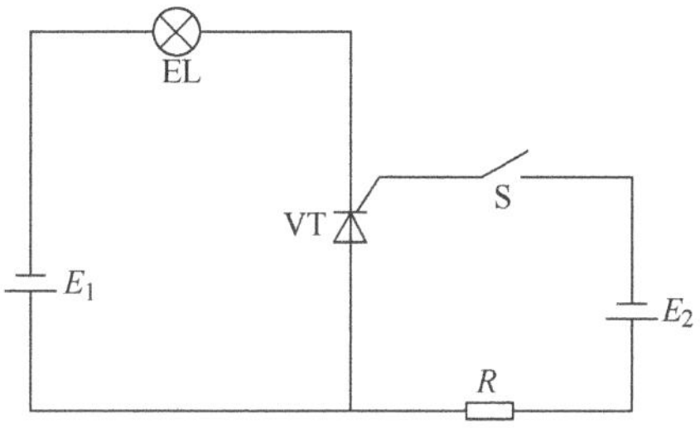

图 3-1　调光灯电路

3.2　任务目标

知识目标	1. 掌握调光灯电路的组成及工作原理 2. 学会调光灯电路的设计方法、元器件参数的计算方法和元器件的选取方法
技能目标	1. 能正确识别常用的元器件，能正确测试晶闸管 2. 能独立完成调光灯电路的安装与调试 3. 能检测电路中各元器件，并能设计电路并安装印制电路板
职业素养	1. 具有良好的沟通能力、团队协作精神及职业道德 2. 建立安全意识及创新意识

3.3　任务资讯

一、单向晶闸管

1. 晶闸管的结构及其特性

晶闸管是用硅材料制成的半导体器件。它是由 P 型和 N 型半导体交替叠合而成的 P-N-

P-N 四层半导体器件，具有三个 PN 结和三个电极，分别为阳极（A）、阴极（K）和门极（G），如图 3-2 所示。晶闸管有螺栓形、平板形、塑封形等，文字符号为 VT。

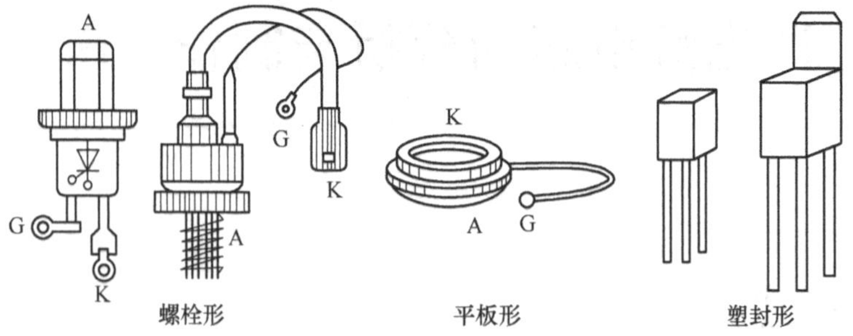

a)

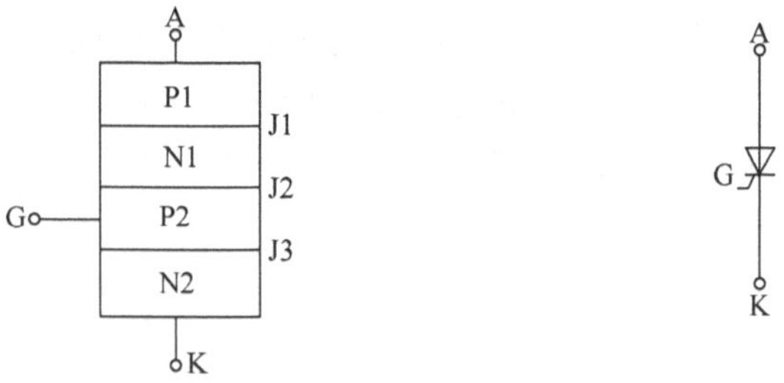

b)　　c)

图 3-2　晶闸管的外形、结构及电气符号

a）外形　b）内部结构　c）电气符号

2. 晶闸管的工作原理

晶闸管可以看作是由一个 PNP 型晶体管和一个 NPN 型晶体管组合而成的，其电路模型如图 3-3 所示。

设在阳极和阴极之间接上电源 U_A，在门极和阴极之间接入电源 U_G，其工作原理如图 3-4 所示。工作特点如下：

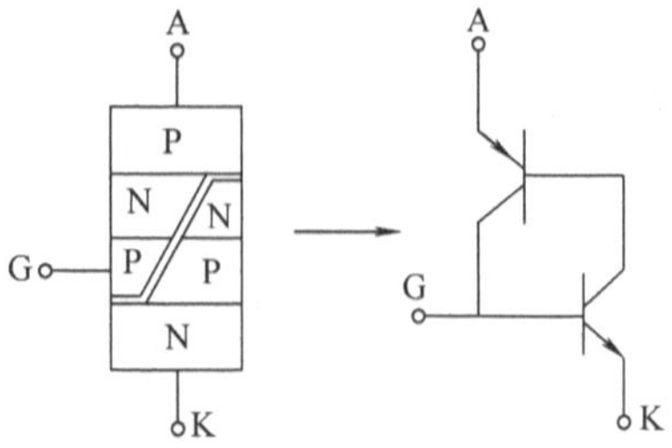

图 3-3　晶闸管的电路模型

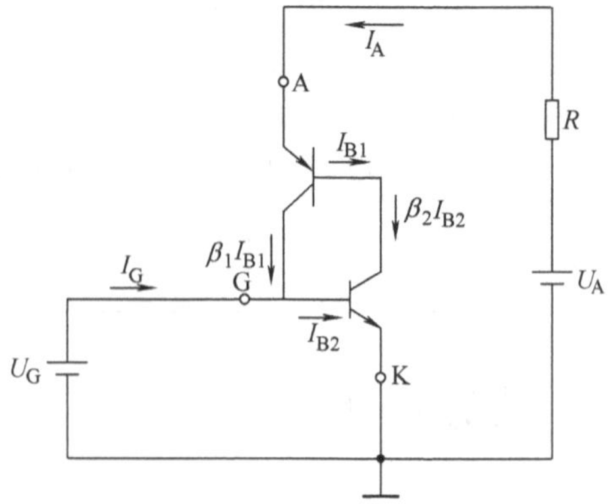

图 3-4　晶闸管的工作原理

1）晶闸管阳极加负电压 $-U_A$ 时，晶闸管处于反向阻断状态。

2）晶闸管阳极加正电压 U_A，门极不加电压时，晶闸管处于正向阻断状态。

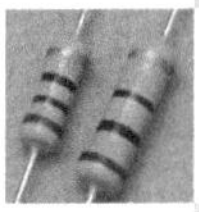

3）晶闸管加阳极正电压 U_A，门极也加正电压 U_G 时，晶闸管导通。晶闸管一旦导通，控制电压即使取消，也不会影响其正向导通的工作状态。

4）要使导通的晶闸管关断，必须将阳极电压降至零或为负，使晶闸管阳极电流降至维持电流 I_H 以下。

综上所述，可得如下结论：

1）晶闸管与硅整流二极管相似，都具有反向阻断能力，但晶闸管还具有正向阻断能力，即晶闸管正向导通必须具备一定的条件：阳极加正向电压，同时门极也加正向触发电压。

2）晶闸管一旦导通，门极即失去控制作用。要使晶闸管重新关断，必须做到以下两点之一：一是将阳极电流减小到小于维持电流 I_H；二是将阳极电压减小到零或使之反向。

3. 晶闸管的电压—电流特性

晶闸管的电压—电流特性曲线如图 3-5 所示。

正向特性：晶闸管导通后可以通过很大的电流，而它本身的压降只有 1V 左右，所以这一段特性曲线（*BC* 段）靠近纵轴而且陡直，与二极管正向特性曲线相似。

反向特性：晶闸管的反向特性与一般二极管相似，当反向电压在某一数值以下时，只有很小的反向漏电流，晶闸管处于反向阻断状态。当反向电压增加到某一值时，反向漏电流急剧增大，晶闸管反向击穿，这时所对应的电压称为反向转折电压，晶闸管一旦反向击穿就永久损坏，在实际应用中应避免这种情况。

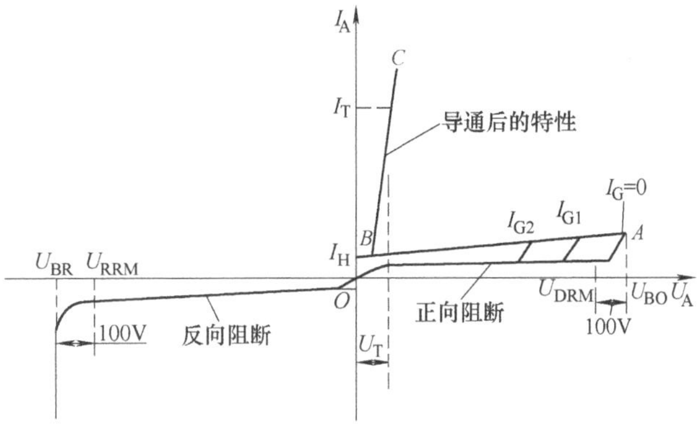

图 3-5　晶闸管的电压—电流特性曲线

4. 晶闸管的主要参数

（1）电压参数

1）断态重复峰值电压 U_{DRM}。它是指门极断开时，允许重复加在晶闸管两端的最大正向峰值电压。

2）反向重复峰值电压 U_{RRM}。它是指允许重复加在晶闸管两端的最大反向峰值电压。

3）通态（峰值）电压 U_{TM}。通常把 U_{DRM} 和 U_{RRM} 中较小的一个值称为晶闸管的通态（峰值）电压，一般额定电压为正常工作时峰值电压的 2～3 倍。

4）通态平均电压 U_T。习惯上称为导通时的管压降。这个电压越小越好，一般为 0.4～1.2V。

（2）电流参数

1）通态平均电流 I_T。通态平均电流 I_T 简称额定正向平均电流，指在标准散热条件和规定环境温度下（不超过 40℃），允许通过的工频（50Hz）正弦半波电流在一个周期内的最大平均值。一般取正常工作平均电流的 1.5～2 倍。

2）维持电流 I_H。维持电流 I_H 是指在规定的环境温度和门极断路的情况下，维持晶闸管继续导通时需要的最小阳极电流。I_H 一般为几十至一百多毫安。

5. 管脚的判别

用万用表 $R\times100$ 档，分别测量各管脚间的正、反向电阻值。因为只有门极 G 与阴极 K 之间的正向电阻值较小，而其他的均为高阻状态，故一旦测出两管脚间呈低阻状态，则黑表笔所接为门极 G，红表笔所接为阴极 K，另一端为阳极 A。

6. 晶闸管的应用

图 3-6a 所示是用两只普通晶闸管 VT1 和 VT2 反向并联而组成的交流调压电路，其原理如下：

1）电源电压 u_i 的正半周，在 t_1 时刻（$\omega t_1=\alpha$，α 又称触发延迟角）将触发脉冲加到 VT2 的门极，VT2 被触发导通，此时 VT1 承受反向电压而截止。当电源电压 u_i 过零时，VT2 自然关断。

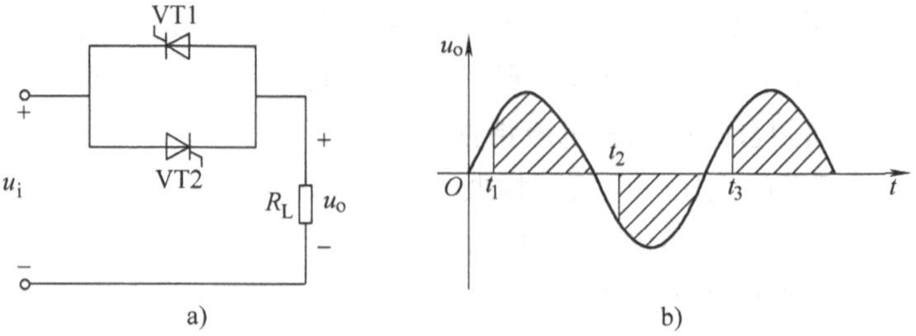

图 3-6　晶闸管交流调压
a）电路图　b）波形图

2）电源电压 u_i 的负半周，在 t_2 时刻（$\omega t_2=180°+\alpha$）将触发脉冲加到 VT1 的门极，VT1 被触发导通，此时 VT2 承受反向电压而截止。当电源电压 u_i 过零时，VT1 自然关断，负载上获得的电压波形如图 3-6b 所示，调节触发延迟角 α 便可实现交流调压。当触发延迟角 $\alpha=0$ 时，即为交流开关。

二、双向晶闸管

1. 双向晶闸管的结构

双向晶闸管是五层（NPNPN）、三端的硅半导体闸流器件，相当于两个门极接在一起的普通晶闸管反并联，其外形及电气符号如图 3-7 所示。

双向晶闸管具有比较对称的正、反向伏安特性。若门极加正极性触发信号，晶闸管导通，电流方向是从 T2 流向 T1；若门极加负极性触发信号，晶闸管导通，电流方向是从 T1 流向 T2。由此可见，只用一个门极，就可以控制双向晶闸管的正向导通和反向导通了。

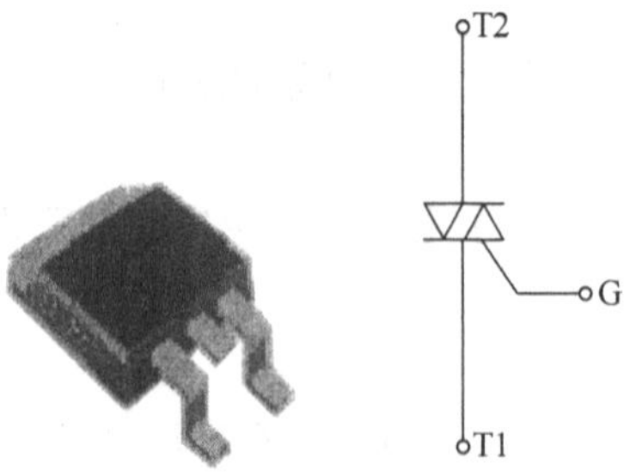

图 3-7　双向晶闸管的外形及电气符号

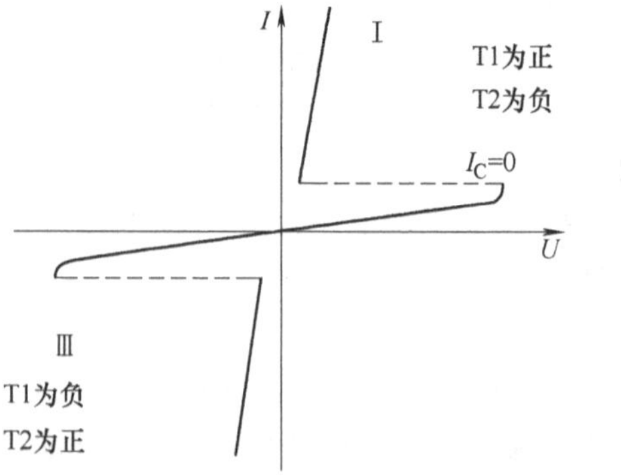

图 3-8　双向晶闸管的电压—电流特性曲线

2. 双向晶闸管的特性

双向晶闸管可以看作是一对反向并联的单向普通晶闸管，电压—电流特性曲线如图 3-8 所示。它和普通晶闸管的区别是：第一，双向晶闸管在触发之后是双向导通的；第二，在门极中所加的触发信号不管是正的还是负的，都可以使双向晶闸管导通。

3. 双向晶闸管的触发方式

Ⅰ + 触发：T1 为正，T2 为负；门极为正，T2 为负。

Ⅰ - 触发：T1 为正，T2 为负；门极为负，T2 为正。

Ⅲ + 触发：T1 为负，T2 为正；门极为正，T2 为负。

Ⅲ - 触发：T1 为负，T2 为正；门极为负，T2 为正。

常用触发方式：Ⅰ +、Ⅲ -。

3.4 任务分析

一、电路构成及工作原理

调光灯电路原理图如图 3-9 所示。

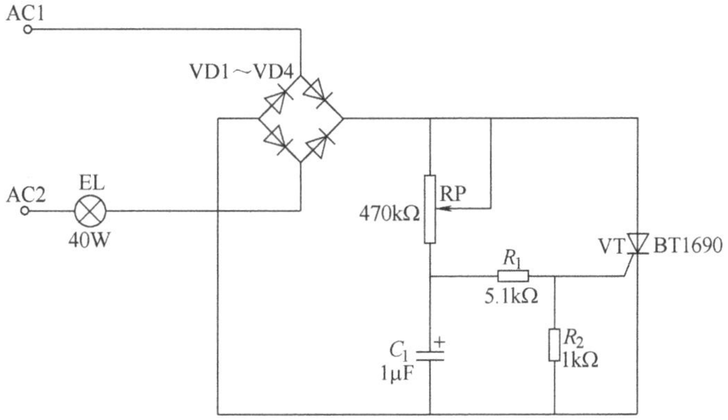

图 3-9 调光灯电路原理图

主电路由白炽灯 EL、晶闸管 VT 等构成；电位器 RP（微调）、电阻 R_1、电阻 R_2、电容 C_1 组成双向晶闸管的触发电路。电容 C 充电电压达到晶闸管导通电压的阈值时，触发晶闸管 VT 导通；当输入电源电压过零时，VT 自动关断。调整电位器阻值可调整充电速率，即可调整晶闸管的导通角，从而调节灯光的强弱。

二、元器件清单

调光灯元器件清单见表 3-1。

表 3-1 调光灯元器件清单

序号	元器件及编号	名称、规格描述	数 量	备 注
1	VT	BT1690	1	晶闸管
2	EL	220V，40W	1	白炽灯
3	VD1 ~ VD4	KBP307	1 套	整流堆

（续）

序号	元器件及编号	名称、规格描述	数　量	备　注
4	R_1	碳膜电阻 5.1kΩ，1/4W，J	1	
5	R_2	碳膜电阻 1kΩ，1/4W，J	1	
6	RP	普通对数型碳膜 470kΩ，1W	1	电位器
7	C_1	电解电容 1μF/50V	1	
8		万能板	1	

3.5 任务实施

一、电路装配准备

1. 制作工具与仪器设备

1）电路焊接工具：电烙铁（25～35W）、烙铁架、焊锡丝、松香。

2）加工工具：尖嘴钳、偏口钳、一字形螺钉旋具、镊子。

3）测试仪器仪表：万用表。

2. 装配电路板设计

本装配电路板可以采用 Protel 99—SE 软件绘制，在装配时应注意各个元器件的方向，不能接反。调光灯印制电路板图如图 3-10 所示。元器件布局图如图 3-11 所示。

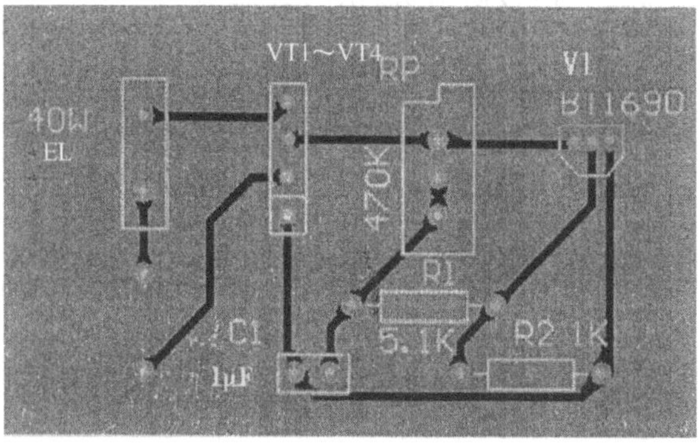

图 3-10　调光灯印制电路板图

3. 双向晶闸管的检测

T2 极的确定：用万用表 $R\times1$ 档或 $R\times100$ 档，分别测量各管脚的正、反向电阻值，若测得其中两管脚的正、反向电阻值都很小（约 100Ω），即为 T1 和 G 极，而剩下的一脚为 T2 极。

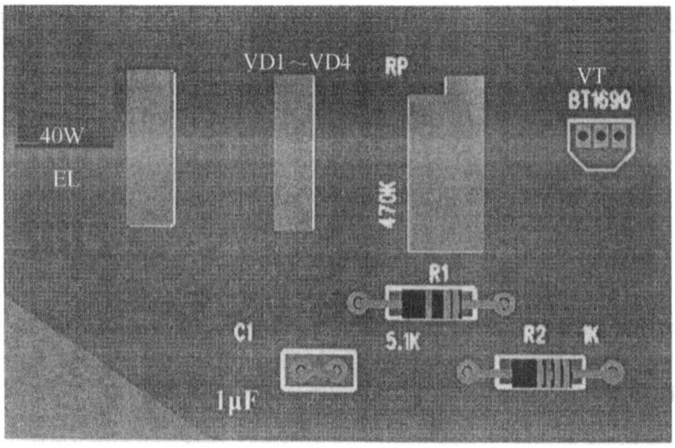

图 3-11　调光灯元器件布局图

T1 和 G 极的区分：将这两极其中任意一极假设为 T1 极，而另一极假设为 G 极，万用表设置为 $R\times1$ 档，用两表笔（不分正、负极）分别接触已确定的 T2 极和假设的 T1 极，并将接触 T1 的表笔同时接触假设的 G 极，在保证不断开假设 T1 极的情况下，断开假设的 G 极，万用表仍显示导通状态。将表笔对换，用同样的方法进行测量，如果万用表仍然显示同样的结果，那么所假设的 T1 极和 G 极是正确的。如果在保证不断开假设的 T1 极的情况下，断开假设的 G 极，万用表显示断开状态，说明假设的 T1 和 G 极相反了，应重新假设再进行测量，则结果一定是正确的。

二、制作与调试

1）在万能 PCB（尺寸约为 6cm×6cm）上，按装配工艺要求插接元器件。元器件平面布置图如图 3-12 所示。

2）按照电路结构在万能板上焊接各元器件。导线连接图如图 3-13 所示。

图 3-12 元器件平面布置图

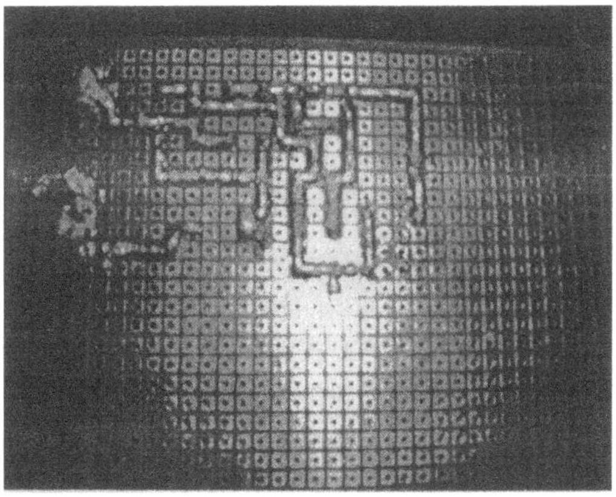

图 3-13 导线连接图

3）仔细核对电路中元器件的位置和晶闸管的安装方向。

4）在路测试二极管的方向以及晶闸管的 A、K 与 G、K 之间的电阻。

5）核对、检查，确认安装、焊接无误后，即可通电测试。观察调光是否有反应。

3.6 评分标准

本项任务的评分标准见表 3-2。

表 3-2 评分标准

任务：调光灯电路的制作　　　　组：

项　目	配分	考核要求	扣分标准	扣分记录	得分
电路分析	25	能正确分析电路的工作原理	每处错误扣 5 分		
印制电路板的设计制作	20	1. 能手工或用 Protel 设计印制电路板 2. 能正确制作电路板	1. 印制电路板设计不规范，扣 5 分 2. 不能正确制作电路板，每一错误步骤扣 2 分		

（续）

项　　目	配分	考核要求	扣分标准	扣分记录	得分
电路连接	15	1. 能正确测量电子元器件 2. 能正确使用工具 3. 元器件的位置正确，引脚成形、焊点符合要求，连线正确	1. 不能正确测量元器件，不能正确使用工具，每处扣2分 2. 错装、漏装，每处扣2分 3. 引脚成形不规范，焊点不符合要求，每处扣2分 4. 损坏元器件，连线错误，每处扣2分		
电路调试	10	灯能调光	不能调光，扣10分		
故障分析	10	1. 能正确观察出故障现象 2. 能正确分析故障原因，判断故障范围	1. 故障现象观察错误，每次扣2分 2. 故障原因分析错误，每次扣2分 3. 故障范围判断过大，每次扣1分		
故障检修	10	1. 检修思路清晰，方法运用得当 2. 检修结果正确 3. 正确使用仪表	1. 检修思路不清、方法不当，每次扣2分 2. 检修结果错误，扣5分 3. 使用仪表错误，每次扣2分		
安全文明工作	10	1. 安全用电，无人为损坏仪器、元器件和设备 2. 保持环境整洁，秩序井然，操作习惯良好 3. 小组成员协作和谐，态度正确 4. 不迟到、早退、旷课	1. 发生安全事故，扣10分 2. 人为损坏设备、元器件，扣10分 3. 现场不整洁、工作不文明、团队不协作，扣5分 4. 不遵守考勤制度，每次扣2~5分		
总分					

3.7 项目小结

本项目主要是制作调光灯电路，学生利用触发器调整晶闸管的导通角，学习制作电路的基本知识，在制作过程中，培养学生的动手能力及简单电子电路的设计能力。在电路的装配、制作与调试过程中，培养学生的职业素养，考核部分对学生的实际操作给出客观的评价，学生还在项目中学到电路的调试、故障分析和检修能力。

项目4　温控器的分析与制作

4.1　任务描述

温控器是根据物体热胀冷缩的原理制作而成的。热胀冷缩是物体的共性，但不同物体其热胀冷缩的程度不一样。双金属片的两面是不同的导体，在温度变化时，由于胀缩程度不一样而使双金属片弯曲，碰到设定的触点或开关，使设定的电路（保护）开始工作。电饭煲就是利用双金属片的热胀冷缩工作的，它不仅缩减了很多家庭花费在煮饭上的时间，而且使用方便、清洁卫生，还具有对食品进行蒸、煮、炖、煨等多种操作功能。本任务就是对电饭煲的温控器进行分析与制作。

4.2　任务目标

知识目标	1. 掌握负反馈放大器的基础知识 2. 掌握集成运算放大器的基础知识
技能目标	1. 能正确识别与选取元器件 2. 学会温控器电路的设计方法、元器件参数的计算方法和元器件的选取方法 3. 能独立完成温控器电路的安装、调试与制作
职业素养	1. 具有良好的沟通能力、团队协作精神及职业道德 2. 建立质量、成本、安全及环保的意识

4.3　任务资讯

4.3.1　负反馈放大器

反馈在模拟电子技术中得到了非常广泛的应用。在放大电路中引入负反馈可以稳定其电压放大倍数，改变输入、输出电阻，展宽通频带，减小非线性失真和稳定静态工作点等。因此，几乎在所有实用放大电路中都引入了这样或那样的负反馈，以达到改善多方面性能的目的。

一、负反馈的基本概念

1. 什么是反馈

将放大电路输出量（电压或电流）的一部分或全部，通过某些元器件或网络（称为反馈网络），反向送回到输入端，从而影响原输入量（电压或电流）的过程称为反馈。有反馈的放大电路称为反馈放大电路，其组成框图如图 4-1a 所示。

图 4-1b 所示是一个具体的反馈放大电路。图中除了基本放大电路外，还有一条由 R_f 组成的电路接在输入端和输出端之间，由于它将输出量反送到放大电路输入端，因此称为反馈元件，或称反馈网络。

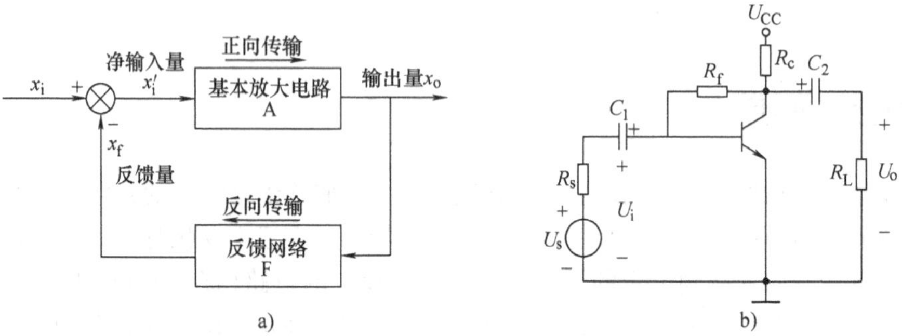

图 4-1 反馈放大电路组成

a）反馈放大电路组成框图 b）反馈放大电路

2. 反馈极性（正、负反馈）

在反馈放大电路中，反馈量使放大电路净输入量得到增强的反馈称为正反馈，反馈量使净输入量减弱的反馈称为负反馈。

通常采用“瞬时极性法”来区别是正反馈还是负反馈，具体方法如下：

1）假设输入信号某一瞬时的极性。

2）根据输入与输出信号的相位关系，确定输出信号和反馈信号的瞬时极性。

3）再根据反馈信号与输入信号的连接情况，分析净输入量的变化。如果反馈信号使净输入量增强，即为正反馈，反之为负反馈。

图 4-2 所示为用瞬时极性法判断反馈极性的几个例子。

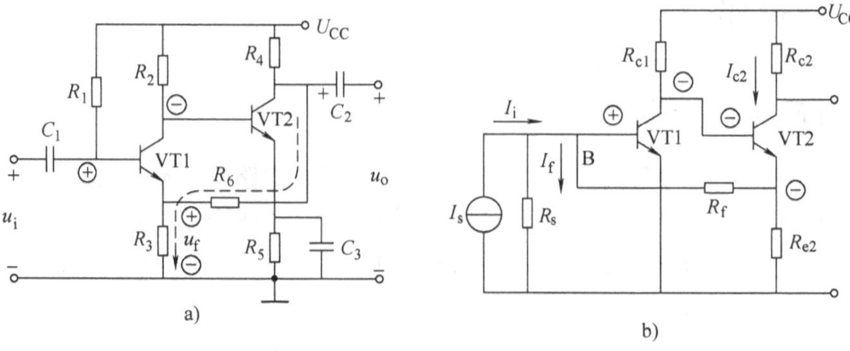

图 4-2 用瞬时极性法判断反馈极性的例子

a）电压串联负反馈 b）电压并联负反馈

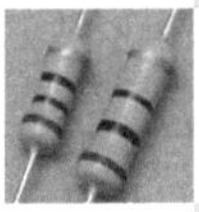

3. 交流反馈与直流反馈

在放大电路中存在有直流分量和交流分量，若反馈信号是交流量，则称为交流反馈，它影响电路的交流性能；若反馈信号是直流量，则称为直流反馈，它影响电路的直流性能，如静态工作点。若反馈信号中既有交流量又有直流量，则反馈对电路的交流性能和直流性能都有影响。图 4-3 所示为具有不同反馈的电路。

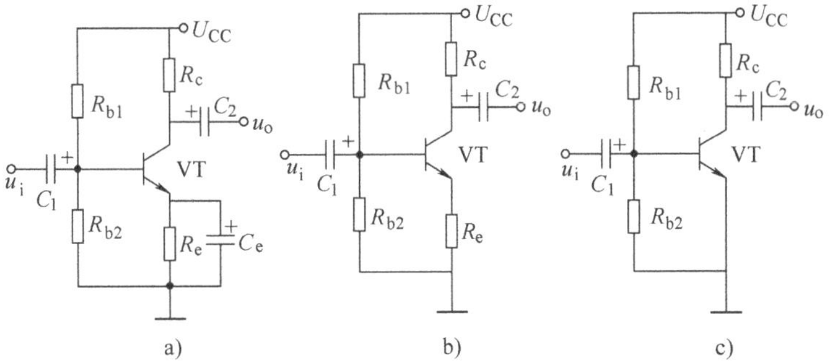

图 4-3　具有不同反馈的电路

a) 原电路　b) 直流通路　c) 交流通路

如图 4-3 所示，R_e 和 C_e 构成反馈网络，通过发射极电流产生反馈电压。由于电阻和电容并联，交流信号可通过电容旁路到地，所以只有直流信号而无交流信号反馈到输入端，是直流反馈。若取消旁路电容 C_e，则既有直流反馈又有交流反馈。

4. 反馈电路的类型

按放大电路反馈在输出端的取样方式的不同，电路中的反馈分为电压反馈和电流反馈；按反馈网络的输出端口与信号源的连接方式的不同，电路中的反馈又分串联反馈与并联反馈。下面分别加以介绍。

(1) 反馈在输出端的取样方式　从输出端看，若反馈信号取自输出电压，则为电压反馈；若反馈信号取自输出电流，则为电流反馈。

在判断电压反馈时，根据电压反馈的定义——反馈信号与输出电压成比例，可以假设将负载 R_L 两端短路($u_o=0$，但 $i_o\neq0$)，判断反馈量是否为零，如果是零，就是电压反馈。图 4-4 所示的电压反馈电路正是如此，R_L 短路，$u_o=0$，$u_f=0$。

电压反馈的重要特性是能稳定输出电压。无论反馈信号以何种方式引回到输入端，实际上都是利用输出电压 u_o 本身通过反馈网络来对放大电路起自动调整作用的，这是电压反馈的实质。

在判断电流反馈时，可以假设将负载 R_L 两端开路($i_o=0$，但 $u_o\neq0$)，判断反馈量是否为零，如果是零，就是电流反馈。图 4-5 所示的电流反馈电路正是如此，R_L 开路，$i_o=0$，$i_f=0$，$u_f=0$。

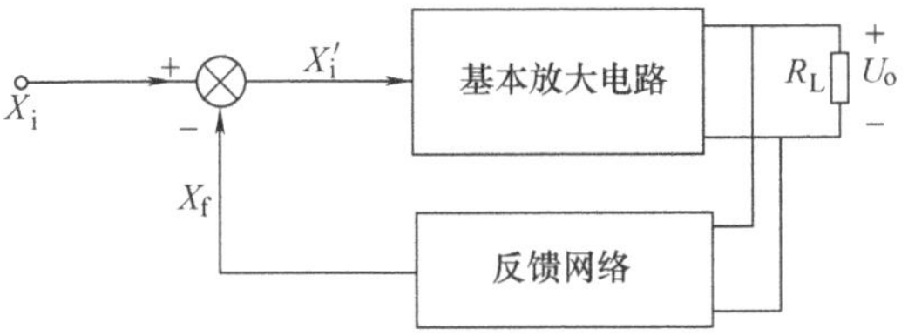

图 4-4　电压反馈

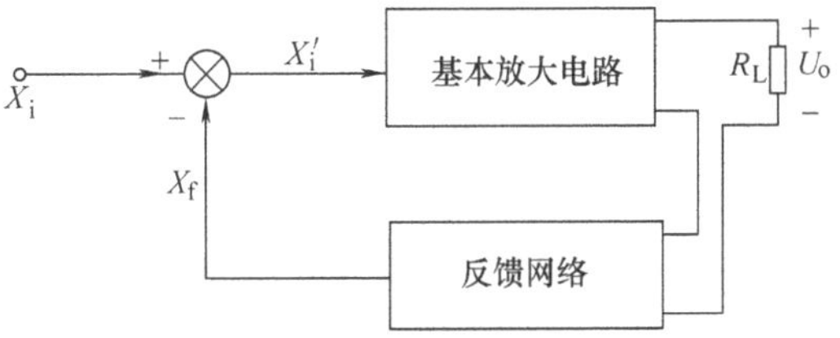

图 4-5　电流反馈

电流反馈的重要特点是能稳定输出电流。无论反馈信号以何种方式引回到输入端，实际都是利用输出电流 i_o 本身通过反馈网络来对放大电路起自动调整作用的，这就是电流反馈的实质。

由上述分析可知，判断电压反馈、电流反馈的简便方法是用负载短路法和负载开路法。由于输出信号只有电压和电流两种，输出端的取样不是取自输出电压便是取自输出电流，因此利用其中一种方法就能判定。常用的方法是负载短路法，即假设将负载 R_L 短路，此时 $u_o=0$，若反馈量为零，就是电压反馈，否则为电流反馈。

（2）反馈在输入端的连接方式　在图 4-6a 中，反馈网络的出口与信号源串联，因此称为串联反馈。在图 4-6b 中，反馈网络的出口与信号源并联，因此称为并联反馈。

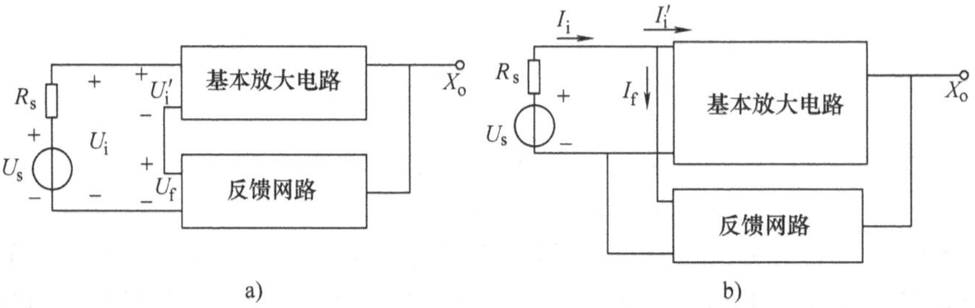

图 4-6　串联反馈和并联反馈

a）串联反馈　b）并联反馈

由上述分析可以看出，若反馈信号与信号源接在不同的端子上，即为串联反馈。若接在同一个端子上，则为并联反馈。

根据输出端的取样方式和输入端的连接方式，可以组成四种不同类型的负反馈电路，如图 4-7 所示。

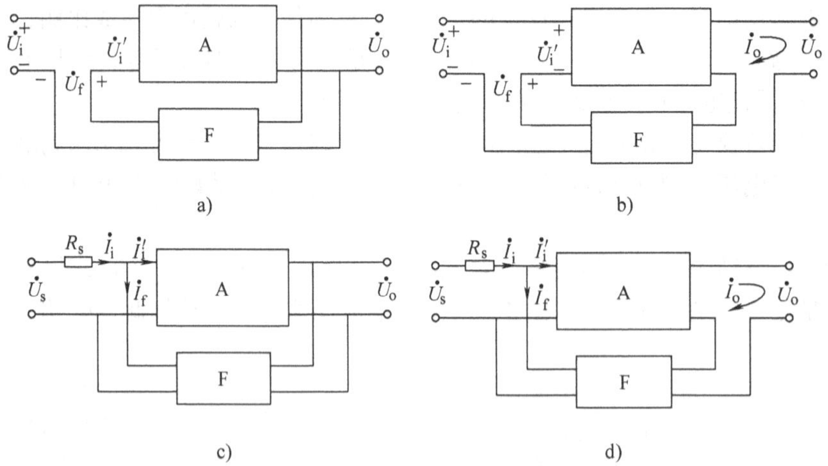

图 4-7　负反馈放大电路的基本类型

a）电压串联负反馈　b）电流串联负反馈　c）电压并联负反馈　d）电流并联负反馈

二、负反馈放大器的四种基本组态

负反馈放大器中，在输出端取样有电压和电流两种形式，在输入端有串联叠加和并联叠加，在串联叠加中，反馈信号以电压的形式跟原输入电压进行比较得出净输入电压；同理在并联叠加中也一样，为了使闭环增益 A_f 与开环增益 A 满足 $A_f = A/(1+FA)$ 的关系，应做如下约定：

$$闭环增益\ A_f = \frac{被取样的输出信号}{参与比较的原始输入信号}$$

$$开环增益\ A = \frac{被取样的输出信号}{比较后产生的净输入信号}$$

$$反馈系数\ F = \frac{反馈信号}{被取样的输出信号}$$

1. 电压串联负反馈

（1）电路及框图　电压串联负反馈电路如图 4-8 所示。

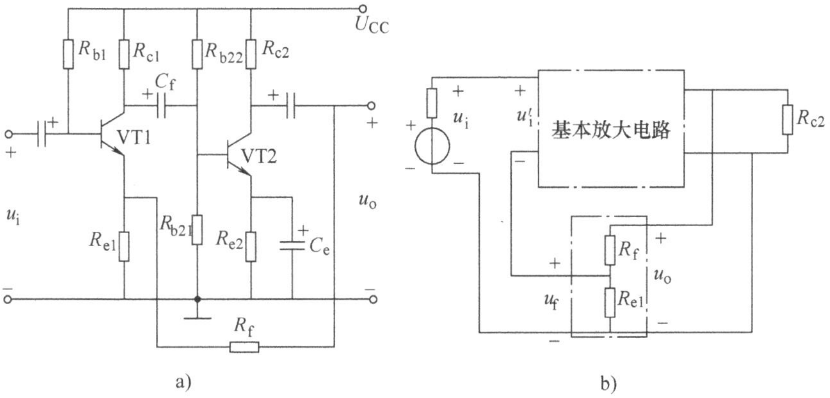

图 4-8　电压串联负反馈电路
a) 电路图　b) 框图

（2）反馈极性和类型的判断　由瞬时极性法可判断出该反馈为负反馈，因为 $u_i' = u_i - u_f$。

由短路法可判断出该反馈是电压串联反馈。

综上即得，该反馈为电压串联负反馈。

（3）有关表达式　有关表达式如下：

$$A_u = \frac{U_o}{U_i'}$$

$$F_u = \frac{U_f}{U_o}$$

$$A_{uf} = \frac{U_o}{U_i} = \frac{U_o}{U_i' + U_f} = \frac{A_u U_i'}{U_i' + F_u A_u U_i'} = \frac{A_u}{1 + F_u A_u}$$

$$U_f = \frac{R_{e1}}{R_f + R_{e1}} U_o$$

$$F=\frac{R_{e1}}{R_f+R_{e1}}$$

2. 电流串联负反馈

开环放大倍数 $=\frac{被取样的X_o}{比较产生的X_i'}=\frac{I_o}{U_i'}=A_g$，称为开环互导放大倍数，其单位是西门子(S)。

反馈系数 $=\frac{反馈信号X_f}{被取样的X_o}=\frac{U_f}{I_o}=F_r$，称为互阻反馈系数，其单位是欧姆(Ω)。

闭环放大倍数 $=\frac{被取样的X_o}{参与比较的X_i}=\frac{I_o}{U_i'}=\frac{A_g}{1+F_rA_g}=A_{gf}$，称为闭环互导放大倍数，其单位是西门子(S)。

(1) 电路及框图　电流串联负反馈电路如图4-9所示。

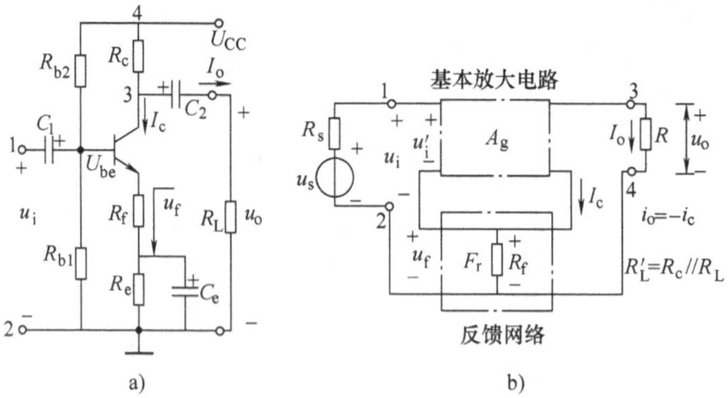

图4-9　电流串联负反馈电路

a) 电路图　b) 框图

(2) 反馈极性和类型的判断　由瞬时极性法可判断出该反馈为负反馈，因为 $u_i'=u_i-u_f$。由短路法可判断出该反馈是电流串联反馈，因为 $U_f=I_oR_f$。

综上即得，该反馈为电流串联负反馈。

(3) 有关表达式　有关表达式如下：

开环增益
$$A_{iu}=\frac{I_o}{U_i'}$$

反馈系数
$$F_{ui}=\frac{U_f}{I_o}=\frac{I_oR_f}{I_o}=R_f$$

电流反馈能稳定输出电流。

3. 电压并联负反馈

(1) 电路及框图　电压并联负反馈电路如图4-10所示。

$$开环放大倍数=\frac{被取样的X_o}{比较产生的X_i'}=\frac{U_o}{I_i'}=A_r$$

$$反馈系数=\frac{反馈信号X_f}{被取样的X_o}=\frac{I_f}{U_o}=F_g$$

$$闭环放大倍数=\frac{被取样的X_o}{参与比较的X_i}=\frac{U_o}{I_i}=\frac{A_r}{1+F_gA_r}=A_{rf}$$

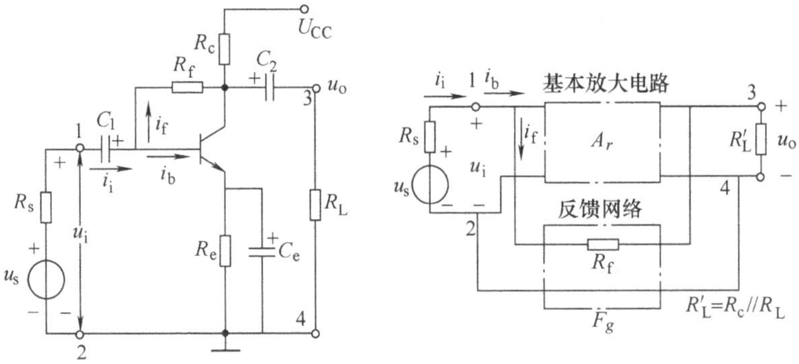

a)　　　　　　　　b)

图 4-10　电压并联负反馈电路

a) 电路图　b) 框图

称为闭环互阻放大倍数，其单位是欧姆(Ω)。

（2）反馈极性和类型的判断　由瞬时极性法可判断出该反馈为负反馈，因为 $i'_i=i_i-i_f$。由短路法可判断出该反馈是电压并联反馈。

综上即得，该反馈为电压并联负反馈。

（3）有关表达式　有关表达式如下：

开环增益
$$A_{iu}=\frac{U_o}{I'_i}$$

反馈系数
$$F_{ui}=\frac{I_f}{U_o}=\frac{U_i-U_o}{R_f}\frac{1}{U_o}=-\frac{U_o}{R_f}\frac{1}{U_o}=-\frac{1}{R_f}$$

电压反馈能稳定输出电压。

4. 电流并联负反馈

（1）电路及框图　电流并联负反馈电路如图 4-11 所示。

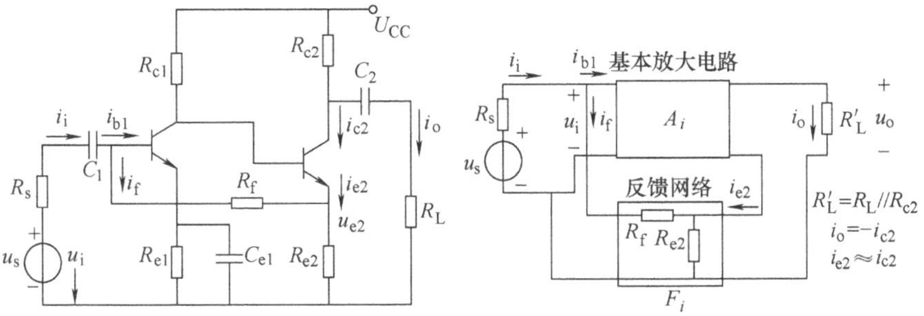

a)　　　　　　　　b)

图 4-11　电流并联负反馈电路

a) 电路图　b) 框图

$$开环放大倍数=\frac{被取样的X_o}{比较产生的X'_i}=\frac{I_o}{I'_i}=A_i$$，称为开环电流放大倍数，无单位。

$$反馈系数=\frac{反馈信号X_f}{被取样的X_o}=\frac{I_f}{I_o}=F_i$$，称为电流反馈系数，无单位。

闭环放大倍数 $=\dfrac{\text{被取样的 }X_o}{\text{参与比较的 }X_i}=\dfrac{I_o}{I_i}=\dfrac{A_r}{1+F_iA_i}=A_{if}$称为闭环电流放大倍数，无单位。

(2) 反馈极性和类型的判断　由瞬时极性法可判断出该反馈为负反馈，因为 $i_i'=i_i-i_f$。由短路法可判断出该反馈是电流反馈。

综上即得，该反馈为电流并联负反馈。

(3) 有关表达式　有关表达式如下：

开环增益 $$A_{ii}=\frac{I_o}{I_i'}$$

反馈系数 $$F_{ii}=\frac{I_f}{I_o}$$

由分流公式 $$I_f=\frac{R_{e2}}{R_f+R_{e2}}I_o$$

即得 $$F_{ii}=\frac{I_f}{I_o}=\frac{R_{e2}}{R_f+R_{e2}}$$

三、负反馈对放大电路性能的影响

在放大电路中引入负反馈，虽然会导致闭环增益的下降，但能使放大电路的许多性能得到改善。例如，减小非线性失真、提高增益的稳定性、扩展通频带、改变输入电阻和输出电阻等。下面将分别加以讨论。

1. 减小非线性失真

放大电路的非线性失真是由于放大电路内部非线性元器件产生的，引入负反馈后，这种失真将减小。演示电路如图 4-12 所示。

当输入正弦信号的幅度较大时，输出波形引入负反馈，将使放大电路的闭环电压传输特性曲线变平缓，线性范围明显展宽。在深度负反馈条件下，$A=\dfrac{1}{1+AF}$，若反馈网络由纯电阻构成，则闭环电压传输特性曲线在很宽的范围内接近于直线，输出电压的非线性失真会明显减小。

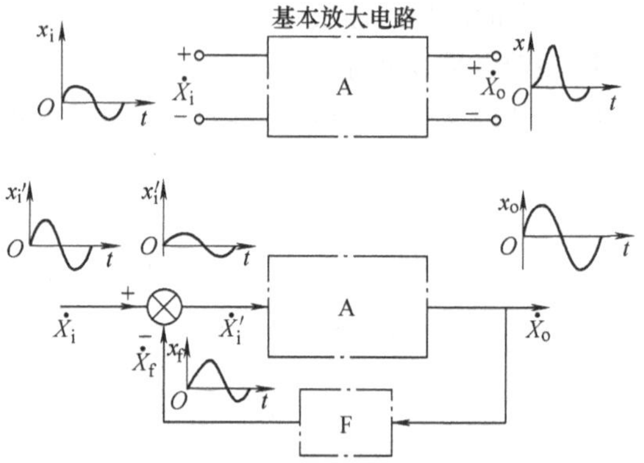

图 4-12　演示电路

需要说明的是，加入负反馈后，若输入信号的大小保持不变，由于闭环增益降至开环增益的$\dfrac{1}{1+AF}$，基本放大电路的净输入信号、输出信号也降至开环时的$\dfrac{1}{1+AF}$，显然，晶体管等器件的工作范围变小了，其非线性失真也相应地减小了。为了消除工作范围变小对输出波形失真的影响，以说明非线性失真的减小是负反馈作用的结果，必须保证闭环和开环两种情况下，有源器件的工作范围相同(输出波形的幅度相同)，因此，应使闭环时的输入信号幅度增加至开环时的$(1+AF)$倍。

2. 提高增益的稳定性

放大电路的增益可能由于元器件参数、环境温度、电源电压、负载大小等因素的变化而变得不稳定。

引入适当的负反馈后，可提高闭环增益的稳定性。

根据闭环增益方程

$$A_f = \frac{A}{1+AF}$$

求 A_f 对 A 的导数，得

$$\frac{dA_f}{dA} = \frac{1}{(1+AF)^2}$$

即微分

$$dA_f = \frac{dA}{(1+AF)^2}$$

闭环增益的相对变化量为

$$\frac{dA_f}{A_f} = \frac{1}{1+AF}\frac{dA}{A} \tag{4-1}$$

即闭环增益 A_f 几乎仅决定于反馈网络，而反馈网络通常由性能比较稳定的无源线性元件(如 R、C 等)组成，因而闭环增益是比较稳定的。

3. 扩展通频带

应当指出，由于负反馈的引入，在减小非线性失真的同时，降低了输出幅度。此外，输入信号本身固有的失真是不能用引入负反馈来改善的。

放大倍数的稳定是指负反馈的引入能够减小由于各种原因所引起的放大倍数的变化。其中也包括由于信号频率不同所引起的放大倍数的变化，因而展宽了通频带。图 4-13 所示为开环与闭环的幅频特性的比较。可以看出，引入负反馈后，A_f 的通频带是 A 的通频带的$(1+AF)$倍。

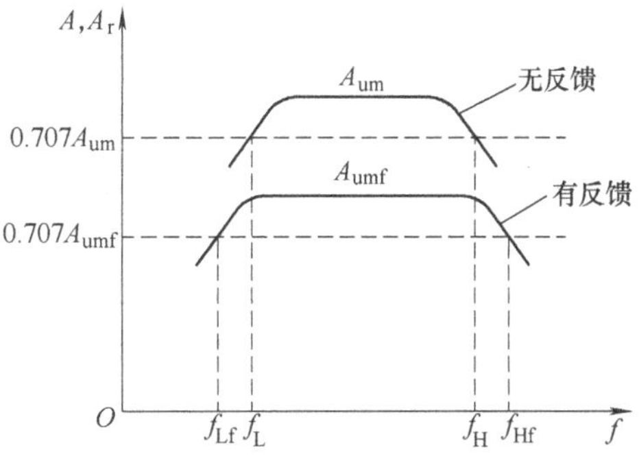

图 4-13　开环与闭环的幅频特性

4. 负反馈对输入电阻的影响

负反馈对输入电阻的影响取决于反馈网络在输入端的连接方式。

(1) 串联负反馈　图 4-14a 是串联负反馈电路框图。由图可知，开环放大器的输入电阻为

$$r_i = u_i'/i_i$$

引入负反馈后，闭环输入电阻 r_{if} 为

$$r_{if} = \frac{u_i}{i_i} = \frac{u_i'+u_f}{i_i} = \frac{u_i'+AFu_i'}{i_i} = r_i(1+AF) \tag{4-2}$$

式(4-2)表明，引入串联负反馈后，输入电阻是无反馈时输入电阻的$(1+AF)$倍。

(2) 并联负反馈　图 4-14b 是并联负反馈电路框图。由图可知，开环放大器的输入电阻为 $r_i = u_i/i_i'$。引入并联负反馈后，闭环输入电阻 r_{if} 为

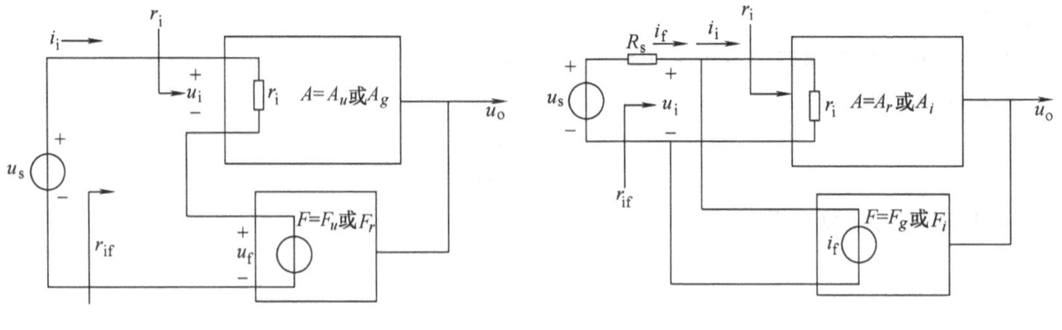

a)　　b)

图 4-14　负反馈对输入电阻的影响

a) 串联负反馈电路框图　b) 并联负反馈电路框图

$$r_{if}=\frac{u_i}{i_i}=\frac{u_i}{i_i'+i_f}=\frac{u_i}{i_i'+AFi_i'}=r_i\frac{1}{1+AF} \tag{4-3}$$

式(4-3)表明，引入并联负反馈后，输入电阻是无反馈时输入电阻的 $1/(1+AF)$。

5. 负反馈对输出电阻的影响

负反馈对输出电阻的影响取决于反馈网络在输出端的取样量。

(1) 电压负反馈　图 4-15a 是电压负反馈框图。对于负载 R_L 来说，从输出端看进去，等效的输出电阻相当于原开环放大电路输出电阻与反馈网络的电阻并联，其结果必然使输出电阻减小。经分析，两者的关系为

$$r_{of}=\frac{r_o}{1+AF} \tag{4-4}$$

即引入电压负反馈后的输出电阻是开环输出电阻的 $1/(1+AF)$。

(2) 电流负反馈　图 4-15b 是电流负反馈框图。对于负载 R_L 来说，从输出端看进去，等效的输出电阻相当于原开环放大电路输出电阻与反馈网络的电阻串联，其结果必然使输出电阻增大。经分析，两者的关系为

$$r_{of}=(1+AF)r_o \tag{4-5}$$

即引入电流负反馈后的输出电阻是开环输出电阻的 $(1+AF)$ 倍。

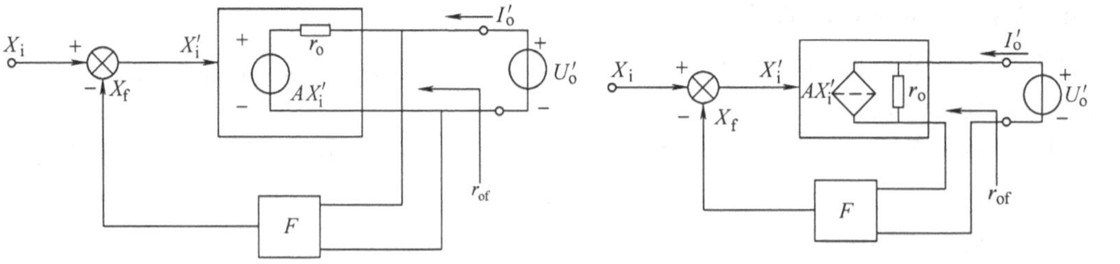

a)　　b)

图 4-15　负反馈对输出电阻的影响

a) 电压负反馈框图　b) 电流负反馈框图

四、深度负反馈放大电路的近似计算

在负反馈电路中，若 $AF \gg 1$，则称为深度负反馈。通常，只要是多级负反馈放大电路，

就可以认为是深度负反馈电路。因为多级负反馈放大电路的开环增益很高，因此都能满足 $AF>>1$ 的条件。

当电路为深度负反馈时，$AF>>1$，所以有

$$A_{\mathrm{f}}=\frac{A}{1+FA}\approx\frac{A}{AF}=\frac{1}{F}，即\ A_{\mathrm{f}}\approx\frac{1}{F}$$

把 $A_{\mathrm{f}}=X_{\mathrm{o}}/X_{\mathrm{i}}$，$F=X_{\mathrm{f}}/X_{\mathrm{o}}$ 代入上式得$\dfrac{X_{\mathrm{o}}}{X_{\mathrm{i}}}\approx\dfrac{X_{\mathrm{o}}}{X_{\mathrm{f}}}$，即 $X_{\mathrm{i}}=X_{\mathrm{f}}$。

对于串联负反馈，有 $U_{\mathrm{i}}\approx U_{\mathrm{f}}$

对于并联负反馈，有 $I_{\mathrm{i}}\approx I_{\mathrm{f}}$

例 4-1 试估算图 4-16a 所示电压串联负反馈放大电路的闭环电压增益 $A_{uf}=U_{\mathrm{o}}/U_{\mathrm{i}}$。

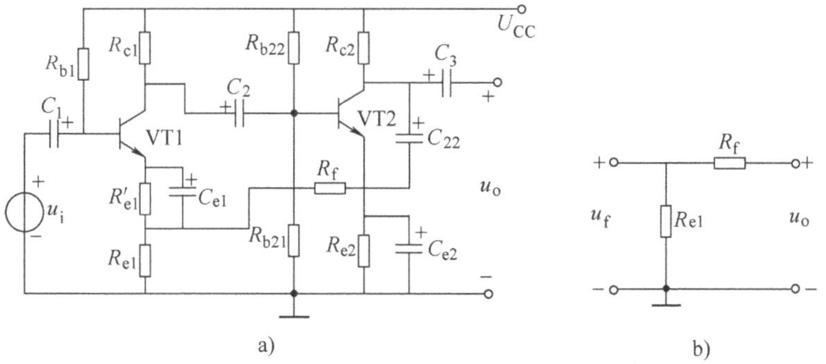

图 4-16 电压串联负反馈电路

a) 电路 b) 反馈网络

解： 由于是电压串联负反馈，故 $u_{\mathrm{i}}\approx u_{\mathrm{f}}$。由图 4-16b 可知，输出电压 U_{o} 经 R_{f} 和 R_{e1} 分压后反馈至输入回路，即

$$U_{\mathrm{f}}\approx\frac{R_{\mathrm{e1}}}{R_{\mathrm{e1}}+R_{\mathrm{f}}}U_{\mathrm{o}}$$

$$A_{uf}=\frac{U_{\mathrm{o}}}{U_{\mathrm{i}}}\approx\frac{U_{\mathrm{o}}}{U_{\mathrm{f}}}=\frac{R_{\mathrm{e1}}+R_{\mathrm{f}}}{R_{\mathrm{e1}}}=1+\frac{R_{\mathrm{f}}}{R_{\mathrm{e1}}}$$

例 4-2 求图 4-17a 所示的电流串联负反馈电路的闭环电压增益 $A_{uf}=U_{\mathrm{o}}/U_{\mathrm{i}}$。

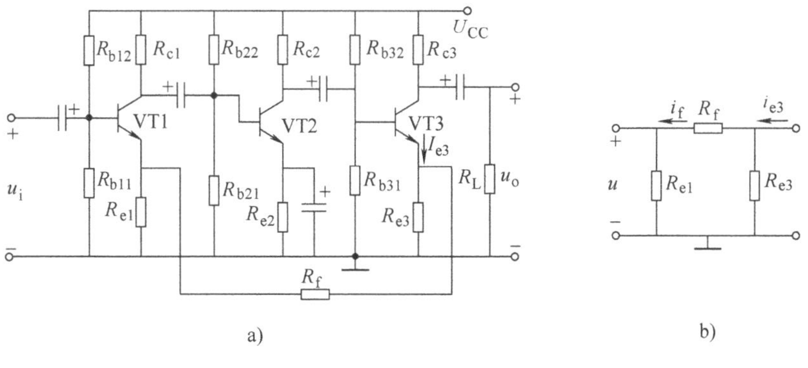

图 4-17 电流串联负反馈电路

a) 电路 b) 反馈网络

解： 因为是串联负反馈，所以 $u_{\mathrm{i}}\approx u_{\mathrm{f}}$。由图 4-17b 可知

$$I_f = \frac{R_{e3}}{R_{e1} + R_f + R_{e3}} I_{e3}$$

$$U_f = I_f R_{e1} = \frac{R_{e3} R_{e1}}{R_{e1} + R_f + R_{e3}} I_{e3}$$

$$U_o = -I_{c3} R_L' \text{(式中 } R_L' = R_{e3} /\!/ R_L\text{)}$$

$$I_{e3} \approx I_{c3} \approx -\frac{U_o}{R_L'}$$

$$U_f = U_f \approx \frac{-R_{e3} R_{e1}}{R_{e1} + R_f + R_{e3}} \frac{U_o}{R_L'}$$

$$A_{uf} = \frac{U_o}{U_i} \approx \frac{R_{e1} + R_f + R_{e3}}{R_{e3} R_{e1}} R_L'$$

例 4-3 求图 4-18 所示的电压并联负反馈电路的源电压闭环增益 $A_{usf} = U_o/U_s$。

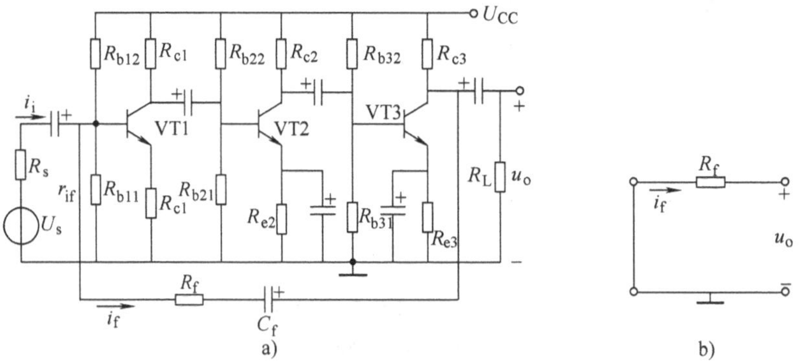

图 4-18 电压并联负反馈电路

a) 电路 b) 反馈网络

解： 由于是并联强负反馈，所以 $i_i \approx i_f$，并且 $R_s >> r_{if}$。

$$I_i = \frac{U_s}{R_s + r_{if}} \approx \frac{U_s}{R_s}$$

$$I_f = \frac{-R_{e2}}{R_f + R_{e2}} I_{e2} \approx \frac{-R_{e2}}{R_f + R_{e2}} I_{c2}$$

$$I_{e2} = -\frac{U_o}{R_L'}$$

$$I_f = \frac{R_{e2}}{R_f + R_{e2}} \frac{U_o}{R_L'}$$

$$\frac{U_s}{R_s} \approx \frac{R_{e2}}{R_f + R_{e2}} \frac{U_o}{R_L'}$$

$$A_{usf} = \frac{U_o}{U_s} \approx \frac{R_f + R_{e2}}{R_s R_{e2}} R_L'$$

4.3.2 集成运算放大器

随着电子技术的飞速发展，集成运算放大器的各项技术指标不断改进，越来越趋于理想参数，而且价格日趋下降，与此同时，还出现了适用于各种特殊需要的专用芯片，种类繁多、功能齐全。利用集成运算放大器或其他专用模拟芯片，外接少量元器件便可以构成各种各样的使用电路。

一、集成运算放大器的识读

常见的集成运算放大器有圆形、扁平形、双列直插式等，有 8 脚、14 脚等，如图 4-19 所示。

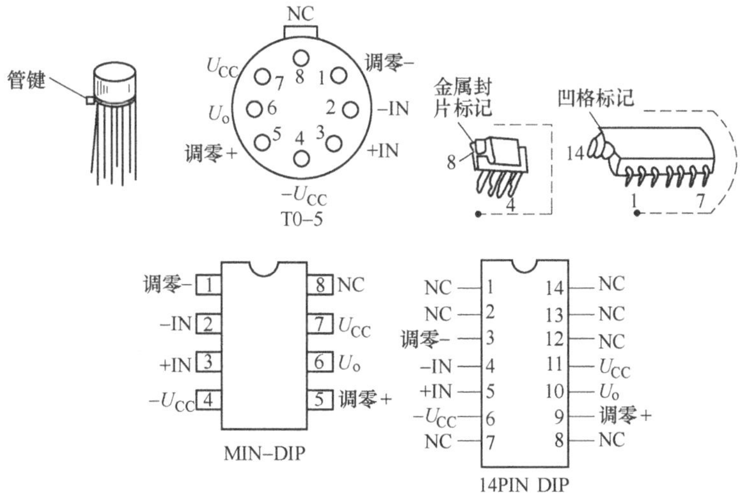

图 4-19　集成运算放大器外形结构示意图

二、集成运算放大器的组成及其符号

集成运算放大器就是将组成电路的各元器件及它们之间的连线制作在一块芯片上的直接耦合放大电路，具有良好的性能，其内部组成原理框图如图 4-20 所示，它由差动输入级、中间级、输出级和偏置电路四部分组成。

1. 差动输入级

集成运算放大器的输入级是提高运算放大器质量的关键部分，要求其输入电阻很高。为了能减小零点漂移和抑制共模干扰信号，输入级都采用具有恒流源的差动放大电路，也称差动输入级。

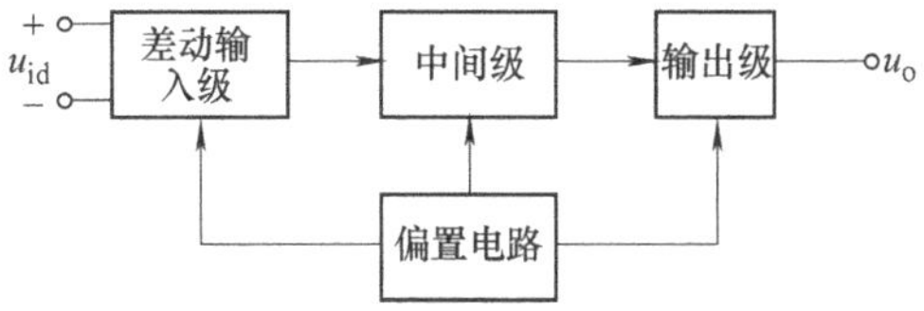

图 4-20　集成运算放大器的内部组成原理框图

2. 中间级

中间级的主要作用是提供足够大的电压放大倍数，故而也称电压放大级。要求中间级本身具有较高的电压增益。

3. 输出级

输出级的主要作用是输出足够的电流以满足负载的需要，同时还需要有较低的输出电阻和较高的输入电阻，以起到将放大级和负载隔离的作用。

4. 偏置电路

偏置电路的作用是为各级提供合适的工作电流，一般由各种恒流源电路组成。

集成运算放大器有两个输入端，根据输入电压与输出电压的相位关系，分别称为同相输入端和反相输入端；一个输出端；两路供电电源；一般情况下，为了简单起见，可以不画电源连线。图 4-21 所示为集成运算放大器的符号。输入端对地输入，输出端对地输出。

三、集成运算放大器的分类

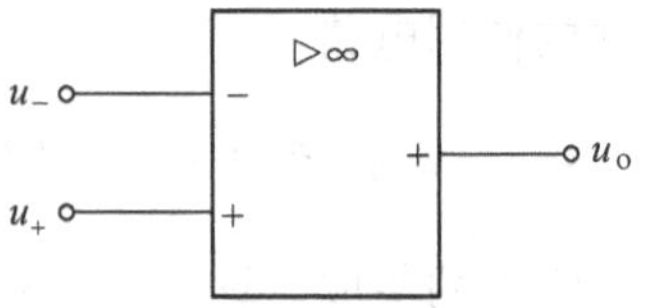

图 4-21 集成运算放大器的符号

集成运算放大器有四种分类方法。

1. 按用途分类

集成运算放大器按其用途可分为通用型及专用型两大类。

2. 按供电电源分类

集成运算放大器按其供电电源可分为双电源型和单电源型两类。后者采用特殊设计，在单电源下能实现零输入、零输出。这种放大器进行交流放大时，失真较小。

3. 按制作工艺分类

集成运算放大器按制作工艺可分为双极型、单极型和双极—单极兼容型三类。

4. 按运算放大级数分类

按单片封装中的运算放大级数分类，集成运算放大器可分为单级集成运算放大器、双级集成运算放大器、三级集成运算放大器和四级集成运算放大器四类。

四、模拟集成电路的型号命名方法

我国半导体集成电路的型号命名按照国家标准 GB 3430—1989 规定应由五部分组成：

X　　X　　XXXX　X　　X

①　　②　　③　　④　　⑤

如 CF0741CT 型号命名如图 4-22 所示。

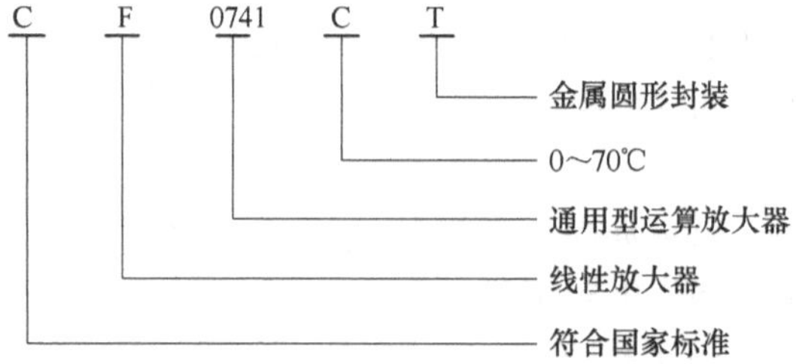

图 4-22 CF0741CT 型号命名

五、集成运算放大器的主要参数

集成运算放大器的特性参数是评价其性能优劣的依据。集成运算放大器的性能指标有很多个，现将常用的几个分别介绍如下：

1. 极限参数

1）供电电压范围（V_{CC}、$-V_{EE}$或 U_s、$-U_s$）加到运算放大器上允许的最小和最大安全工作电源电压，称为运算放大器的供电电压范围。

2）功耗 P_D。运算放大器在规定的温度范围工作时，可以安全耗散的功率称为功耗。

3）工作温度范围。能保证运算放大器在额定的参数范围内工作的温度称为它的工作温度范围。

4）最大差模输入电压 U_{idmax}。能安全地加在运算放大器的两个输入端之间的最大差模电压称为最大差模输入电压。

5）最大共模输入电压 U_{icmax}。能安全地加在运算放大器的两个输入端的短接点与运算放大器地线之间的最大电压称为最大共模输入电压 。

2. 电气参数

（1）开环差模增益 A_{od}　A_{od}表示集成运算放大器工作在线性区时输出电压与两输入端之间的电压之比，即 $A_{od}=\left|\dfrac{\Delta u_o}{\Delta(u_+-u_-)}\right|$常用 $20\log|A_{od}|$ 表示，其单位为分贝(dB)，A_{od}越大越理想。

（2）差模输入电阻 r_{id}　r_{id}是衡量输入级向差模信号索取电流大小的参数，其值等于差模电压与差模电流之比，即 $r_{id}=\Delta u_{id}/\Delta i_{id}$，$r_{id}$越大越理想。

（3）共模抑制比 K_{CMR}　$K_{CMR}=20\log\left|\dfrac{A_{od}}{A_{oc}}\right|$，单位是分贝(dB)。式中，$A_{oc}$为共模放大倍数，它主要取决于前置级的对称性。

（4）输入失调电流 I_{os}和失调电流温漂$\dfrac{dI_{os}}{dT(℃)}$　$I_{os}=|I_{B1}-I_{B2}|$，它反映了输入差分管输入电流的不对称情况。$\dfrac{dI_{os}}{dT(℃)}$与$\dfrac{dV_{os}}{dT(℃)}$意义相同，只不过研究的对象是电流。

（5）转换速率 SR　$SR=\left|\dfrac{du_o}{dt}\right|_{max}$　用以表明集成运算放大器对放大幅度变化信号的适应能力，它是在单位时间内 u_o 变化的最大值。

（6）上限频率　f_b 是使 A_{od}下降到 $0.707A_{od}$(3dB)时的频率。

六、集成运算放大器的选择

目前国内集成运算放大器的类型很多，即使是同一类型产品，也有多种型号；甚至对于同一型号产品，由于其生产厂家不同，参数也不尽相同。使用时应注意根据用途进行选择。一般情况下，如无特殊要求，应选用通用型运算放大器，既经济又实用。在特殊要求下，应选用某些方面性能特别优秀的特殊型运算放大器，甚至选用专用型芯片。

在型号选定后，应首先弄清楚各引出端接线，避免使用中因接错管脚使电路工作不正常或器件损坏，然后粗测运算放大器的好坏。粗测时，可以用万用表测各引出端之间有无短路或开路的情况。例如，正、负电源端子与“地”端及其他各引出端不应短路，输出端与“地”端及其他各引出端不应短路等。由于集成运算放大器内部电路有很多个 PN 结，测试时不要用小电阻档(如 $R\times1$ 档)，以免电流过大使之损坏；也不要用大电阻档(如 $R\times100$ 档)，以免电压过高使之损坏。

当然在选择集成运算放大器时要从信号源的性质、负载的性质、对精度的要求和环境条件几个方面进行考虑。这里不做详细介绍。

七、集成运算放大器的基本应用

集成运算放大器几乎应用于模拟电子技术的各个领域，但是其工作区域只有两个。在实际电路中，它不是工作在线性区，就是工作在非线性区。而运算放大器工作在哪个区域与电路中是否引入反馈和反馈的极性密切相关。集成运算放大器引入这样或那样的反馈可构成各种不同的应用电路。在近似分析的计算中，几乎毫无例外地将集成运算放大器看成是理想运算放大器。

1. 概述

（1）理想集成运算放大器的性能指标　所谓理想集成运算放大器就是各项技术指标理想化的集成运算放大器，即认为理想集成运算放大器的主要性能指标为：

①开环电压放大倍数 $A_{od}=\infty$。

②差模输入电阻 $r_{id}=\infty$。

③输出电阻 $r_o=0$。

④共模抑制比 $K_{CMR}=\infty$。

⑤上限频率 $f_H=\infty$。

此外，理想集成运算放大器没有失调和失调温漂，且共模抑制比趋于无穷大。尽管理想运算放大器并不存在，但由于集成运算放大器的各项技术指标都比较接近理想值，因此在具体分析时将其理想化是允许的。这种分析所带来的误差一般比较小，可以忽略不计。

在应用电路的分析计算中，用理想集成运算放大器所带来的误差很小，而且随着运算放大器质量的提高，误差将越来越小，在一般工程计算中是允许的。应当指出，如果对运算电路的运算结果专门进行误差分析，对电压比较器进行灵敏度分析等，则必须考虑实际运算放大器指标参数的影响。以下所进行的分析，均将集成运算放大器看成是理想运算放大器。

（2）集成运算放大器的传输特性　集成运算放大器的输出电压 u_o 与输入电压 u_i 之间的关系曲线称为传输特性，如图4-23所示为实际电路中集成运算放大器的传输特性。

由于集成运算放大器的差模放大倍数非常高，可达几十万倍，所以它的线性区非常窄。因此，为了让集成运算放大器工作在线性区，电路中必须引入负反馈，以减小净输入电压，保证输出电压不超过线性范围。

当集成运算放大器处于开环工作状态，即不加任何反馈或者引入正反馈时，集成运算放大器工作在非线性区。理想集成运算放大器工作在非线性区时，输出电压一般只有两种情况：$+U_{om}$ 和 $-U_{om}$。同时，净输入电流为零。

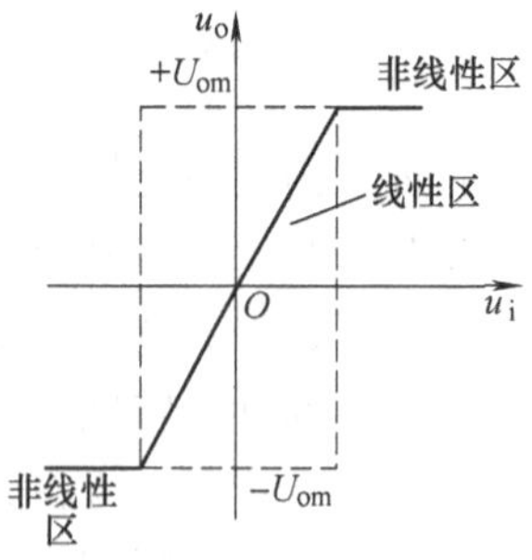

图4-23　集成运算放大器的传输特性

（3）集成运算放大器的线性应用　集成运算放大器工作在线性区的必要条件是引入深度负反馈。

当集成运算放大器工作在线性区时，输出电压在有限值之间变化，而集成运算放大器的 $A_{ud}\to\infty$，则 $u_{id}=u_{od}/A_{ud}\approx 0$，由 $u_{id}=u_+-u_-$，得

$$u_+\approx u_- \tag{4-6}$$

式(4-6)说明，集成运算放大器同相端和反相端电压几乎相等，称为虚假短路，简称“虚短”。由集成运算放大器的输入电阻 $r_{id}\to\infty$，得

$$i_+=i_-\approx 0 \tag{4-7}$$

式(4-7)说明，流入集成运算放大器同相端和反相端的电流几乎为零，称为虚假断路，简称“虚断”。

可见，理想集成运算放大器工作在线性区时，具有“虚短”和“虚断”两个重要的特点。

(4)集成运算放大器的非线性应用　当集成运算放大器工作在开环状态或引入正反馈时，由于A_{ud}很大，只要有微小的电压信号输入，集成运算放大器就一定工作在非线性区，即输出电压只有两种状态：$+U_{om}$和$-U_{om}$。

①当同相端电压大于反相端电压，即$u_+ > u_-$时，$u_o = +U_{om}$。

②当反相端电压大于同相端电压，即$u_+ < u_-$时，$u_o = -U_{om}$。

综上所述，在分析具体的集成运算放大器应用电路时，首先应判断集成运算放大器工作在线性区还是非线性区，然后再运用线性区和非线性区的特点分析电路的工作原理。

2. 基本运算电路

集成运算放大器的应用首先表现在它能实现各种数学运算，并因此得名。常用集成运算放大器的基本算法有比例、加法、减法、微积分和乘法运算等。这里只对几种典型电路进行分析。在运算电路中，输入模拟电压为自变量，输出模拟电压为因变量，当输入电压变化时，输出电压将按一定的运算规律变化，即输出电压反映输入电压的某种运算结果。因此，在运算电路中，集成运算放大器必须工作在线性区，因而都要引入深度负反馈，利用反馈网络实现各种数学运算。

(1)比例运算　比例运算中的输出电压与输入电压成倍数关系。

1）反相输入比例运算电路。如图4-24a所示为反相输入比例运算电路的电路图。输入信号的一端接地，另一端通过电阻R_1接到集成运算放大器的反相输入端。电路引入了电压并联负反馈。

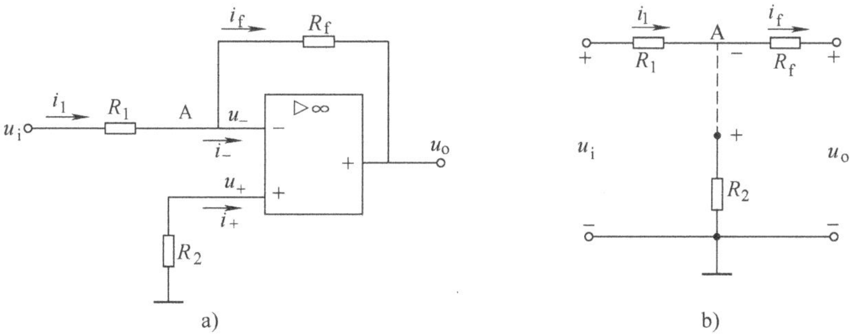

图4-24　反相输入比例运算电路

a）电路图　b）反相理想运算放大器的“虚短”分析

利用理想运算放大器的“虚短”特性(见图4-24b)，可知

$$i_1 = i_f$$

又因为

$$i_1 = \frac{u_i}{R_1},\ i_f = \frac{0 - u_o}{R_f} = -\frac{u_o}{R_f}$$

所以

$$\frac{u_i}{R_1} = -\frac{u_o}{R_f}$$

即

$$A_{uf} = -\frac{R_f}{R_1}$$

或

$$u_o = -\frac{R_f}{R_1}u_i \tag{4-8}$$

输出电压与输入电压成比例关系，且相位相反。此外，由于反相端和同相端的对地电压都接近于零，所以集成运算放大器输入端的共模输入电压极小，这就是反相输入比例运算电路的特点。当 $R_1 = R_f = R$ 时，$u_o = -\frac{R_f}{R_1}u_i = -u_i$，输入电压与输出电压大小相等，相位相反，该电路称为反相器。由于反相输入比例运算电路引入的是深度电压并联负反馈，所以，输入电阻为 $r_{if} = R_1 + \frac{r_{id}}{1+AF} \approx R_1$，输出电阻为 $r_{of} = \frac{r_{od}}{1+AF} \approx 0$。

2）同相输入比例运算电路。在图4-25a 中，输入信号 u_i 经过外接电阻 R_2 接到集成运算放大器的同相端，反馈电阻接到其反相端，构成电压串联负反馈。

利用理想运算放大器的“虚短”特性（见图4-25b），可知

$$u_+ = u_i,\ u_i \approx u_- = u_o \frac{R_1}{R_1 + R_f}$$

所以

$$A_{uf} = \frac{u_o}{u_i} = 1 + \frac{R_f}{R_1}$$

或

$$u_o = \left(1 + \frac{R_f}{R_1}\right)u_i \tag{4-9}$$

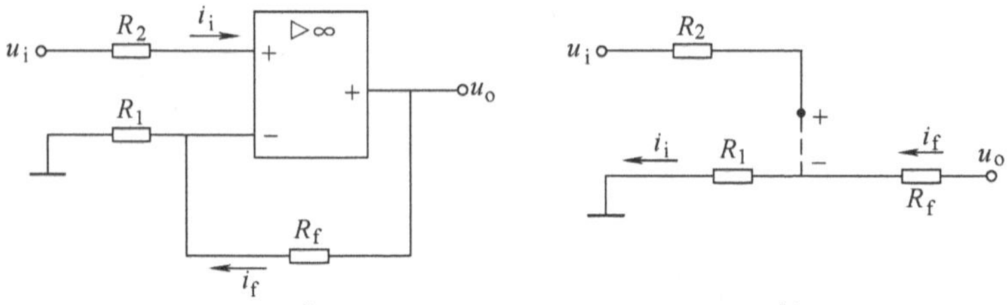

a)　　　　b)

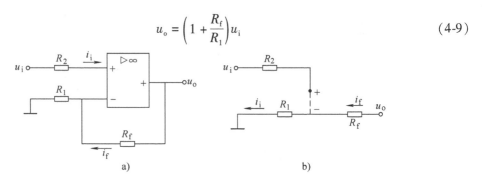

图4-25　同相输入比例运算电路

a）电路图　b）同相理想运算放大器的“虚短”

当 $R_f = 0$ 或 $R_1 \to \infty$ 时，$u_o = \left(1 + \frac{R_f}{R_1}\right)u_i = u_i$，即输出电压与输入电压大小相等，相位相同，该电路称为电压跟随器，如图4-26 所示。

由于同相输入比例运算电路引入的是深度电压串联负反馈，所以，输入电阻为 $r_{if} = (1+AF)r_{id} \to \infty$，输出电阻为 $r_{of} = \frac{r_{od}}{1+AF} \approx 0$。

电压跟随器是同相输入比例运算放大电路的一个特例。它具有与射极输出器相似的性质，其输入电阻可高达 $10^{11}\Omega$，输出电阻几乎为零，跟随作用也比射极跟随器的好很多，u_o

和 u_i 只相差几十微伏。

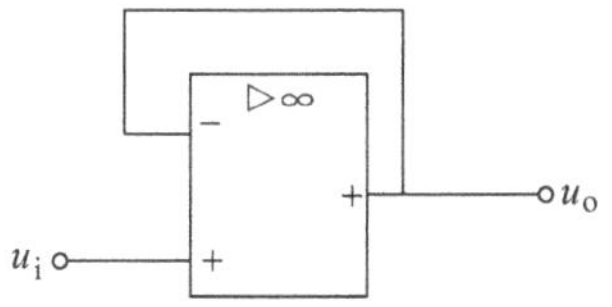

图 4-26　电压跟随器

(2) 加法运算　图 4-27 所示为反相加法电路。其中

$$i_f = i_i$$

$$i_i = i_1 + i_2 + \cdots + i_n$$

再根据“虚地”的概念，可得

$$i_1 = \frac{u_{i1}}{R_1},\ i_2 = \frac{u_{i2}}{R_2},\ \cdots,\ i_n = \frac{u_{in}}{R_n}$$

则

$$u_o = -R_1 i_f = -R_f\left(\frac{u_{i1}}{R_1} + \frac{u_{i2}}{R_2} + \cdots + \frac{u_{in}}{R_n}\right) \tag{4-10}$$

即实现了各信号按比例进行加法运算。

如取 $R_1 = R_2 = \cdots = R_n = R_f$，则 $u_o = -(u_{i1} + u_{i2} + \cdots + u_{in})$，实现了各输入信号的反相相加。

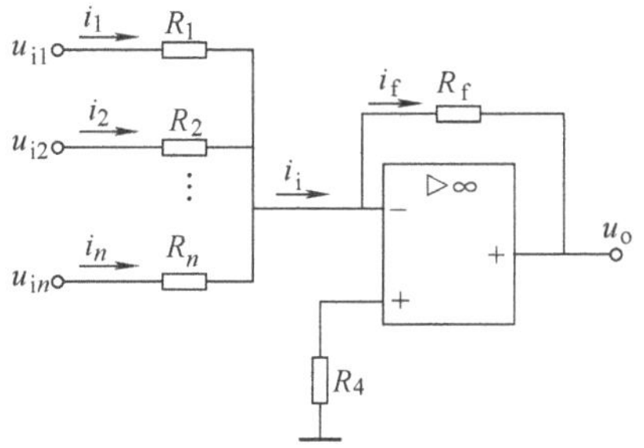

图 4-27　反相加法电路

(3) 减法运算　减法运算电路如图 4-28a 所示，其电路参数对称。运算放大器的同相输入端和反相输入端各有一个输入信号，属于有多个输入信号的运算电路。求解这种电路常用的方法是叠加法。

根据叠加定理，首先令 $u_{i1} = 0$，当 u_{i2} 单独作用时，电路成为反相比例运算电路，如图 4-28b 所示，其输出电压为

$$u_{o1} = -\frac{R_f}{R_1}u_{i2}$$

再令 $u_{i2} = 0$，当 u_{i1} 单独作用时，电路成为同相比例运算电路，如图 4-28c 所示，同相端电压为

$$u_+ = \frac{R_3}{R_2 + R_3}u_{i1}$$

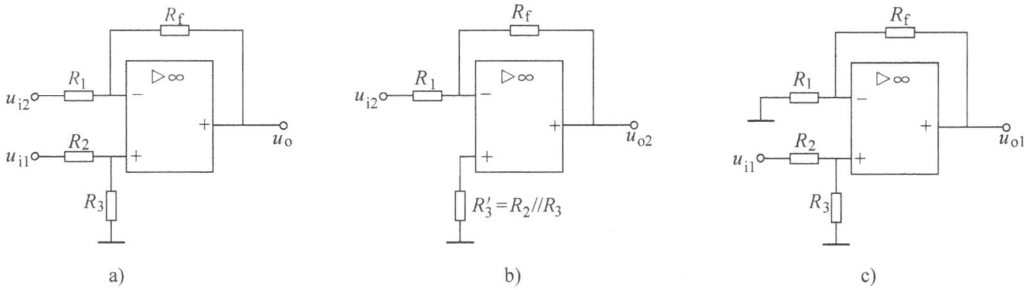

图 4-28　减法电路及单输入信号时的简化电路

a) 减法运算电路　b) 反相比例运算电路　c) 同相比例运算电路

其输出电压为

$$u_{o2} = \left(1 + \frac{R_f}{R_1}\right)\left(\frac{R_3}{R_2 + R_3}\right)u_{i1}$$

可得

$$u_o = u_{o1} + u_{o2} = -\frac{R_f}{R_1}u_{i2} + \left(1+\frac{R_f}{R_1}\right)u_+ = \left(1+\frac{R_f}{R_1}\right)\left(\frac{R_3}{R_2+R_3}\right)u_{i1} - \frac{R_f}{R_1}u_{i2} \tag{4-11}$$

当 $R_1=R_2=R_3=R_f=R$ 时，$u_o=u_{i1}-u_{i2}$。在理想情况下，它的输出电压等于两个输入信号电压之差，具有很好的抑制共模信号的能力。但是，该电路作为差动放大器，有输入电阻低和增益调节困难两大缺点。因此，为了满足输入阻抗和增益可调的要求，在工程上常采用多级运算放大器组成的差动放大器来完成对差模信号的放大。

例 4-4 图 4-29 所示是一个由三级集成运算放大器组成的仪用放大器，试分析该电路的输出电压与输入电压的关系。

由于电路采用同相输入结构，故具有很高的输入电阻。利用虚短特性可得，可调电阻 R_1 上的电压降为 $u_{i1}-u_{i2}$，鉴于理想运算放大器的“虚断”特性，流过 R_1 上的电流 $(u_{i1}-u_{i2})/R_1$ 就是流过电阻 R_2 的电流，这样

$$\frac{u_{o1}-u_{o2}}{R_1+2R_2} = \frac{u_{i1}-u_{i2}}{R_1}$$

故得

$$u_{o1}-u_{o2} = \left(1+\frac{2R_2}{R_1}\right)(u_{i1}-u_{i2})$$

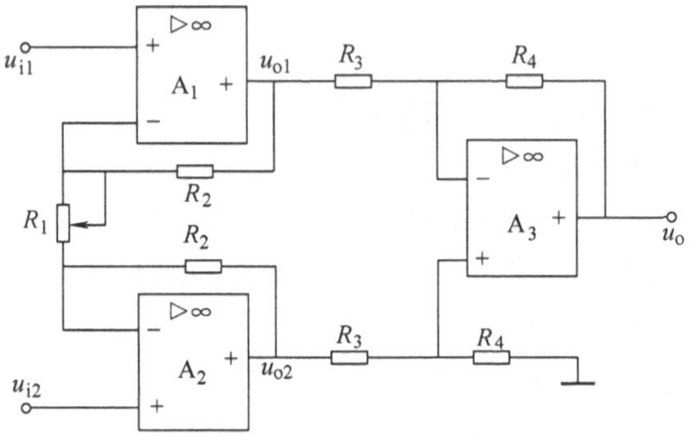

图 4-29 仪用放大器

A_3 组成的差动放大器与图 4-28a 完全相同，所以电路的输出电压为

$$u_o = -\frac{R_4}{R_3}\left(1+\frac{2R_2}{R_1}\right)(u_{i1}-u_{i2})$$

(4) 微积分运算

1) 积分运算。图 4-30a 所示为积分运算电路。

$$u_o = -\frac{1}{C}\int i_C \mathrm{d}t = -\frac{1}{C}\int \frac{u_i}{R}\mathrm{d}t = -\frac{1}{RC}\int u_C \mathrm{d}t \tag{4-12}$$

式(4-12)表明，输出电压为输入电压对时间的积分，且相位相反。

积分电路的波形变换如图 4-30b 所示，可将矩形波变成三角波输出。积分电路在自动控制系统中用以延缓过渡过程的冲击，使被控制的电动机外加电压缓慢上升，避免其机械转矩猛增造成传动机械的损坏。积分电路还常用作显示器的扫描电路以及模/数转换器、数学模拟运算等。

2) 微分运算。将积分电路中的 R 和 C 互换，就可得到微分运算电路，如图 4-31a 所示。在这个电路中，A 点同

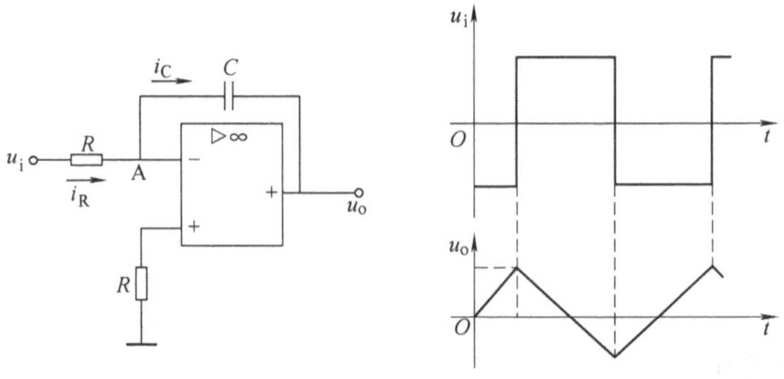

a) b)

图 4-30 积分运算

a) 积分运算电路 b) 积分电路的波形变换

样为“虚地”，即 $u_A \approx 0$。再根据“虚断”的概念，$i_- \approx 0$，则 $i_R \approx i_C$。假设电容 C 的初始电压为零，那么

$$i_C = C\frac{\mathrm{d}u_i}{\mathrm{d}t}$$

则输出电压

$$u_o = -i_R R = -RC\frac{\mathrm{d}u_i}{\mathrm{d}t}$$

由此表明，输出电压为输入电压对时间的微分，且相位相反。

微分电路的波形变换如图 4-31b 所示，可将矩形波变成尖脉冲输出。微分电路在自动控制系统中可用作加速环节，例如电动机出现短路故障时，起加速保护作用，能迅速降低其供电电压。

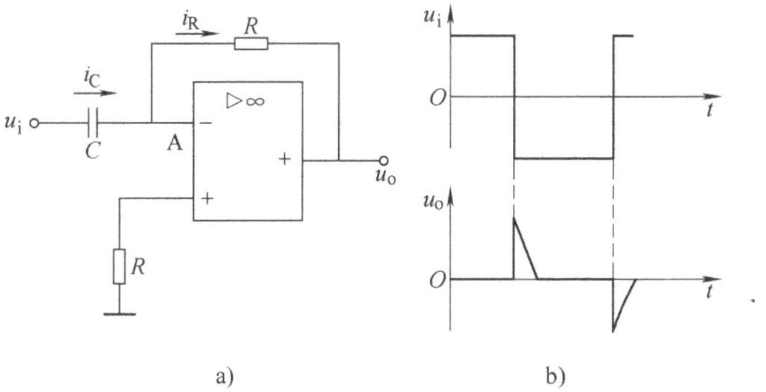

图 4-31　微分运算

a）微分运算电路　b）微分电路的波形变换

3. 滤波电路

（1）滤波电路的分类及幅频特性　所谓滤波，就是保留信号中所需频段的信号，抑制其他频段信号的过程。

根据输出信号中所保留的频率段的不同，可将滤波分为低通滤波、高通滤波、带通滤波、带阻滤波四类。它们的幅频特性如图 4-32 所示，被保留的频率段称为“通带”，被抑制的频率段称为“阻带”。A_u 为各频率的增益，A_{um}为通带的最大增益。

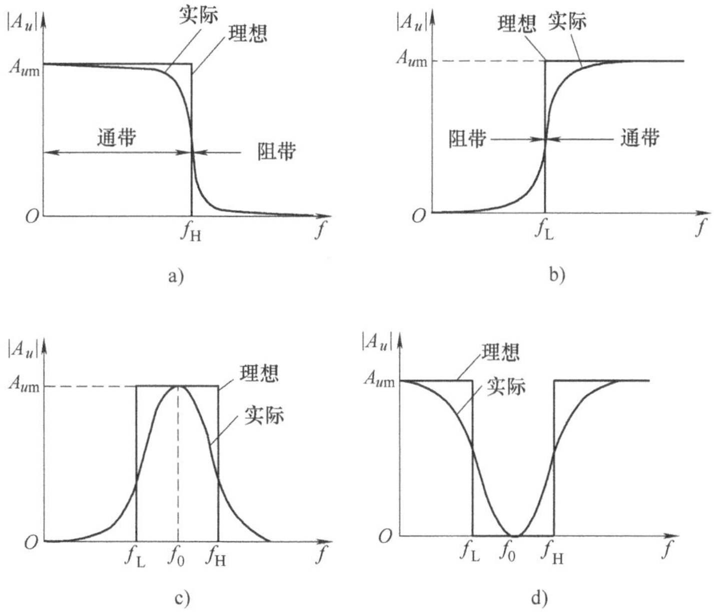

图 4-32　滤波电路的幅频特性

a）低通滤波　b）高通滤波　c）带通滤波　d）带阻滤波

滤波电路的理想特性是：

1）通带范围内信号无衰减地通过，阻带范围内无信号输出。

2）通带与阻带之间的过渡带为零。

（2）无源滤波电路　图 4-33 所示的 R、C 网络为无源滤波电路。

①由于 R 及 C 上有信号压降，使输出信号幅值下降。

②带负载能力差，当负载变化时，输出信号的幅值将随之改变，滤波特性也随之变化。

③过渡带较宽，幅频特性不理想。

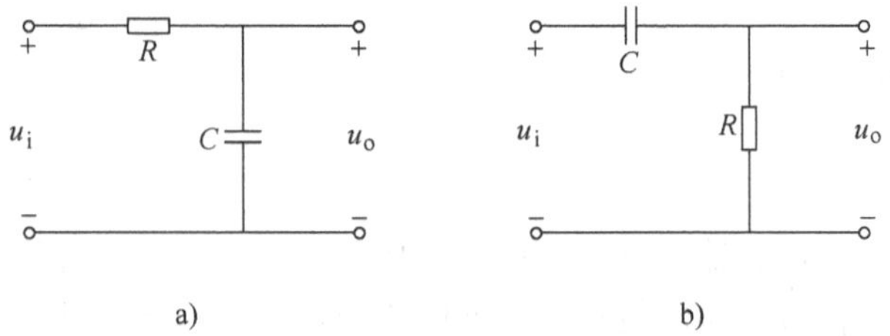

图 4-33　无源滤波电路

a）R、C 网络为无源低通滤波电路

b）C、R 网络为无源高通滤波电路

（3）有源滤波电路　为了克服无源滤波电路的缺点，可将 RC 无源滤波电路接到集成运算放大器的同相输入端。因为集成运算放大器为有源器件，故称这种电路为有源滤波电路。

1）有源低通滤波电路。图 4-34a 为一阶有源低通滤波电路。图 4-34b 为二阶有源低通滤波电路。

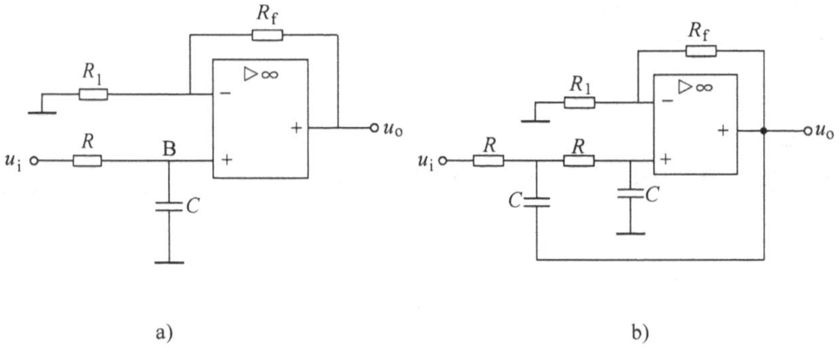

图 4-34　有源低通滤波电路

a）一阶　b）二阶

RC 为无源低通滤波器，运算放大器接成同相比例放大组态，对输入信号中的各频率分量，均有如下关系：

$$u_o = A_{ud}u_B = \left(1 + \frac{R_f}{R_1}\right)u_B = \left(1 + \frac{R_f}{R_1}\right)\frac{\frac{1}{j\omega C}}{R + \frac{1}{j\omega C}}u_i = \left(1 + \frac{R_f}{R_1}\right)\frac{1}{1 + j\omega RC}u_i \tag{4-13}$$

由式(4-13)可看出，输入信号频率越高，相应的输出信号越小，而低频信号则可得到有效地放大，故称为低通滤波器。

令
$$\omega_o = \frac{1}{RC}，则$$

$$\frac{u_o}{u_i} = \left(1 + \frac{R_f}{R_1}\right)\frac{1}{1 + j(\omega/\omega_o)}$$

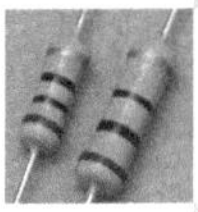

当 $\omega=\omega_0$ 时，$|A_u|=0.707(1+R_f/R_1)$，其中 $(1+R_f/R_1)$ 是此电路的最大增益 A_{um}。

2）有源高通滤波电路。将图 4-34a 中 R 和 C 的位置调换，就成为有源高通滤波电路，如图 4-35 所示。在图中，滤波电容接在集成运算放大器输入端，它将阻隔、衰减低频信号，而让高频信号顺利通过。

同低通滤波电路的分析类似，可以得出有源高通滤波电路的下限截止频率为 $f_0=1/(2\pi RC)$，对于低于截止频率的低频信号，$|A_u|<0.707|A_{um}|$。

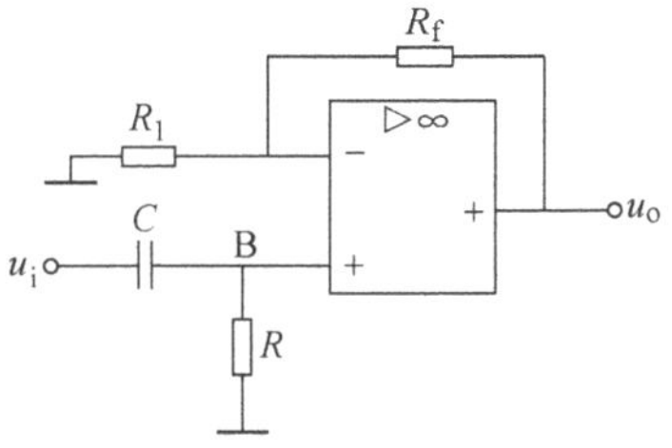

图 4-35　有源高通滤波电路

4. 电压比较器

电压比较器是对输入信号进行鉴别和比较的电路，与运算电路一样，它也是集成运算放大器的应用之一，是构成集成运算放大器复杂电路的基本单元电路，广泛应用于测量、控制、波形发生等方面。

电压比较器的基本功能是比较两个或多个模拟量的大小，并由输出端的高、低电平来表示比较结果。电压比较器是集成运算放大器非线性应用的典型电路，它可分为单门限电压比较器和滞回电压比较器两类。

电压比较器输出电压 u_o 与输入电压 u_i 的函数关系 $u_o=f(u_i)$ 一般用曲线描述，称为电压传输特性。u_o 与 u_i 不成线性关系，u_i 为模拟信号，而 u_o 不是高电平就是低电平，只有两种可能的情况。

（1）单门限电压比较器　由于输出电压只有高、低电平两种状态，因而要求电压比较器中的集成运算放大器工作在非线性区，所以电路不是工作在开路状态，就是引入了正反馈。

反相输入电压比较器的基本电路如图 4-36a 所示，其传输特性如图 4-36b 所示。

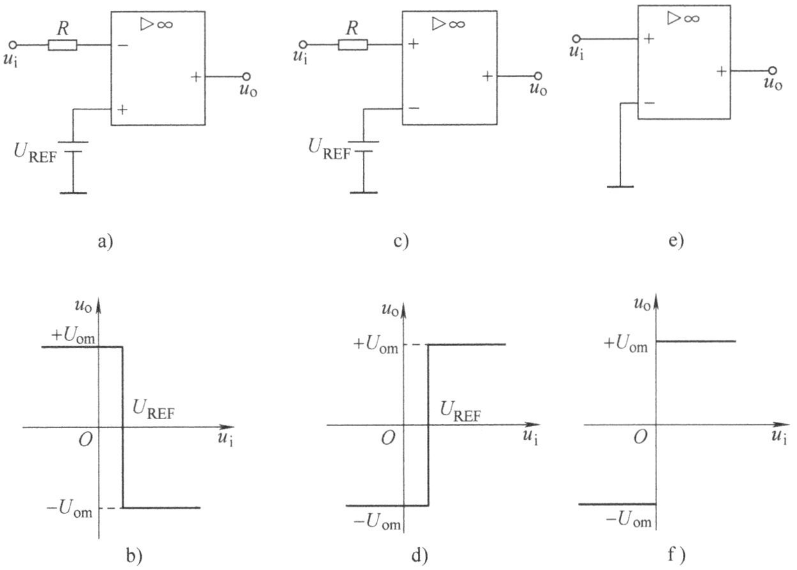

图 4-36　单门限电压比较器

a）反相输入电压比较器　b）a 对应的传输特性　c）同相输入电压比较器
d）c 对应的传输特性　e）不带基准电压的电压比较器　f）e 对应的传输特性

若希望当 $u_i > U_{REF}$ 时，$u_o = +U_{om}$，只需将 u_i 与 U_{REF} 调换即可，即成为同相输入电压比较器。如图 4-36c 所示，其传输特性如图 4-36d 所示。不带基准电压的电压比较器如图 4-36e 所示，其传输特性如图 4-36f 所示。

（2）滞回电压比较器　单门限电压比较器的状态翻转时的门限电压是某一个固定值。在实际应用时，如果实际测得的信号存在外界干扰，即在正弦波上叠加了高频干扰，过零电压比较器就容易出现多次误翻转，如图 4-37 所示。

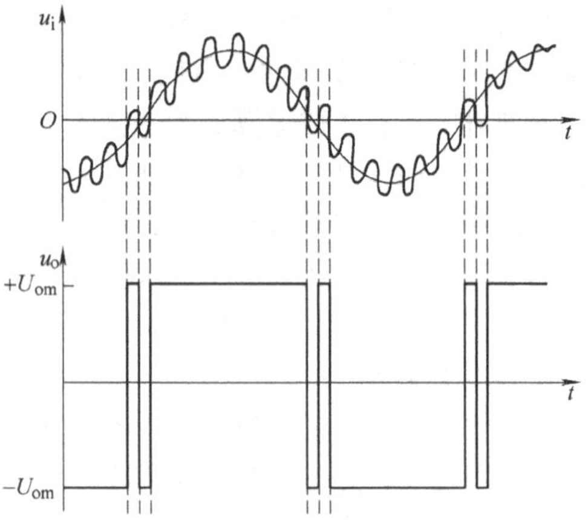

图 4-37　外界干扰的影响

采用滞回电压比较器能够解决这一问题。滞回电压比较器的电路图如图 4-38a 所示。

1）电路特点。当输出为正向饱和电压 $+U_{om}$ 时，将集成运算放大器的同相端电压称为上门限电平，用 U_{TH1} 表示，则有

$$U_{TH1} = u_+ = U_{REF}\frac{R_f}{R_f + R_2} + U_{om}\frac{R_2}{R_2 + R_f} \tag{4-14}$$

当输出为负向饱和电压 $-U_{om}$ 时，将集成运算放大器的同相端电压称为下门限电平，用 U_{TH2} 表示，则有

$$U_{TH2} = u_+ = U_{REF}\frac{R_f}{R_f + R_2} - U_{om}\frac{R_2}{R_2 + R_f} \tag{4-15}$$

通过式(4-14)和式(4-15)可以看出，上门限电平 U_{TH1} 的值比下门限电平 U_{TH2} 的值大。

2）传输特性和回差电压 ΔU_{TH}。滞回电压比较器的传输特性如图 4-36b 所示。上门限电平 U_{TH1} 与下门限电平 U_{TH2} 之差称为回差电压，即

$$\Delta U_{TH} = U_{TH1} - U_{TH2} = 2U_{om}\frac{R_2}{R_2 + R_f}$$

回差电压的存在，大大提高了电路的抗干扰能力。只要干扰信号的峰值小于半个回差电压，比较器就不会因为干扰而误动作。

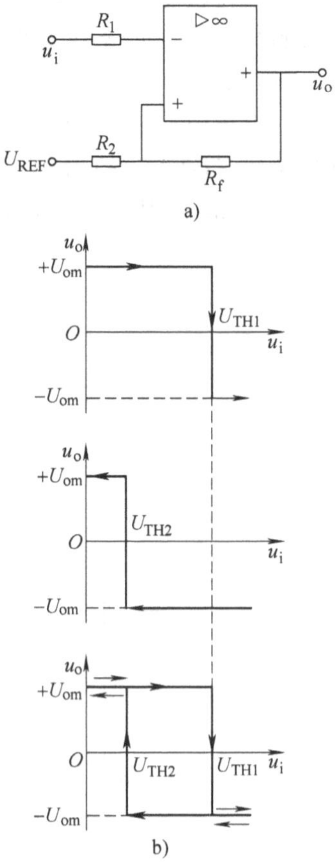

图 4-38　滞回电压比较器
a）滞回电压比较器电路图
b）滞回电压比较器的传输特性

5. 集成运算放大器的使用常识

集成运算放大器的用途广泛，在使用前必须进行测试，使用中要注意其电参数和极限参数应符合电路要求，同时还应注意以下问题。

（1）集成运算放大器的输出调零　为了提高集成运算放大器的精度，消除因失调电压和失调电流引起的误差，需要对集成运算放大器进行调零。实际的调零方法有两种：一种是静态调零法，即将两个输入端接地，调节调零电位器使输出为零；一种是动态调零法，即加入信号前将示波器的扫描线调到荧光

屏的中心位置，加入信号后扫描线的位置发生偏离，调节集成运算放大器的调零电路，使波形回到对称于荧光屏中心的位置即可。

集成运算放大器的调零电路有两类：一类是内调零电路，设有外接调零电路，按说明书连接即可，例如常用的 μA741 调零电路如图 4-39 所示，其中电位器 RP 可选择 10kΩ 的电位器；另一类是外调零，即集成运算放大器没有外接调零电路的引线端，可以在集成运算放大器的输入端加一个补偿电压，以抵消集成运算放大器本身的失调电压，达到调零的目的。常用的外调零电路如图 4-40 所示。

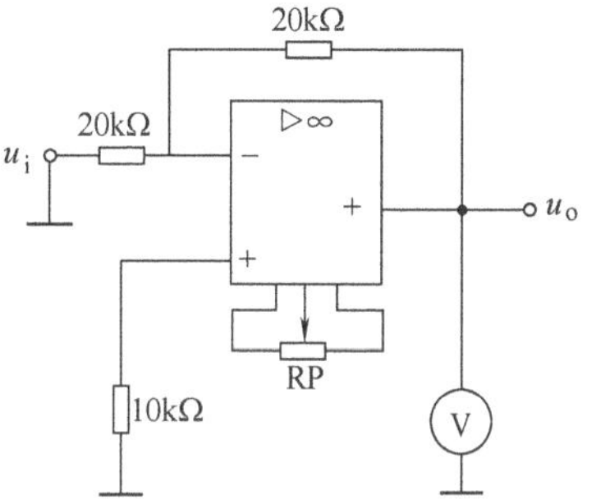

图 4-39　μA741 调零电路

（2）单电源供电时的偏置问题　双电源集成运算放大器单电源供电时，该集成运算放大器内部各点对地的电压都将相应提高，因而输入为零时，输出不再为零，这是无法通过调零电路解决的。为了使双电源集成运算放大器在单电源供电时能正常工作，必须将输入端的电位提升，如图 4-41、图 4-42 所示，其中图 4-41 适用于反相输入交流放大，图 4-42 适用于同相输入交流放大。

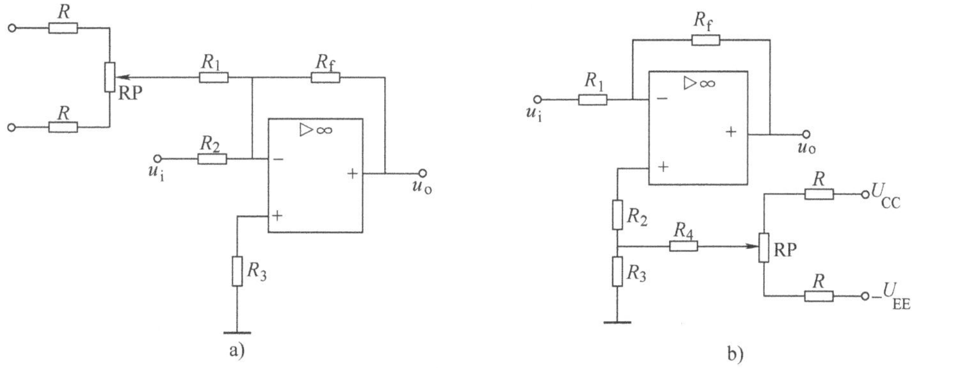

图 4-40　外调零电路

a）外调零电路图 1　b）外调零电路图 2

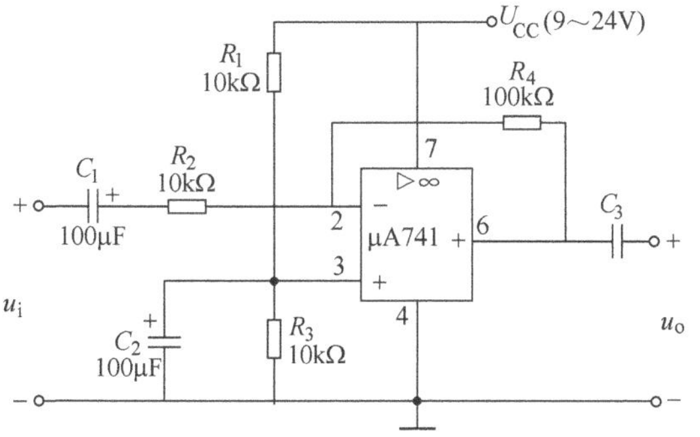

图 4-41　单电源反相输入交流放大电路

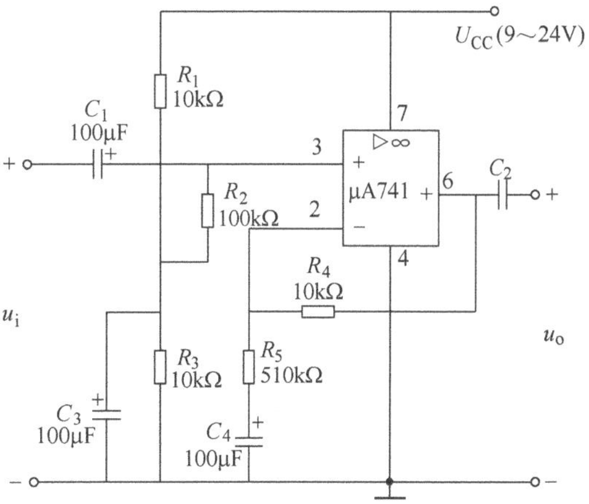

图 4-42　单电源同相输入交流放大电路

（3）集成运算放大器的保护　集成运算放大器的保护包括输入端保护、输出端保护和电源保护三方面。

1）输入端保护。当输入端所加的电压过高时会损坏集成运算放大器，为此，可在输入端加入两个反向并联的二极管，如图 4-43 所示，这样可将输入电压限制在二极管的正向压降以内。

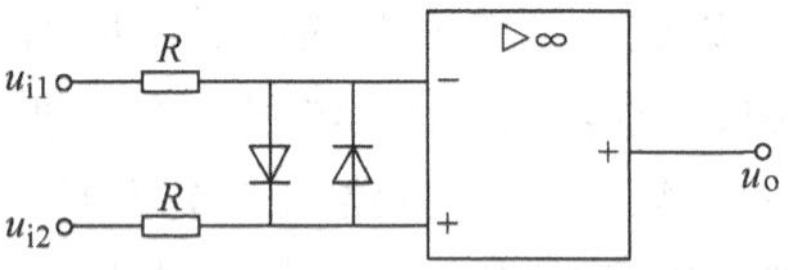

图 4-43　输入端保护

2）输出端保护。为了防止输出电压过大，可利用稳压管进行保护，如图 4-44 所示，将两个稳压管反向串联，就可将输出电压限制在稳压管的稳压值 U_Z 范围内。

3）电源保护。为了防止正、负电源接反，可利用二极管进行保护：若电源接错，二极管反向截止，集成运算放大器上无电压，如图 4-45 所示。

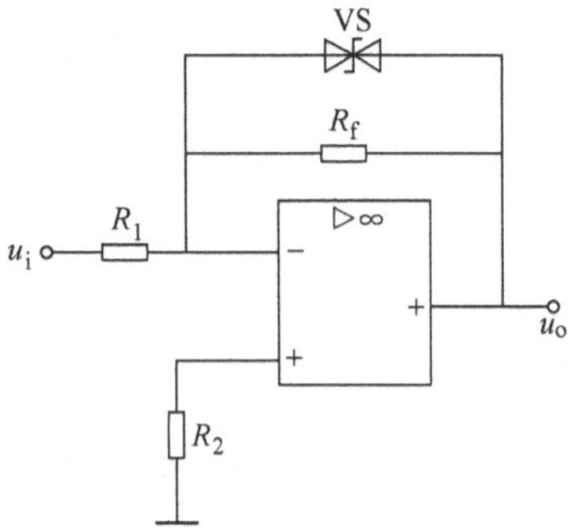

图 4-44　输出端保护

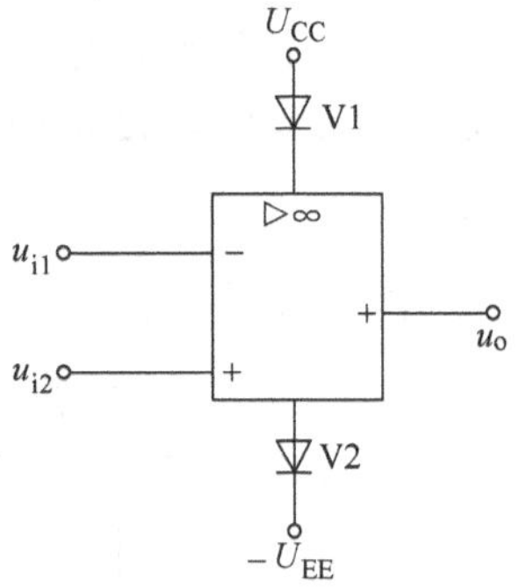

图 4-45　电源保护

（4）相位补偿　集成运算放大器在实际使用中遇到的最棘手的问题就是自激。要消除自激，通常需要破坏自激形成的相位条件，即进行相位补偿，如图 4-46 所示。其中，图 4-46a 是输入分布电容和反馈电阻过大（ >1MΩ）引起自激的补偿方法，图 4-46b 中所接的 *RC* 为输入端补偿法，常用于高速集成运算放大器。

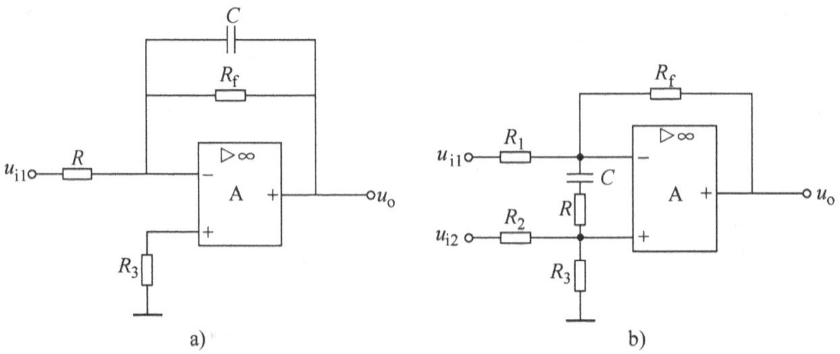

图 4-46　相位补偿

a）自激的补偿方法　b）*RC* 为输入端补偿法

4.4 任务分析

一、电路构成

电饭煲温度控制器电路图如图 4-47 所示。作为温度传感器的 NTC 热敏电阻器 R_t 的电阻值随着温度的升高而减小，它和 R_1、R_2 及 RP_1 等组成感温电桥。改变运算放大器 IC 的 3 脚电位可改变控制温度。单向晶闸管 V1 用作两个温控过程的转换器件。双向晶闸管 V2 作为加热盘的开关。

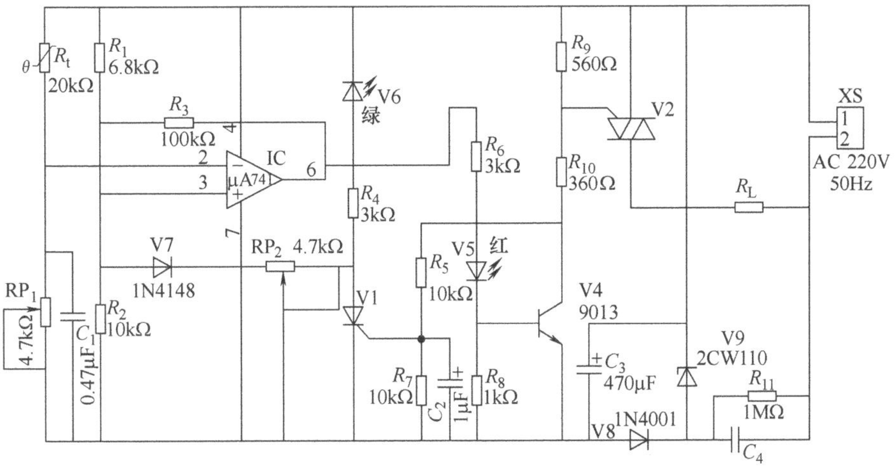

图 4-47 电饭煲温度控制器电路图

二、工作原理

放好米和水后，接上电源，因锅内温度较低，安装在锅底的热敏电阻器 R_t 电阻值较大，IC 的 2 脚电位低于 3 脚电位，其 6 脚输出高电平，V4 导通，使 V2 触发导通，加热盘通电升温。同时 V5 发光以指示加热，由于此时 V4 集电极为低电平，故 V1 截止，其阳极为高电平，使 RP_2 对电桥参数没有影响。饭煮熟后，锅内水被煮干，锅底温度开始高于 100℃，R_t 电阻值进一步减小。当温度达到 103℃时，IC 的 2 脚电位高于 3 脚电位，6 脚输出低电平，V4 截止，使 V2 截止，加热盘断电停止加热。此时 V4 的集电极为高电平，V1 被触发导通并自锁，通过 RP_2 使 IC 的 3 脚电位降低，从而使控制温度预设值降低，电饭煲进入保温阶段，这时 V6 发光以指示保温。

停止加热后，温度下降，当温度低于 65℃时，IC 的 2 脚电位低于 3 脚电位，6 脚为高电平，加热盘通电加热；当温度高于 70℃时，IC 的 2 脚电位高于 3 脚电位，6 脚为低电平，加热盘断电停止加热。重复上述过程，即可将温度控制在 65 ~ 70℃。为避免加热盘开/停过于频繁，电路中增加了 R_3 作为正反馈，使 IC 的 3 脚电位变化缓慢，从而使控制温度有一定的变化范围。R_3 的阻值越小，温度变化范围越大。

三、元器件清单

电饭煲温控器的元器件清单见表4-1。

表4-1 电饭煲温控器的元器件清单

序号	元器件及编号	名称、规格描述	数量	备注
1	R_1	碳膜电阻器6.8kΩ	1	
2	R_2，R_5，R_7	碳膜电阻器10kΩ	3	
3	R_3	碳膜电阻器100kΩ	1	
4	R_4，R_6	碳膜电阻器3kΩ	2	
5	R_8	碳膜电阻器1kΩ	1	
6	R_9	碳膜电阻器0.56kΩ	1	
7	R_{10}	碳膜电阻器0.36kΩ	1	
8	R_{11}	碳膜电阻器1MΩ，12V	1	
9	R_t	热敏电阻器20kΩ	1	NTC最高工作温度应大于110℃ MF12、MF52等型号
10	RP_1，RP_2	可调电阻器4.7kΩ	2	
11	C_1	电容器0.47μF	1	
12	C_2	电容器1μF	1	
13	C_3	电容器470μF，16V	1	
14	C_4	电容器1.5V，AC 250V	1	
15	V7	二极管1N4148	1	
16	V6	发光二极管（绿光）	1	
17	V5	发光二极管（红光）	1	
18	V8	二极管1N4001	1	
19	V9	2CW110	1	
20	V4	晶体管9013	1	
21	V1	单向晶闸管	1	触发电流小于1mA 维持电流小于3mA
22	V2	双向晶闸管6V/400V	1	负触发电流应小于30mA
23	XS	插座AC 220V，50Hz	1	
24	IC	通用集成运算放大器μA741	1	
25	R_L	阻感负载	1	调节双向晶闸管的电流

4.5 任务实施

一、电路装配准备

1. 制作工具与仪器设备

1）电路焊接工具：电烙铁（25～35W）、烙铁架、焊锡丝、松香。

2)加工工具：尖嘴钳、偏口钳、一字形螺钉旋具、镊子。

3)测试仪器仪表：万用表。

2. 电路装配电路板设计

(1)电路装配电路板　电路装配电路板如图4-48所示。

(2)电路装配电路板设计说明　本装配电路板采用Protel 99 SE软件绘制，图4-48是从元件面向下看的透明装配电路板图，在装配时应注意各个元器件的方向，不能反接。

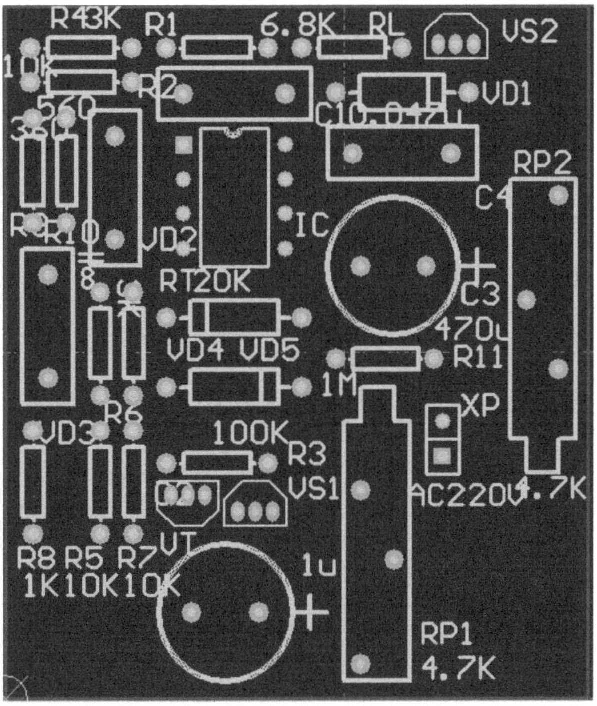

图4-48　电路装配电路板

二、制作与调试

1）按照图4-48所示的电路装配电路板进行安装。

2）调试。

a. 电路安装完毕后，对照电路图和装配图，仔细检查电路是否安装正确以及导线、焊点是否符合要求，检查指示灯是否能正常工作。

b. 电饭煲温控器一般都是机械式的，不能用万用表测量，温控器上面有个微调螺钉，调整螺钉就可以了。电饭煲里面还有一个温度保护器，可用万用表测量其好坏，若发现故障，应仔细查找原因，并排除故障点。

3）运行。

4.6　评分标准

本项任务的评分标准见表4-2。

表4-2　评分标准

项　　目	配分	考核要求	扣分标准	扣分记录	得分
电路分析	40	能正确分析电路的工作原理	每处错误扣5分		
印制电路板的设计制作	8	1. 能手工或用Protel设计印制电路板 2. 能正确制作电路板	1. 印制电路板设计不规范，扣3分 2. 不能正确制作电路板，每一错误步骤扣2分		

（续）

项　目	配分	考核要求	扣分标准	扣分记录	得分
电路连接	12	1. 能正确测量元器件 2. 工具使用正确 3. 元器件的位置正确，引脚成形、焊点符合要求，连线正确	1. 不能正确测量元器件，不能正确使用工具，每处扣2分 2. 错装、漏装，每处扣2分 3. 引脚成形不规范，焊点不符合要求，每处扣2分 4. 损坏元器件，连线错误，每处扣2分		
电路调试	10	1. 能使电饭煲按照煮饭的过程进行工作 2. 灵敏度能调节	1. 若功能失常，扣8分 2. 灵敏度不能调节，扣2分		
故障分析	10	1. 能正确观察出故障现象 2. 能正确分析故障原因，判断故障范围	1. 故障现象观察错误，每次扣2分 2. 故障原因分析错误，每次扣2分 3. 故障范围判断过大，每次扣1分		
故障检修	10	1. 检修思路清晰，方法运用得当 2. 检修结果正确 3. 正确使用仪表	1. 检修思路不清、方法不当，每次扣2分 2. 检修结果错误，扣5分 3. 使用仪表错误，每次扣2分		
安全文明工作	10	1. 安全用电，无人为损坏仪器、元器件和设备 2. 保持环境整洁，秩序井然，操作习惯良好 3. 小组成员协作和谐，态度正确 4. 不迟到、早退、旷课	1. 发生安全事故，扣10分 2. 人为损坏设备、元器件，扣10分 3. 现场不整洁、工作不文明、团队不协作，扣5分 4. 不遵守考勤制度，每次扣2～5分		
总分					

4.7　项目小结

本项目主要是制作温控器，通过本项目学生学习负反馈、集成运放、电饭煲温控器的工作原理和分析方法，在制作过程中，培养学生实用电子电路的设计能力的同时也培养学生的职业素养，考核部分对学生的实际操作给出客观的评价，学生还在项目中学到电路的调试、故障分析和检修能力。

项目5　正弦波信号发生器的分析与制作

5.1　任务描述

正弦波信号在许多电子电路的测量和调试中都有着广泛的应用，它由正弦波振荡电路产生。正弦波振荡电路主要由基本放大电路、反馈网络、选频网络和稳幅环节等部分组成。而产生的正弦波频率主要取决于选频网络的参数。低频正弦波信号发生器的振荡电路一般选用由分立元器件及集成运算放大器等组成的 *RC* 桥式振荡器。

本任务通过制作一个如图 5-1 所示的频率分段可调的正弦波振荡器，加深同学对正弦波振荡电路工作原理的理解，进一步掌握正弦波振荡电路的安装、调试和检测方法。

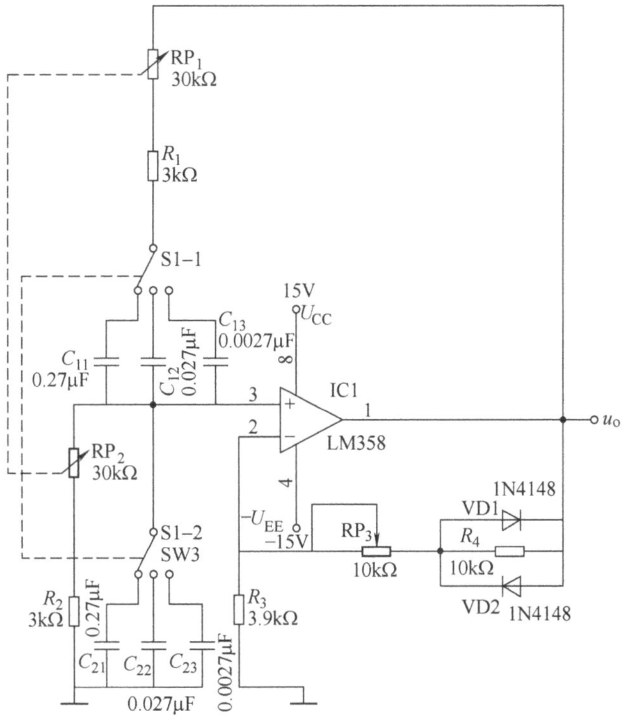

图 5-1　频率分段可调的正弦波振荡器电路

5.2 任务目标

知识目标	1. 掌握正弦波振荡电路的组成及产生正弦波振荡的基本条件 2. 掌握 *RC* 和 *LC* 正弦波振荡电路的工作原理
技能目标	1. 学会集成运算放大器的资料查阅、识别和选取方法 2. 能独立完成正弦波信号发生器电路的安装与调试 3. 能正确使用万用表、毫伏表和示波器
职业素养	1. 具有良好的沟通能力、团队协作精神及职业道德 2. 质量、成本、安全及环保的意识

5.3 任务资讯

正弦波振荡电路

正弦波振荡电路能输出正弦波，它是在放大电路的基础上加上正反馈而形成的，是各类波形发生器和信号源的核心电路。正弦波振荡电路也称为正弦波发生电路或正弦波振荡器。

一、正弦波产生条件

1. 正弦波振荡电路

为了产生正弦波，必须在放大电路里加入正反馈，因此放大电路和正反馈网络是振荡电路的最主要部分。但是，这两部分构成的振荡器一般得不到正弦波，因为一般很难控制正反馈的量。

如果正反馈量大，则增幅，输出幅度越来越大，最后因晶体管的非线性限幅，必然使电路产生非线性失真。反之，如果正反馈量不足，则减幅，甚至可能停振。为此振荡电路要有一个稳幅电路。

为了获得单一频率的正弦波输出，振荡电路还要有选频网络。选频网络往往和正反馈网络或放大电路合而为一。选频网络由 *R*、*C* 和 *L*、*C* 等元件组成。正弦波振荡器的名称一般由选频网络来命名。因此，正弦波振荡电路由放大电路、正反馈网络、选频网络、稳幅电路组成。

2. 振荡平衡条件

产生正弦波的条件与负反馈放大电路产生自激的条件类似。只不过负反馈放大电路中由于信号频率达到了通频带的两端，产生了足够的附加相移，从而使负反馈变成了正反馈。在振荡电路中加的就是正反馈，振荡建立后只是一种频率的信号，无所谓附加相移。

比较图 5-2a、b 可以明显地看出负反馈放大电路和正反馈振荡电路的区别。正反馈一般表达式的分母项变成负号，而且振荡电路的输入信号 $\dot{X}_i=0$，所以 $\dot{X}_i'=\dot{X}_f$。

正反馈一般表达式：$\dot{A}_f=\dfrac{\dot{A}}{1-\dot{A}\dot{F}}$

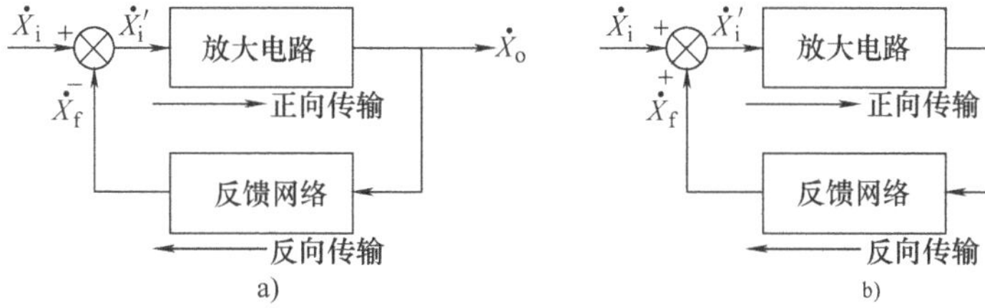

图 5-2　负反馈放大电路和正反馈振荡电路框图比较

a）负反馈放大电路　b）正反馈振荡电路

振荡条件：$\dot{A}\dot{F}=1$

包括振幅平衡条件$|\dot{A}\dot{F}|=1$和相位平衡条件$\varphi_{AF}=\varphi_A+\varphi_F=\pm 2n\pi$。

3. 起振条件和稳幅原理

振荡器在刚刚起振时，为了克服电路中的损耗，需要正反馈强一些，即要求$|\dot{A}\dot{F}|>1$。既然$|\dot{A}\dot{F}|>1$，起振后就要产生增幅振荡，需要靠晶体管的非线性特性去限制幅度的增加，这样电路必然产生失真。这就要靠选频网络选出失真波形的基波分量作为输出信号，以获得正弦波输出。也可以在反馈网络中加入非线性稳幅环节，用以调节放大电路的增益，从而达到稳幅的目的。下面以具体的振荡电路为例进行介绍。

二、RC 正弦波振荡电路

1. RC 串并联构成的正弦波振荡电路

如图 5-3 所示，RC 串联臂的阻抗用 Z_1 表示，RC 并联臂的阻抗用 Z_2 表示。其频率响应如下：

$$Z_1=R_1+1/(j\omega C_1)$$

$$Z_2=R_2 /\!/ 1/(j\omega C_2)=\frac{R_2}{1+j\omega R_2C_2}$$

$$\dot{F}=\frac{\dot{U}_f}{\dot{U}_o}=\frac{Z_2}{Z_1+Z_2}=\frac{R_2/(1+j\omega R_2C_2)}{R_1+1/(j\omega C_1)+R_2/(1+j\omega R_2C_2)}$$

$$=\frac{1}{\left(1+\frac{R_1}{R_2}+\frac{C_2}{C_1}\right)+j\left(\omega R_1C_2-\frac{1}{\omega R_2C_1}\right)}$$

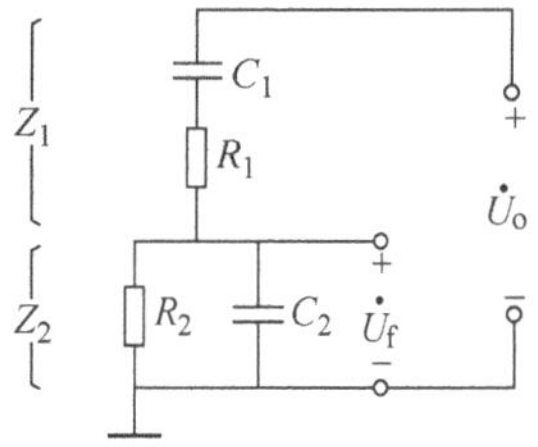

图 5-3　RC 串并联网络

谐振频率为$f_0=\dfrac{1}{2\pi\sqrt{R_1R_2C_1C_2}}$。当$R_1=R_2=R$，$C_1=C_2=C$时，谐振角频率和谐振频率分别为$\omega_0=\dfrac{1}{RC}$，$f_0=\dfrac{1}{2\pi RC}$。

频率特性曲线如图 5-4 所示。

振荡频率为$f=f_0=\dfrac{1}{2\pi RC}$时，幅频值最大为 1/3，相位$\varphi_F=0$，因此该网络有选频特性。

2. RC 文氏桥振荡器

当$f=f_0$时的反馈系数$|\dot{F}|=\dfrac{1}{3}$，且与频率f_0的大小无关。此时的相角$\varphi_F=0$。即改变频

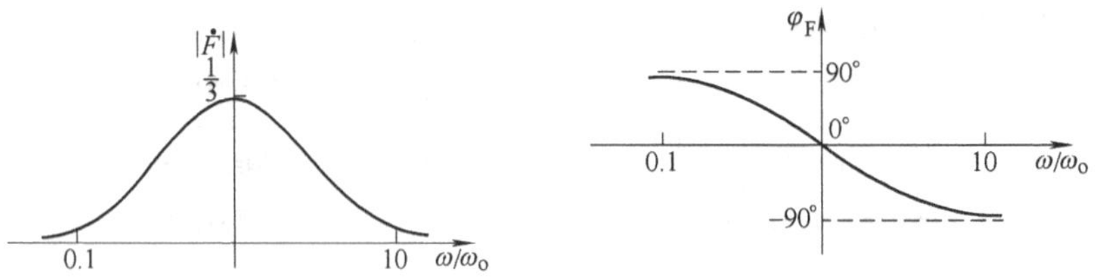

a)　　b)

图 5-4　频率特性曲线

a）幅频特性曲线　b）相频特性曲线

率不会影响反馈系数和相角，在调节谐振频率的过程中，振荡器不会停振，输出幅度也不会改变。

（1）*RC* 文氏桥振荡电路的构成　*RC* 文氏桥振荡电路如图 5-5 所示。*RC* 文氏桥振荡电路在 *RC* 串并联电路的基础上增加了 R_3 和 R_4 构成的负反馈网络。C_1、R_1 和 C_2、R_2 正反馈支路与 R_3、R_4 负反馈支路正好构成一个桥路，称为文氏桥。为满足振荡的幅度条件 $|\dot{A}\dot{F}|=1$，所以 $A_f \geqslant 3$。加入的 R_3、R_4 支路构成了串联电压负反馈。

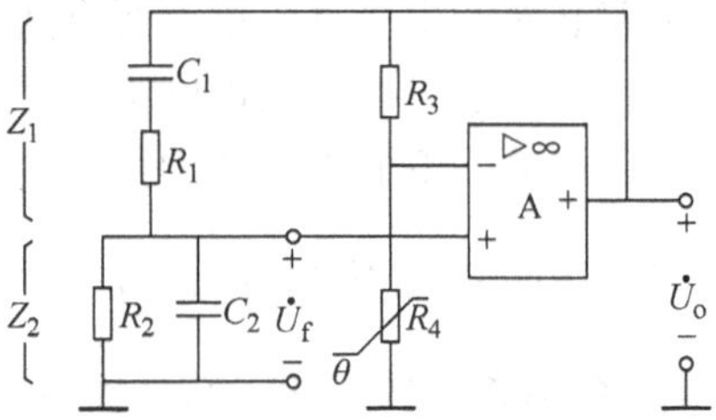

图 5-5　*RC* 文氏桥振荡电路

（2）*RC* 文氏桥振荡电路的稳幅过程　*RC* 文氏桥振荡电路的稳幅作用是靠热敏电阻 R_4 实现的。R_4 是正温度系数热敏电阻，当输出电压升高时，R_4 上所加的电压升高，电流增大，温度升高，R_4 的阻值增加，负反馈增强，输出幅度下降。反之输出幅度增加。若 R_4 是负温度系数热敏电阻，则应放置在 R_3 的位置。

采用反向并联二极管的稳幅电路如图 5-6 所示。二极管工作在 *A*、*B* 点，电路的增益较大，引起增幅过程。当输出幅度大到一定程度时，增益下降，最后达到稳定幅度的目的。

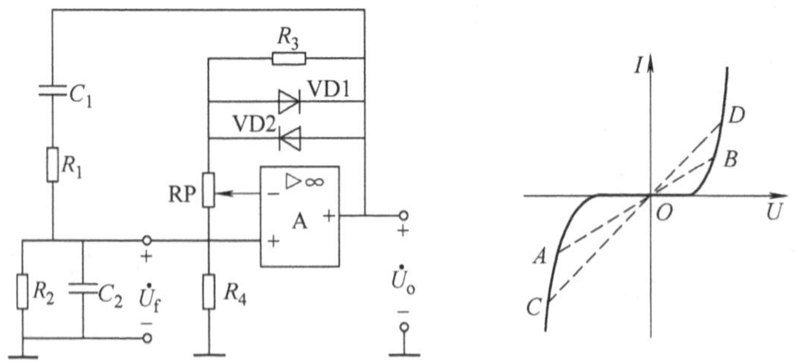

图 5-6　反向并联二极管的稳幅电路

三、*LC* 正弦波振荡电路

LC 正弦波振荡电路的构成与 *RC* 正弦波振荡电路的相似，包括放大电路、正反馈网络、选频网络和稳幅电路。这里的选频网络是由 *LC* 并联谐振电路构成的，正反馈网络因不同类型的 *LC* 正弦波振荡电路而有所不同。

1. *LC* 并联谐振电路的频率响应

LC 并联谐振电路如图 5-7 所示。显然输出电压是频率的函数，即 $\dot{U}_o(\omega)=f[\dot{U}_i(\omega)]$。

输入信号频率过高，电容的旁路作用加强，输出减小；反之频率太低，电感将输出短路。并联谐振曲线如图 5-8 所示。

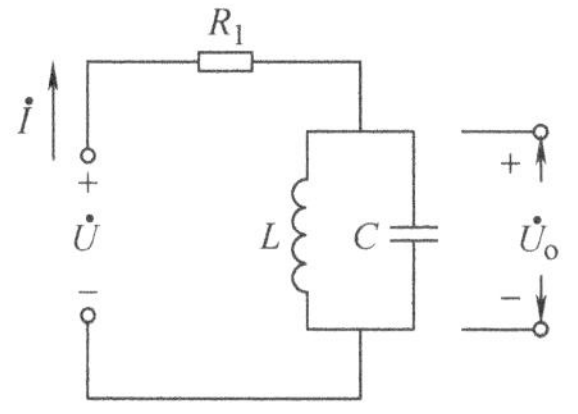

图 5-7 *LC* 并联谐振电路

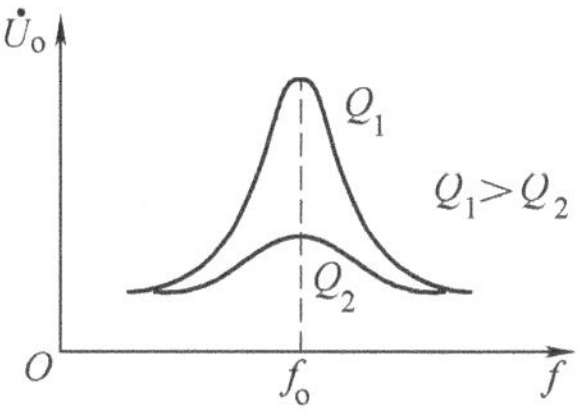

图 5-8 并联谐振曲线

2. 变压器反馈式 *LC* 振荡电路

变压器反馈式 *LC* 振荡电路如图 5-9 所示。*LC* 并联谐振电路作为晶体管的负载，反馈线圈 L_2 与电感线圈 L_1 相耦合，将反馈信号送入晶体管的输入回路。交换反馈线圈的两个线头，可使反馈极性发生变化。调整反馈线圈的匝数可以改变反馈信号的强度，以使正反馈的幅度条件得以满足。

同名端的极性如图 5-10 所示，变压器反馈式 *LC* 振荡电路的振荡频率与 *LC* 并联谐振电路相同，为

$$f_0=\frac{1}{2\pi\sqrt{LC}}$$

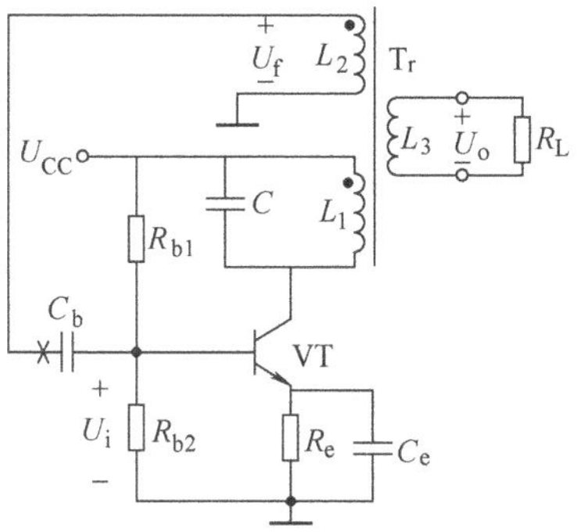

图 5-9 变压器反馈式 *LC* 振荡电路

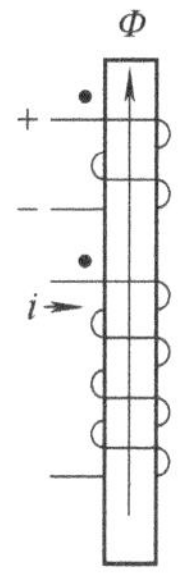

图 5-10 同名端的极性

3. 电感三点式 *LC* 振荡电路

图 5-11 为电感三点式 *LC* 振荡电路。电感线圈 L_1 和 L_2 是一个线圈，②点是中间抽头。如果设某个瞬间晶体管的集电极电流减小，线圈上的瞬时极性如图 5-11 所示。反馈到发射极的极性对地为正，图中晶体管是共基极接法，所以使发射结的净输入电压减小，集电极电流减小，符合正反馈的相位条件。图 5-12 所示为电感三点式 *LC* 振荡电路的另一种接法。

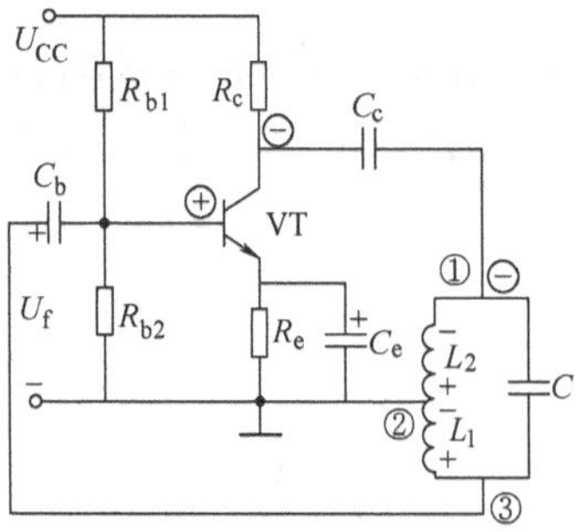

图 5-11　电感三点式 *LC* 振荡电路

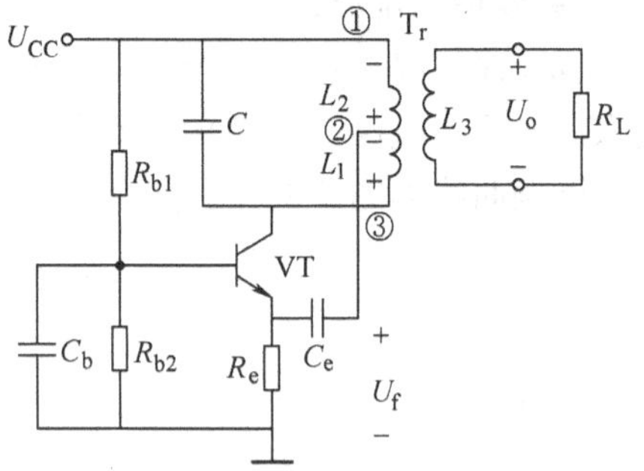

图 5-12　电感三点式 *LC* 振荡电路的另一种接法

分析电感三点式 *LC* 振荡电路常用如下方法：将谐振回路的阻抗折算到晶体管的各个电极之间，有 Z_{be}、Z_{ce}、Z_{cb}，如图 5-13 所示。对于图 5-12，Z_{be}是L_2、Z_{ce}是L_1、Z_{cb}是 C。可以证明若满足相位平衡条件，Z_{be}和 Z_{ce}必须同性质，即同为电容或同为电感，且与 Z_{cb}性质相反。

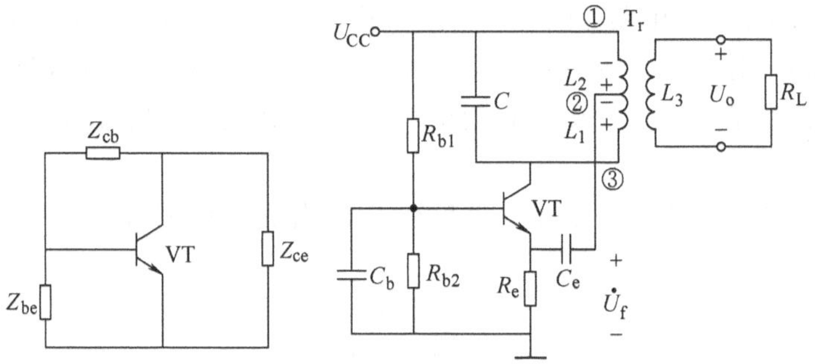

图 5-13　谐振回路的阻抗折算

4. 电容三点式 *LC* 振荡电路

与电感三点式 *LC* 振荡电路类似的有电容三点式 *LC* 振荡电路，如图 5-14 所示。

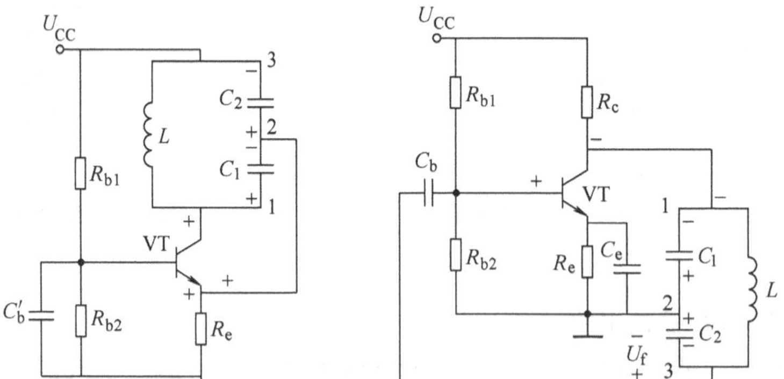

图 5-14　电容三点式 *LC* 振荡电路

5. 石英晶体 *LC* 振荡电路

利用石英晶体具有高品质因数的特点，构成石英晶体 *LC* 振荡电路如图 5-15 所示。

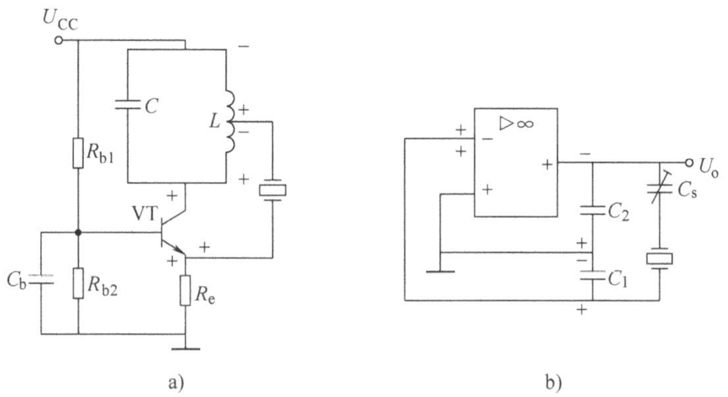

图 5-15　石英晶体 *LC* 振荡电路

对于图 5-15b 所示的电路，要满足正反馈的条件，石英晶体必须呈电感性才能形成 *LC* 并联谐振电路，从而使电路产生振荡。由于石英晶体的 *Q* 值很高，可达到几千以上，因此图 5-15 所示电路可以获得很高的振荡频率稳定性。

5.4　任务分析

图 5-1 所示频率分段可调的正弦波振荡电路主要由基本放大电路和选频网络构成，下面分别进行描述。

放大电路由集成运算放大电路 LM358 组成，稳幅电路由 VD1 和 VD2 与 R_4 并联组成，而且与 RP_3 串联在反馈电路中。当起振时，因为输出很小，通过二极管的电流也很小，由于二极管的非线性，二极管 VD1 和 VD2 的等效电阻很大，电路的反馈电阻很大，满足起振条件，电路很快进入振荡状态。随着振荡幅度的增大，输出 u_o 不断增加，二极管 VD1 和 VD2 在 u_o 的正半周和负半周交替导通，其等效电阻逐渐减小，也就是说反馈电阻减小，使负反馈量逐渐增加，电路很快就达到振幅平衡条件 $|\dot{A}\dot{F}|=1$，u_o 停止增加，从而自动稳定了输出电压，电路进入稳幅状态。

选频网络采用双联可调电容和双联可调电位器，可以方便地调节振荡频率。通过开关 S1 进行频段切换，输出频率总的可调范围为 20～20000Hz，分为三档：20～200Hz，200～2000Hz，2000～20000Hz。通过双联可调电位器 RP_1 和 RP_2 进行频率微调。

5.5　任务实施

一、实训设备

1. 电路元器件清单

见表 5-1。

2. 电路调试所用仪器

直流稳压电源 1 台；双踪示波器 1 台；函数信号发生器 1 台；万用表及直流毫安表各 1 块。

表 5-1 电路元器件清单

序 号	位 号	名 称	数 量	规 格
1	R_1、R_2	电阻	2 只	3kΩ
2	R_3	电阻	1 只	3. 9kΩ
3	R_4	电阻	1 只	10kΩ
4	RP_1 RP_2	同轴双联电位器	1 只	30kΩ
5	C_{11} C_{21}	电解 电容	2 个	0. 27μF/43V
6	C_{12} C_{22}	电解 电容	2 个	0. 027μF/63V
7	C_{13} C_{23}	电解 电容	2 个	0. 0027μF/63V
8	RP_3	微调电位器	1 个	2A/10kΩ
9	VD1 VD2	二极管	2 只	1N4148
10	IC1	运算放大器	1 个	LM358
11	S1	拨动开关	1 个	SS-23H02

二、电路装配准备

1. 电路装配印制电路板的设计

（1）电路装配印制电路板 用 Protel 设计的电路装配印制电路板如图 5-16 所示。

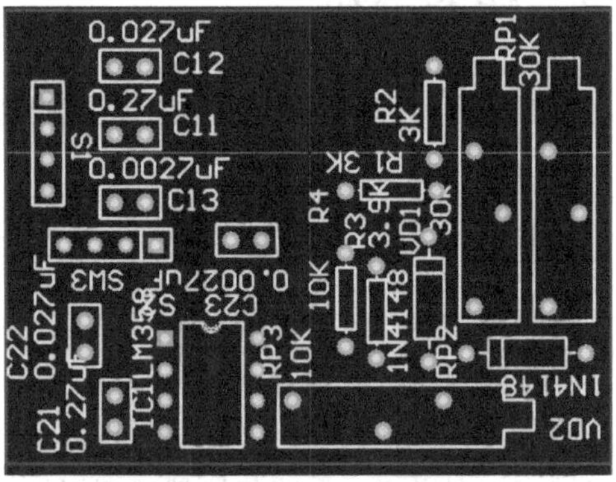

图 5-16 电路装配印制电路板

（2）电路装配印制电路板设计说明 本装配印制电路板图是采用 Protel 99 SE 绘制的，有条件的学校可制作电路板后再装配，也可以在万能板上进行焊装。

2. 元器件检测

（1）运算放大器、电阻、电容、二极管的识别与检测 按前面介绍过的方法进行，这里不再详述。

（2）拨动开关的检测与识别 拨动开关外形如图 5-17 所示。

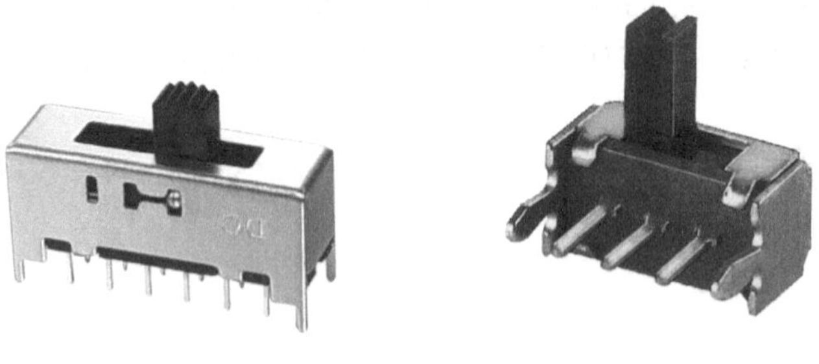

图 5-17 拨动开关外形

开关检测的要点是保证接触可靠、转换准确，一般可采用目测法和万用表检测法。

1）目测法：可先进行外观检查，观察其有无松动、变形和氧化；还应检查拨动开关定位是否准确，有无错位、短路等情况。

2）万用表检测法：将万用表置于 $R\times1$ 档，接通两点的直流电阻值应为零，否则说明接触不好；将万用表置于 $R\times10k$ 档，测量断开点的电阻值应为无穷大，否则说明开关绝缘性能不好。

（3）微调电位器的检测　微调电位器外形如图 5-18 所示。

可以从外观观察微调电位器的管脚是否折断，其电阻体是否烧焦、是否有锈蚀等从而对其好坏做出判断。也可以通过万用表的电阻档进行测量，方法如下：

选择万用表合适档位，用万用表的表笔连接电位器的固定引脚，测出的电阻值即为电位器的标称阻值；然后用万用表的表笔分别接电位器的固定端和活动端，缓慢转动电位器的轴柄，电阻值变化应该平稳，如果有断续和跳跃现象，则说明电位器存在质量问题。

（4）双联电容的检测　双联电容外形如图 5-19 所示。其检测方法一般采用直观检测法。转动转轴，听取声音，不应该出现摩擦的声音，否则说明其存在质量问题。

图 5-18　微调电位器外形

图 5-19　双联电容外形

三、电路安装与调试

1. 电路安装

如图 5-20 所示，将检测好的元器件安装在电路板上，电路装配应按照“先低后高、先里后外”的原则，电路的具体安装要求在项目一里已经做了详细的描述，这里就不再赘述。

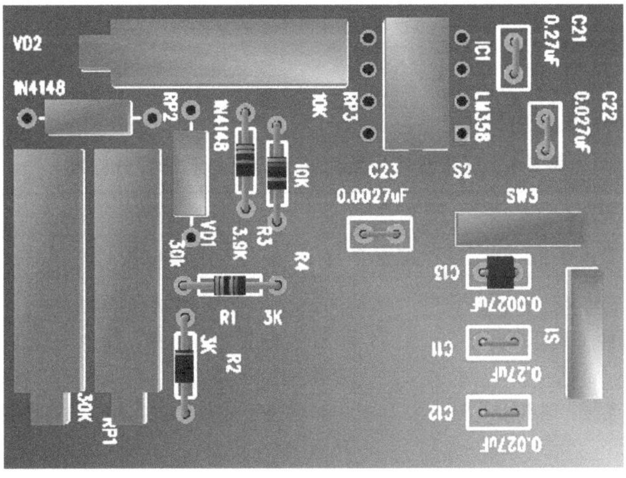

图 5-20　电路装配图

2. 电路调试

1）首先按照电路原理图核对各元器件的位置和极性，确定其是否安装正确，焊点有无虚焊。在不通电的情况下，测量集成电路各引脚对地电阻是否正常，确保无短路现象。

2）通电后直观检查。电源接通后观察有无冒烟，是否有异常气味、元器件发热等现象，如果有异常现象出现，应立即关掉电源，排除故障后方可通电。

3）集成块直流电压测试。接通电源，输出端接上示波器，调整 RP_3 使电路不起振，示波器上无正弦波形显示，测量集成块各引脚电压，填入表 5-2 并分析数据。

表 5-2 集成块各管脚电压

引脚编号	1	2	3	4	5	6	7	8
理论值								
测量值								

4）拨动 S1，使电路处于第一档位的位置（S1-1 接 C_{11}，S1-2 接 C_{21}），调节 RP_3 使电路进入振荡状态，用示波器观察输出波形应为正弦波，调节 RP_1 和 RP_2 使频率处于该频段的中间值，用万用表测量电源电压 U_+、U_- 和输出电压 u_o 并记录，见表 5-3。调整 RP_1 和 RP_2，用示波器测量 f_o 的变化范围并记录到表 5-3。

表 5-3 工作参数测量

测量参数		U_+	U_-	U_o	$F(U_+/U_-)$	$A_{uf}(U_o/U_-)$	f_o 可调范围
S1 置于 C_{11}、C_{21}	测试值						
	理论值						
S1 置于 C_{12}、C_{22}	测试值						
	理论值						
S1 置于 C_{13}、C_{23}	测试值						
	理论值						

分析测量数据，根据分析结果调整设计参数，使电路更完善。

5.6 评分标准

本项任务的评分标准见表 5-4。

表 5-4 正弦波信号发生器的分析与制作评分标准

姓名		时限	90 分钟	实际用时	
给分要素	技术要求	配分	评分细则	得分	备注
电子线路安装工艺	1. 检测元器件 2. 元器件布局合理，整齐规范 3. 焊点光亮、圆滑无毛刺，锡量适中 4. 连线平直、无交叉	35	1. 元器件检测错误，每件扣 2 分 2. 电路排版不合理，插件不规范、不整齐扣 5 ~ 10 分 3. 焊接不好每处扣 1 分，最高限扣 15 分 4. 连线不平直、交叉扣 2 ~ 5 分		

（续）

姓名		时限	90分钟	实际用时	
给分要素	技术要求	配分	评分细则	得分	备注
安装正确性	1. 按图装接正确 2. 电路功能完整	40	1. 未按图装接扣10~20分 2. 电路功能不完整扣20分 3. 在额定时限内允许返修一次，扣15分		
电压测量	1. 正确使用仪表 2. 测量并记录各点的电压	15	1. 仪表使用不规范扣5分 2. 测量电压有错每处扣2分		
安全、文明生产	1. 穿戴好防护用品，工量具配备齐全 2. 遵守用电操作规范 3. 不损坏元器件、仪表	10	1. 穿戴不合要求，工量具不齐全扣5分 2. 通电操作违规扣5~10分，严重违规扣总分20~40分 3. 损坏设备、仪表，扣单项得分10~30分		
评分人			总分		

5.7 知识拓展

信号发生器的使用方法

信号发生器是一种能提供不同类型时变信号的电压源。SG1645型函数信号发生器是电路实验中常用的一种信号发生器，下面简单介绍SG1645型函数信号发生器的功能、参数和使用方法。

一、SG1645型函数信号发生器的功能和参数

SG1645型函数信号发生器能产生正弦波、方波、三角波、脉冲波等波形。正弦波电压输出时，频率范围为$0.2\sim2\times10^6$Hz；正弦波功率输出时，频率为$0.2\sim2\times10^5$Hz。空载时，电压输出幅度为有效值大于7V。电压输出阻抗为50Ω。

二、SG1645型函数信号发生器的使用方法

SG1645型函数信号发生器的面板示意图如图5-21所示。

1. 具体的操作方法

1）按下1——“电源”至on位置，接通电源。

2）按开关10——“波形选择”，选择正弦波、三角波、方波和脉冲波其中的一种。按下某按键，为该波形的选中状态。若5——“直流偏置”旋钮拉出，可调节各波形的直流电平，当选择脉冲波时，可调节脉冲占空比。

3）选择信号发生器的输出频率。

使用12——“频率倍乘”开关、13——“频率调节”旋钮和11——“频率微调”旋

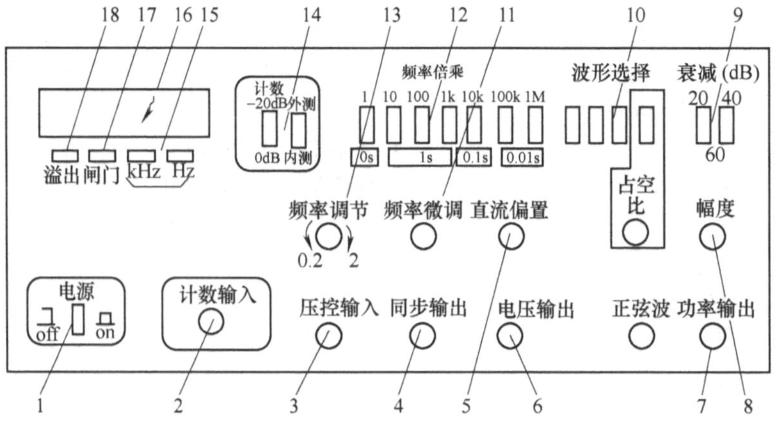

图 5-21 SG1645 型函数信号发生器的面板示意图

钮调节输出频率。其中，“频率调节”旋钮下方标识“0.2～2.0”表示频率调节范围为：频率倍乘值的 0.2～2.0 倍，即如果频率倍乘选择 10kHz 档位，则信号源输出频率能够覆盖 2～20kHz。

例：若使信号发生器的输出频率为 5.5kHz，可先将“频率倍乘”档位选择为 10k，然后通过“频率调节”和“频率微调”旋钮调到 5.5kHz。

频率数值直接从 16 处频率计中读出，频率单位由 15——“Hz、kHz 灯”显示，灯亮表示所测频率的单位。此频率计不但能够测量信号源内部发出的频率，还能测量外部信号的频率，14 处按键控制频率计的内测或外测。未按进时为内测，测量信号源频率；按进时测量外部频率。“-20dB”按进时，表示对外测信号衰减 20dB；进行外部测量时，由 2 处“计数输入”端输入外部信号，通过 12 处开关选择闸门时间，有 10s、1s、0.1s 和 0.01s 四档。

当频率超出显示范围时，18——“溢出”灯亮。当 17——“闸门”灯闪烁时，说明频率计正在工作。

4）确定信号发生器的输出幅度。

该信号发生器的 6——“电压输出”端，可以输出各种波形，其输出阻抗为 50Ω。空载时，电压输出幅度为有效值大于 7V。

7——“功率输出”端，只能输出 $0.2 \sim 2 \times 10^5$Hz 的正弦波，输出有效值大于 7V，最大输出功率 5W；当频率 $f > 200$kHz 时，此输出端无输出。功率输出端带短路报警保护功能。

电压输出和正弦波功率输出幅值可由 8——“幅度”旋钮调节，由交流电压表或示波器读出数值。若使输出幅值衰减可按 9——“衰减”开关。当开关分别按下时，电压值变为原来的 1/10 或 1/100；当两开关同时按下时，电压值变为原来的 1/1000。电路实验中一般不使用衰减开关。

另外，面板上位置 3 处是压控输入端口，表示用外接电压控制信号源频率。位置 4 处为 TTL 电平同步输出端口。

2. 信号源使用注意事项

开电源前，应将幅度调节旋钮逆时针旋到底。电压输出端和正弦波功率输出端不允许短路。

5.8 思考与练习

一、填空题

1. 正弦波振荡电路由____________、________________、____________________和________________四个部分组成。

2. 正弦波振荡电路的振荡平衡需同时满足________________和________________条件。

3. 振荡器与放大器的主要区别是____。

二、思考题

1. 简述电位器的检测方法。
2. 电容三点式振荡电路的特点是什么？
3. 石英晶体振荡器的特点有哪些？
4. 正弦波振荡器输出频率过高应如何调整？

5.9 项目小结

本项目要求学生掌握正弦波振荡电路的组成及产生正弦波振荡的基本条件，掌握 *RC* 和 *LC* 正弦波振荡电路的工作原理。通过正弦波信号发生器电路的安装与调试，学生掌握正弦波振荡频率主要取决于选频网络的参数，掌握正弦波电路设计的基本技能。在项目的实施过程中，通过实战操作加深了学生对正弦波振荡电路工作原理的理解，进一步掌握正弦波电路的安装调试和检测方法，同时制作过程中也提高学生的团队合作意识，锻炼学生的操作技能，提升学生自身的操作能力。

项目6　四人表决器的分析与制作

6.1　任务描述

表决器在人们的日常生活中应用十分广泛，例如举重，国际比赛中一般有三个裁判，当多数裁判认定举重有效时，结果才有效，否则结果无效。又如时下较为火热的娱乐节目中，评委通常通过表决器选择选手，因此表决器有很高的应用价值。本任务是利用逻辑电路中“与非”关系设计一个四人表决器，当有三个及以上同意时，表决结果才有效。

6.2　任务目标

知识目标	1. 掌握逻辑代数的基础知识 2. 掌握逻辑门电路的基础知识 3. 掌握逻辑函数的化简方法
技能目标	1. 会进行四人表决器设计 2. 会对集成门电路进行逻辑功能测试
职业素养	1. 提高分析问题、解决问题的职业能力 2. 建立安全文明意识和成本意识 3. 养成规范操作的习惯

6.3　任务资讯

一、逻辑代数的基础知识

1. 逻辑代数

用于描述客观事物逻辑关系的数学工具称为逻辑代数，又称为布尔代数或开关代数。逻辑指事物因果关系的规律。

逻辑代数和普通代数的异同点如下：

（1）相似处　用字母表示变量，用代数式描述客观事物间的关系。

（2）相异处

1）逻辑代数描述客观事物间的逻辑关系，相应的函数称为逻辑函数，变量称为逻辑变量。

2）逻辑变量和逻辑函数的取值都只有两个，通常用“1”和“0”表示。

3）运算规律存在很多不同。

注意：逻辑代数中的1和0不表示数量大小，仅表示两种相反的状态。例如：开关闭合为1，断开为0；晶体管导通为1，截止为0；电位高为1，电位低为0。

2. 逻辑体制

正逻辑体制：规定高电平为逻辑1、低电平为逻辑0。

负逻辑体制：规定低电平为逻辑1、高电平为逻辑0。

未加说明时，则通常为正逻辑体制。

逻辑体制示意图如图6-1所示。

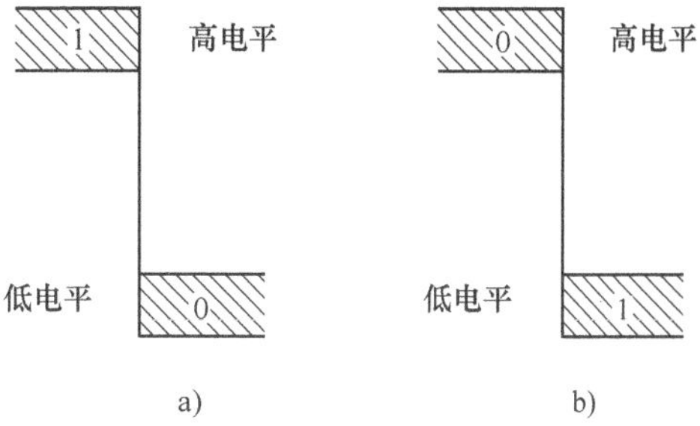

图6-1　逻辑体制示意图

a）正逻辑体制　b）负逻辑体制

二、逻辑门电路的基础知识

门电路是数字电路的最基本逻辑元件。所谓的“门”，就是一种开关，在一定条件下它允许信号通过，条件不满足时，信号就通不过。因此，门电路的输出信号和输入信号之间存在一定的逻辑关系，门电路又称为逻辑门电路。

1. 基本逻辑函数及运算

（1）与逻辑　只有当决定某一种结果的所有条件都具备时，这个结果才能发生，这种逻辑关系称为与逻辑关系，简称与逻辑。

在实际生活中，这种与的关系比比皆是。在图6-2所示电路中，只有当开关A与开关B都闭合时，灯Y才能亮，否则灯就灭。因此，灯亮和开关A、B的状态之间是与逻辑关系，记作$Y=A\cdot B$或$Y=AB$，读作Y等于A与B。

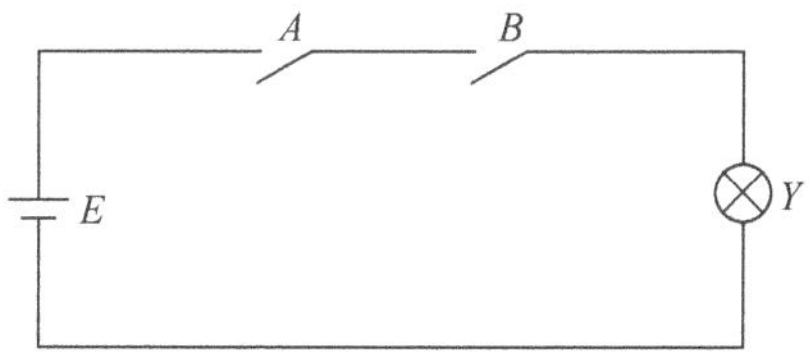

图6-2　与逻辑关系

把开关A、B和灯的状态对应关系列在一起，所得到的就是反映电路基本功能的功能表，见表6-1。

把结果发生和条件具备用逻辑“1”表示，结果不发生和条件不具备用逻辑“0”表示，就可以得到表征逻辑事件输入和输出之间全部可能状态的表格，即真值表。在此电路中，灯亮用“1”表示，灯灭用“0”表示；开关接通用逻辑“1”表示，开关断开用逻辑“0”表示。根据表6-1就可以列出反映与逻辑关系的真值表，见表6-2。

表6-1　与逻辑的功能表

A	B	Y
断	断	暗
断	通	暗
通	断	暗
通	通	亮

表6-2　与逻辑的真值表

A	B	Y
0	0	0
0	1	0
1	0	0
1	1	1

与逻辑的真值表功能总结为：有0出0；全1出1。

图6-3所示是用来表示与逻辑关系的符号，A、B是输入，Y是输出。

（2）或逻辑　当决定某一种结果的一个或多个条件具备时，这个结果就会发生，这种逻辑关系称为或逻辑关系，简称或逻辑。图6-4所示电路中，只要开关A与开关B中有一个闭合，灯Y就能亮。因此，灯亮和开关A、开关B的状态之间就是或逻辑关系。表6-3是或逻辑的功能表。表6-4是或逻辑的真值表，约定灯亮、开关接通用逻辑“1”表示；灯灭、开关断开用逻辑“0”表示，记作$Y=A+B$。

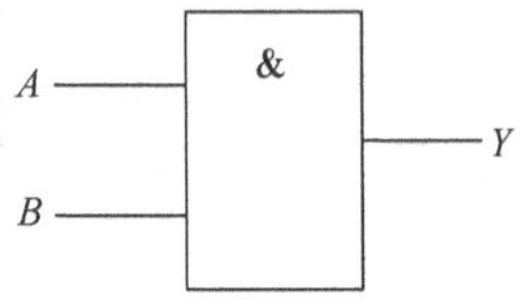

图6-3　与逻辑符号

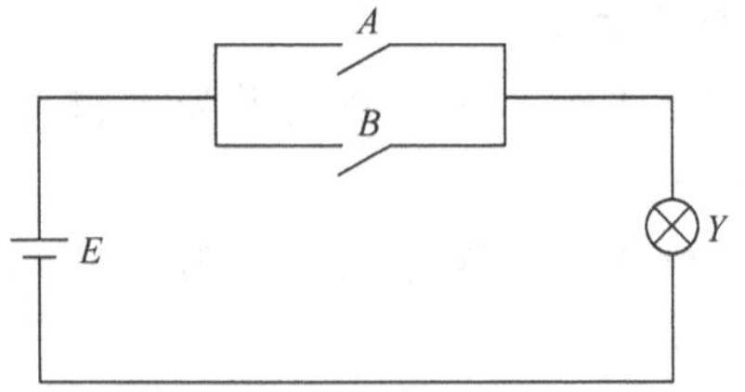

图6-4　或逻辑关系

表6-3　或逻辑的功能表

A	B	Y
断	断	暗
断	通	亮
通	断	亮
通	通	亮

表6-4　或逻辑的真值表

A	B	Y
0	0	0
0	1	1
1	0	1
1	1	1

或逻辑的真值表功能总结为：有1出1，全0出0。

图6-5所示是用来表示或逻辑关系的符号，A、B是输入，Y是输出。

（3）非逻辑　当条件不具备时，结果发生，这样的逻辑关系叫做非逻辑关系，简称非逻辑，或称逻辑非。图6-6所示电路中，开关A闭合，灯Y灭；开关A断开，灯Y亮。因此，灯亮和开关A的状态之间就是非逻辑关系。表6-5是非逻辑的功能表。表6-6是非逻辑的真值表，约定灯亮、开关接通用逻辑“1”表示；灯灭、开关断开用逻辑“0”表示，记作$Y=\overline{A}$。

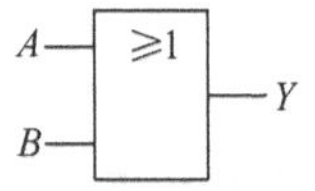

图6-5　或逻辑符号

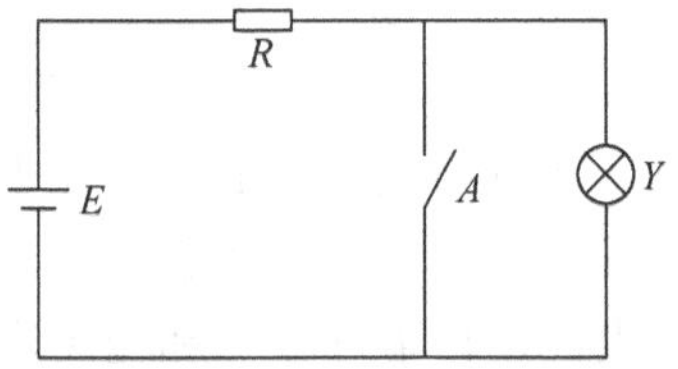

图6-6　非逻辑关系

表6-5　非逻辑的功能表

A	Y
断	亮
亮	断

表6-6　非逻辑的真值表

A	Y
0	1
1	0

非逻辑的真值表功能总结为：有1出0，全0出1。

图6-7是用来表示非逻辑关系的符号，A是输入，Y是输出。

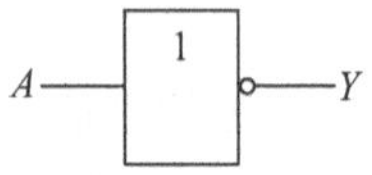

图6-7　非逻辑符号

2. 常用复合逻辑运算

（1）与非逻辑　表6-7是与非逻辑的真值表，图6-8所示是其逻辑符号，与非逻辑运算是由与逻辑运算和非逻辑运算组合而成的，A 和 B 先与，之后再非。

表 6-7　与非逻辑的真值表

A	B	Y
0	0	1
0	1	1
1	0	1
1	1	0

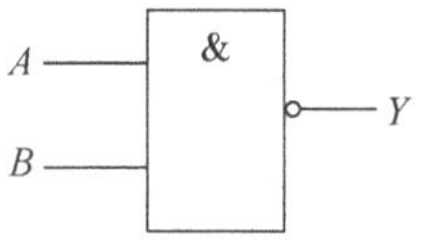

图 6-8　与非逻辑符号

（2）或非逻辑　表 6-8 是或非逻辑的真值表，图 6-9 所示是其逻辑符号，或非逻辑运算是由或逻辑运算和非逻辑运算组合而成的，A 和 B 先或，之后再非。

表 6-8　或非逻辑的真值表

A	B	Y
0	0	1
0	1	0
1	0	0
1	1	0

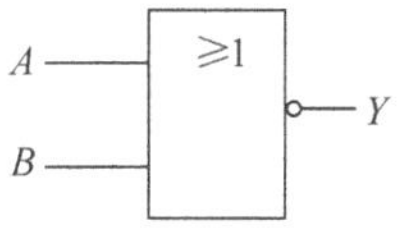

图 6-9　或非逻辑符号

3. 逻辑符号对照（见表 6-9）

表 6-9　逻辑符号对照表

国家标准	曾用符号	国外符号
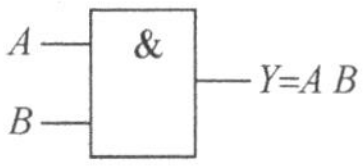	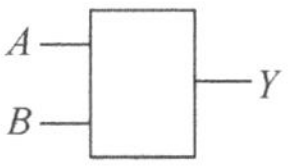	
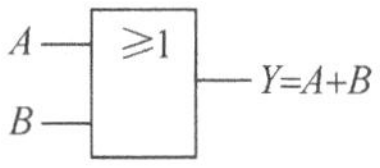	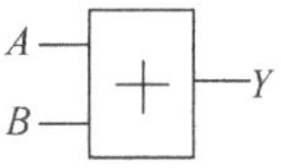	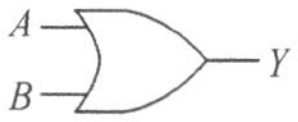
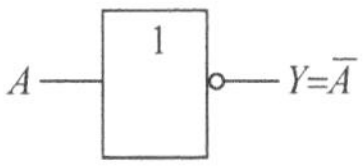	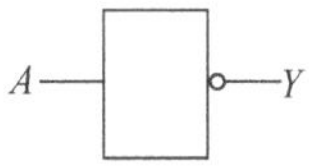	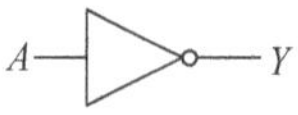
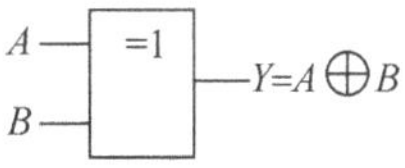	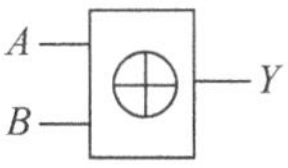	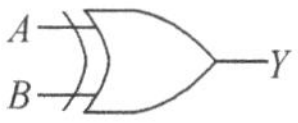

三、逻辑函数的化简方法

1. 逻辑函数

从前面讲过的各种逻辑关系可以看出，如果以逻辑变量作为输入，以运算结果作为输出，那么当输入变量的取值确定之后，输出的取值便随之而定。因此，输出和输入之间是一种函数关系。这种函数关系称为逻辑函数，写作

$$Y = F(A,B,C,\cdots)$$

在逻辑函数中，虽然也是用字母表示变量，但其取值只有0和1两种状态。

2. 逻辑函数的表示方法

常用的逻辑函数表示方法有真值表、逻辑函数式、逻辑图。

（1）真值表　将输入变量所有的取值对应的输出值找出来，列成表格，即可得到真值表。列真值表时，输入一般按二进制递增的方法来取值。

例如，在图6-10所示的举重裁判电路中，一名主裁判 A 和两名副裁判 B 和 C 中必须有两人（必须包含主裁判）认定合格（开关闭合），试举才算成功（Y 灯亮），即 $Y=F(A, B, C)$。

用1表示开关闭合，用0表示开关断开；用1表示灯亮，用0表示灯灭，便可得出表6-10所示的真值表。

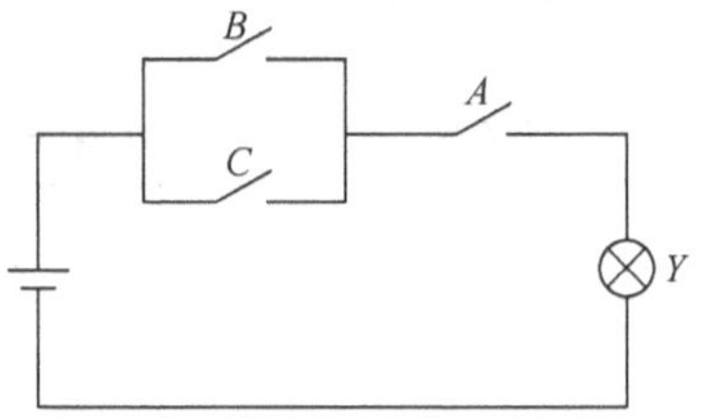

图6-10　举重裁判电路

表6-10　举重裁判电路的真值表

A	B	C	Y
0	0	0	0
0	0	1	0
0	1	0	0
0	1	1	0
1	0	0	0
1	0	1	1
1	1	0	1
1	1	1	1

（2）逻辑函数式　把输出和输入之间的逻辑关系写成与、或、非等运算的组合式，即逻辑代数式，也称逻辑函数式。

例如对于前面的举重裁判电路，根据对电路功能的要求和与、或的逻辑定义，“B 和 C 中至少有一个闭合”可以表示为“$B+C$”，“同时要求 A 闭合”则应写作 $A(B+C)$，因此得到输出的逻辑函数式为 $Y=A(B+C)$。

（3）逻辑图　将逻辑函数中各变量之间的与、或、非等逻辑关系用图形符号表示出来，就可以画出表示逻辑函数关系的逻辑图。

例如对于前面的举重裁判电路，可画出图6-11所示的逻辑图。

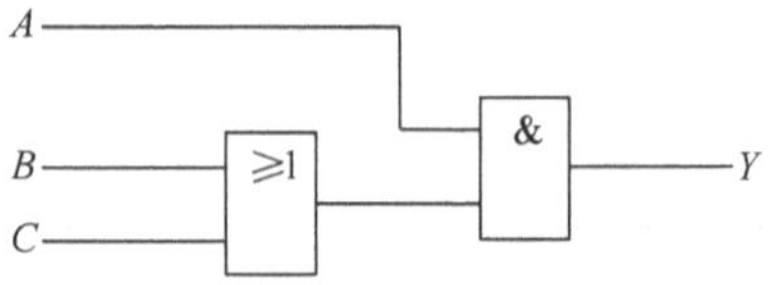

图6-11　举重裁判电路的逻辑图

3. 逻辑函数的化简方法

从上述可知，逻辑函数式越简单，对应的逻辑图也就越简单，实现该逻辑函数所用的电

子元器件的个数也就越少。因此，经常需要通过化简的手段找出逻辑函数的最简形式，使逻辑式最简，以便设计出最简的逻辑电路，从而节省元器件、优化生产工艺、降低成本和提高系统可靠性。下面介绍两种常用的求最简与或表达式的化简方式。

（1）公式化简法　所谓公式化简法，就是利用逻辑代数中的公式和定理进行化简。

1）公式和定理。

①公理——常量之间的关系：

$$0\cdot 0=0,\ 0\cdot 1=0,\ 1\cdot 0=0,\ 1\cdot 1=1$$

$$0+0=0,\ 0+1=1,\ 1+0=1,\ 1+1=1$$

$$\overline{0}=1,\ \overline{1}=0$$

这些常量之间的关系，同时也体现了逻辑代数中的基本运算规则，也叫公理。

②逻辑运算特有公式：

0 -1 律：$0+A=A,\ 1+A=1,\ 1\cdot A=A,\ 0\cdot A=0$

重叠律：$A+A=A,\ A\cdot A=A$

互补律：$A+\overline{A}=1,\ A\overline{A}=0$

还原律：$\overline{\overline{A}}=A$

反演律（摩根定律）：$\overline{A+B}=\overline{A}\,\overline{B},\ \overline{AB}=\overline{A}+\overline{B}$

③与普通代数相似的定律：

交换律：$A+B=B+A,\ AB=BA$

结合律：$(A+B)+C=A+(B+C),\ (AB)C=A(BC)$

分配律：$A(B+C)=AB+AC$

④几个常用公式：

$$AB+A\overline{B}=A$$

$$A+\overline{A}B=A+B$$

$$A+AB=A$$

$$AB+\overline{A}C+BC=AB+\overline{A}C$$

2）常用的公式化简方法。

①并项法：利用公式 $AB+A\overline{B}=A$，将两项合并为一项，并消去一个互补的变量。

例如：

$$A\overline{B}C+A\overline{B}\,\overline{C}=A\overline{B}(C+\overline{C})=A\overline{B}$$

$$ABC+AB\overline{C}+A\overline{B}=AB(C+\overline{C})+A\overline{B}=AB+A\overline{B}=A$$

②吸收法：利用公式 $A+AB=A$，消去多余的项。

例如：

$$\overline{A}B+\overline{A}BC=\overline{A}B$$

$$A\overline{B}+A\overline{B}CD(E+F)=A\overline{B}$$

③消去法：利用 $A+\overline{A}B=A+B$，消去多余的因子。

例如：

$$\overline{A}+AC+B\overline{C}D=\overline{A}+C+B\overline{C}D=\overline{A}+C+BD$$

④配项法：利用公式 $A=A(B+\overline{B})$，可将某项拆成两项，然后再用上述方法进行化简。

例如：

$$
\begin{aligned}
Y &= A\bar{B} + B\bar{C} + \bar{B}C + \bar{A}B \\
&= A\bar{B}(C+\bar{C}) + (A+\bar{A})B\bar{C} + \bar{B}C + \bar{A}B \\
&= A\bar{B}C + A\bar{B}\bar{C} + AB\bar{C} + \bar{A}B\bar{C} + \bar{B}C + \bar{A}B \\
&= (A+1)\bar{B}C + A\bar{C}(\bar{B}+B) + \bar{A}B(\bar{C}+1) \\
&= \bar{B}C + A\bar{C} + \bar{A}B
\end{aligned}
$$

应当注意，对于不同类型的表达式，其“最简”的标准是不一样的。下面以与或表达式为例进行具体说明。

最简与或表达式应符合以下条件：

首先乘积项（即与项）的个数最少；其次在满足乘积项个数最少的条件下，每一个乘积项中的变量数最少。此时用的与门个数最少，与门的输入端数最少。

有了最简与或表达式，就不难得到其他类型的最简表达式。因为，第一，任何表达式都不难展开成与或表达式；第二，由最简与或表达式可以比较容易地得到其他形式的最简表达式。

⑤公式化简法的应用。由于实际的逻辑表达式是各种各样的，应用公式进行化简没有一套完整的方法。因此，能否以最快的速度进行化简，从而得到最简表达式，与自身经验和对公式、定理的掌握及运用的熟练程度密切相关。

例 6-1 化简逻辑式 $Y = AD + A\bar{D} + AB + \bar{A}C + \bar{C}D + A\bar{B}EF$。

解：
$$
\begin{aligned}
Y &= A + AB + \bar{A}C + \bar{C}D + A\bar{B}EF \\
&= A + \bar{A}C + \bar{C}D \\
&= A + C + \bar{C}D \\
&= A + C + D
\end{aligned}
$$

例 6-2 化简逻辑式 $Y = AC + \bar{A}D + \bar{B}D + B\bar{C}$。

解：
$$
\begin{aligned}
Y &= AC + \bar{A}D + \bar{B}D + B\bar{C} \\
&= AC + B\bar{C} + D(\bar{A}+\bar{B}) \\
&= AC + B\bar{C} + D\overline{AB} \\
&= AC + B\bar{C} + AB + D\overline{AB} \\
&= AC + B\bar{C} + AB + D \\
&= AC + B\bar{C} + D
\end{aligned}
$$

例 6-3 化简逻辑式 $Y = \overline{A+B}\;\overline{ABC}\;\overline{\bar{A}\,\bar{C}}$。

解：
$$
\begin{aligned}
\bar{Y} &= \overline{\overline{A+B}\;\overline{ABC}\;\overline{\bar{A}\,\bar{C}}} \\
&= A + B + ABC + \bar{A}\,\bar{C} \\
&= A + B + \bar{A}\,\bar{C} \\
&= A + B + \bar{C}
\end{aligned}
$$

$$
Y = \overline{A + B + \bar{C}} = \bar{A}\,\bar{B}C
$$

实际解题时，单独应用某一个公式或者定理，就能求出最简与或式的情况是比较少的。往往需要综合应用多个公式，才能得到最简的结果。

（2）图形化简法 所谓图形化简法，就是利用卡诺图化简逻辑函数的方法。卡诺图是逻辑函数的一种方块阵列图，利用它可以方便地简化逻辑函数，写出最简与或表达式。

1）代数化简法与卡诺图化简法的特点。

代数化简法：优点是对变量个数没有限制；缺点是需要技巧，不易判断结果是否为最简式。

卡诺图化简法：优点是简单、直观，有一定的步骤和方法，易判断结果是否为最简；缺点是适合变量个数较少的情况，一般用于四变量以下函数的化简。

2）最小项与卡诺图。卡诺图是最小项按一定规则排列成的方格图。

①最小项的定义和编号。n 个变量有 2^n 种组合，可对应写出 2^n 个乘积项，这些乘积项均具有下列特点：包含全部变量，且每个变量在该乘积项中以原变量或反变量的形式只出现一次。这样的乘积项称为这 n 个变量的最小项，也称为 n 变量逻辑函数的最小项。

例如，3 变量逻辑函数的最小项有 $2^3=8$ 个。表 6-11 所示为最小项的表示方法。

表 6-11　最小项的表示方法

A	B	C	最小项	简记符号	输入组合对应的十进制数
0	0	0	$\overline{A}\,\overline{B}\,\overline{C}$	m_0	0
0	0	1	$\overline{A}\,\overline{B}C$	m_1	1
0	1	0	$\overline{A}B\overline{C}$	m_2	2
0	1	1	$\overline{A}BC$	m_3	3
1	0	0	$A\overline{B}\,\overline{C}$	m_4	4
1	0	1	$A\overline{B}C$	m_5	5
1	1	0	$AB\overline{C}$	m_6	6
1	1	1	ABC	m_7	7

例如　$A\overline{B}C \Rightarrow 101 \Rightarrow 5 \Rightarrow m_5$

②最小项的基本性质如下：

对任意一最小项，只有一组变量取值使它的值为 1，而其余各种变量取值均使其值为 0。

不同的最小项，使其值为 1 的那组变量取值也不同。

对于变量的任一组取值，任意两个最小项的乘积为 0。

对于变量的任一组取值，全体最小项的和为 1。三变量最小项表见表 6-12。

表 6-12　三变量最小项表

ABC	m_0 $\overline{A}\,\overline{B}\,\overline{C}$	m_1 $\overline{A}\,\overline{B}C$	m_2 $\overline{A}B\overline{C}$	m_3 $\overline{A}BC$	m_4 $A\overline{B}\,\overline{C}$	m_5 $A\overline{B}C$	m_6 $AB\overline{C}$	m_7 ABC	$F=\sum_{i=0}^{2^n-1} m_i$
000	1	0	0	0	0	0	0	0	1
001	0	1	0	0	0	0	0	0	1
010	0	0	1	0	0	0	0	0	1
011	0	0	0	1	0	0	0	0	1
100	0	0	0	0	1	0	0	0	1
101	0	0	0	0	0	1	0	0	1
110	0	0	0	0	0	0	1	0	1
111	0	0	0	0	0	0	0	1	1

③相邻最小项。两个最小项中只有一个变量互为反变量，其余变量均相同，称为相邻最小项，简称相邻项。

相邻最小项重要特点：两个相邻最小项相加可合并为一项，消去互反变量，化简为相同变量相与。

将 n 变量的 2^n 个最小项用 2^n 个小方格表示，并且使相邻最小项在几何位置上也相邻且循环相邻，这样排列得到的方格图称为 n 变量最小项卡诺图，简称为变量卡诺图。

变量卡诺图是一种最小项方格图，图 6-12 给出了二变量卡诺图、三变量卡诺图和四变量卡诺图的画法。图中方格表示最小项，表中是最小项的编号。通常图中的最小项及其编号都略去不写。

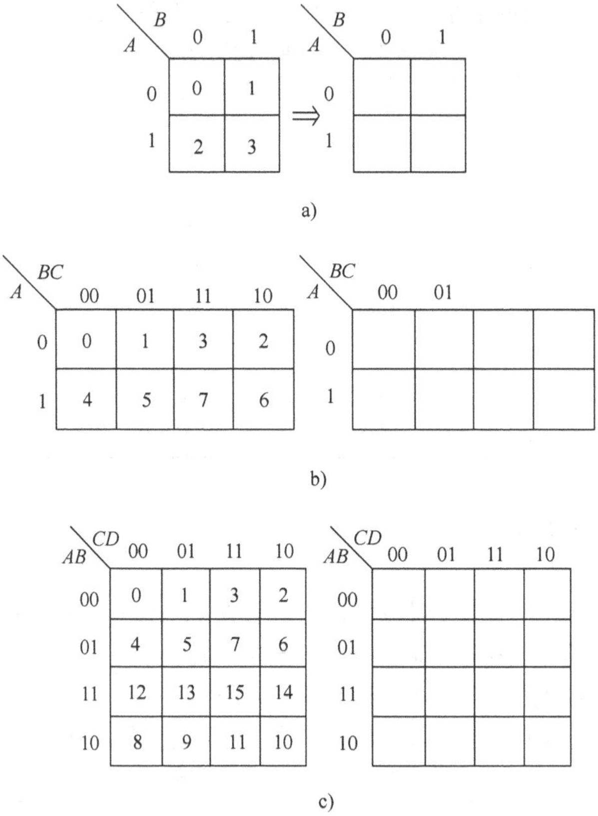

图 6-12　卡诺图的画法

a）二变量卡诺图　b）三变量卡诺图　c）四变量卡诺图

3）用卡诺图表示逻辑函数。

①逻辑函数的标准与或式。每一个与项都是最小项的与或逻辑式称为标准与或式，又称为最小项表达式。

任何形式的逻辑式都可以转化为标准与或式，而且逻辑函数的标准与或式是唯一的。

例 6-4　将逻辑式 $Y=\bar{A}\,\bar{B}\,\bar{C}+\overline{\overline{AB}+C\bar{D}}$ 化为标准与或式。

解：（1）利用摩根定律和分配律把逻辑函数式展开为与或式。

$$
\begin{aligned}
Y&=\bar{A}\,\bar{B}\,\bar{C}+AB\,\overline{C\bar{D}}\\
&=\bar{A}\,\bar{B}\,\bar{C}+AB\,(\bar{C}+D)
\end{aligned}
$$

$$=\bar{A}\ \bar{B}\ \bar{C}+AB\bar{C}+ABD$$

（2）利用配项法化为标准与或式。

$$Y=\bar{A}\ \bar{B}\ \bar{C}\ (D+\bar{D})\ +AB\bar{C}\ (D+\bar{D})\ +AB\ (C+\bar{C})\ D$$
$$=\bar{A}\ \bar{B}\ \bar{C}\ \bar{D}+\bar{A}\ \bar{B}\ \bar{C}D+AB\bar{C}\ \bar{D}+AB\bar{C}D+ABCD+AB\bar{C}D$$

（3）利用 $A+A=A$，合并相同的最小项。

$$Y=\bar{A}\ \bar{B}\ \bar{C}\ \bar{D}+\bar{A}\ \bar{B}\ \bar{C}D+AB\bar{C}\ \bar{D}+AB\bar{C}D+ABCD$$
$$=m_0+m_1+m_{12}+m_{13}+m_{15}$$
$$=\sum m_{(0,1,12,13,15)}$$

②用卡诺图表示逻辑函数的标准与或式举例。

例 6-5　试画出函数 $Y=\sum m_{(0,1,12,13,15)}$ 的卡诺图。

解：已知标准与或式，画函数卡诺图。

（1）画出对应的四变量卡诺图如图 6-13 所示。

（2）填图。

逻辑式中的最小项 m_0、m_1、m_{12}、m_{13}、m_{15}对应的方格填 1，其余不填。

例 6-6　已知逻辑函数 Y 的真值表见表 6-13，试画出 Y 的卡诺图。

表 6-13　对应真值表

A	B	C	Y
0	0	0	1
0	0	1	0
0	1	0	1
0	1	1	0
1	0	0	1
1	0	1	0
1	1	0	1
1	1	1	0

解：已知真值表，画出逻辑函数卡诺图。

（1）画出对应的三变量卡诺图，如图 6-14 所示。

（2）找出真值表中 $Y=1$ 对应的最小项，在卡诺图相应的方格中填 1，其余不填。

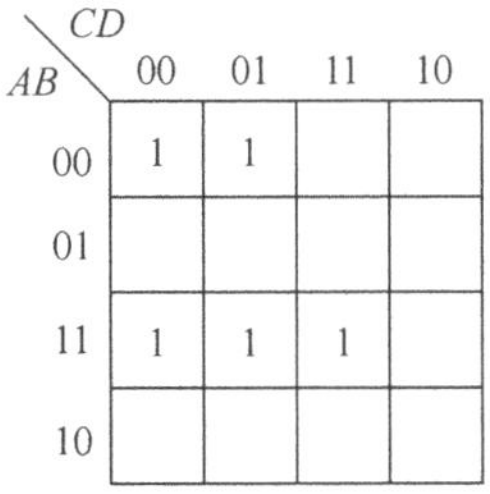

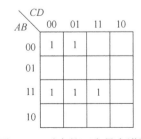

图 6-13　对应的四变量卡诺图

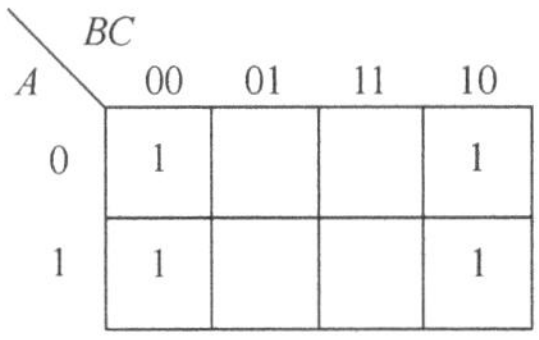

图 6-14　对应的三变量卡诺图

4）用卡诺图化简逻辑函数。

两个相邻最小项有 1 个变量相异，相加可以消去这一个变量，化简结果为相同变量的与；4 个相邻最小项有两个变量相异，相加可以消去这两个变量，化简结果为相同变量的与；

8 个相邻最小项有 3 个变量相异，相加可以消去这 3 个变量，化简结果为相同变量的与；

……

2^n 个相邻最小项有 n 个变量相异，相加可以消去这 n 个变量，化简结果为相同变量的与。

卡诺图化简步骤如下：

a. 画函数卡诺图；

b. 对为 1 的相邻最小项方格画包围圈；

c. 将各圈分别化简；

d. 将各圈化简结果逻辑相加。

画包围圈时，包围圈中必须包含 2^n 个相邻且为 1 的方格，且必须成方形。先圈小再圈大，圈越大越好；为 1 的方格可重复圈，但每圈必须有新的为 1 方格；每个为 1 的方格必须圈到，不能漏掉孤立项。

注意：同一列最上边和最下边循环相邻，可画圈；同一行最左边和最右边循环相邻，可画圈；四个角上为 1 的方格也循环相邻，可画圈。

6.4 任务分析

一、电路构成

四人表决器的电路原理图如图 6-15 所示，电路是由集成电路 74LS10、74LS20、发光二极管、扬声器和四个开关组成，通过按钮接高或低电平来控制输入变量高、低电平的转换；用发光二极管是否发光或扬声器（这里蜂鸣器）是否发声来表示输出是高电平或低电平；与非门多余端的处理办法是接高电平。

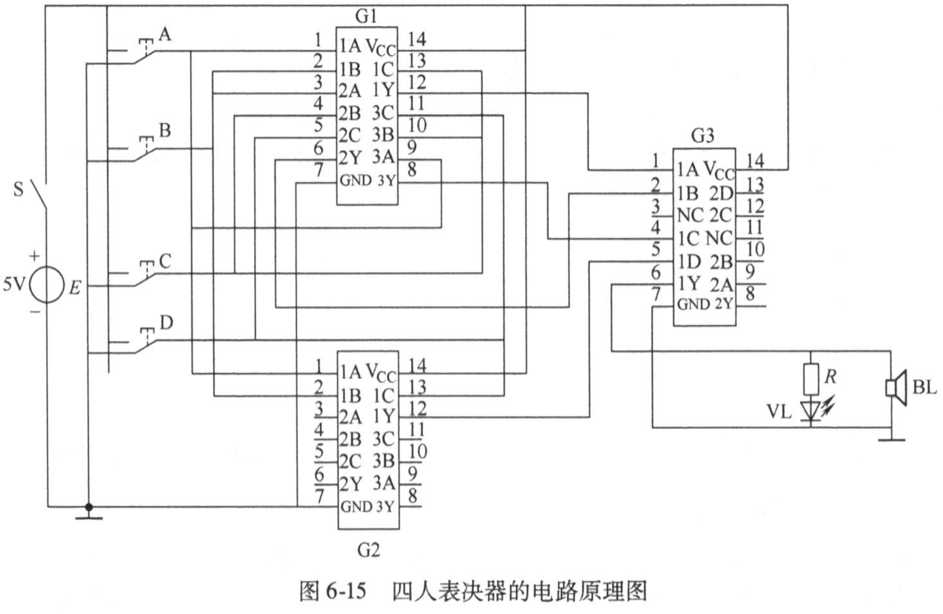

图 6-15 四人表决器的电路原理图

二、工作原理

用与非门设计表决电路。要求当四个输入端中有三个或四个为 1 时，输出端才为 1。

1）*A*、*B*、*C*、*D* 各表示一个输入变量，每个输入变量代表一个表决按钮，高电平代表同意，低电平代表不同意。

2）输出 *Y* 表示通过与否，通过则发光二极管亮且蜂鸣器发声，反之灯灭。

三、设计步骤

1）根据题意列出真值表见表 6-14。

表 6-14　四人表决器的真值表

A	*B*	*C*	*D*	*Y*
0	0	0	0	0
0	0	0	1	0
0	0	1	0	0
0	0	1	1	0
0	1	0	0	0
0	1	0	1	0
0	1	1	0	0
0	1	1	1	1
1	0	0	0	0
1	0	0	1	0
1	0	1	0	0
1	0	1	1	1
1	1	0	0	0
1	1	0	1	1
1	1	1	0	1
1	1	1	1	1

2）再填入卡诺图，如图 6-16 所示。

BC \ *DA*	00	01	11	10
00				
01			1	
11		1	1	1
10			1	

图 6-16　卡诺图

3）由卡诺图得出逻辑表达式，并演化成“与非”的形式。

$$Y = ABC + BCD + ACD + ABD$$
$$= \overline{\overline{ABC}\;\overline{BCD}\;\overline{ACD}\;\overline{ABD}}$$

4）根据逻辑表达式画出用与非门构成的逻辑电路如图 6-17 所示，进而得到图 6-15 所示电路原理图。

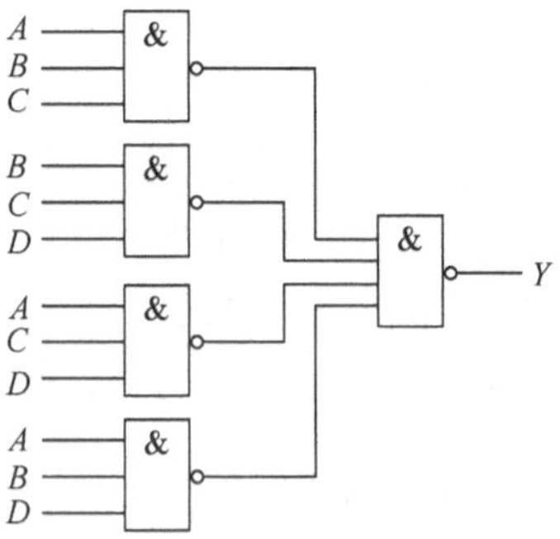

图 6-17 四人表决器逻辑电路

四、元器件清单

四人表决器的元器件清单见表 6-15。

表 6-15 四人表决器的元器件清单

序号	元器件及编号	名称、规格描述	数量	备注
1	G1 ~ G2	3 三输入与非门 74LS10	2	SOP14
2	G3	双四输入与非门 74LS20	1	SOP14
3	VL	发光二极管	1	逻辑电平显示器
4	*A*、*B*、*C*、*D*	逻辑电平开关	4	
5	*E*	5V 直流电源	1	
6	BL	蜂鸣器	1	
7	S	开关	1	

6.5 任务实施

一、电路装配准备

1. 工具与仪表

1）电路焊接工具：电烙铁（25 ~ 35W）、烙铁架、焊锡丝、松香。

2）加工工具：尖嘴钳、偏口钳、一字形螺钉旋具、镊子。

3）测试仪表：万用表。

2. 装配电路板设计

（1）装配电路板 设计好的装配电路板如图 6-18 所示。

（2）装配电路板设计说明 本装配电路板采用 Protel 99 SE 软件绘制，图 6-18 所示为其元件面。在装配时应注意各个元器件的方向，不能接反。

3. 元器件检测

（1）不在路（集成电路不在电路中）检测 这种方法是在集成电路（IC）未焊入电路时进行的，一般情况下可用万用表测量各引脚对接地引脚的正、反向电阻值，并和合格的 IC 进行比较，从而判断 IC 的好坏。

（2）在路（IC 在电路中）检测 这是一种通过万用表检测 IC 各引脚在路直流电阻、对地交直流电压以及总工作电流来判断 IC 好坏的方法。这种方法是检测 IC 最常用和实用的方法。

1）在路直流电阻检测法。这是一种用万用表电阻档直接在电路板上测量 IC 各引脚和外围元器件的正、反向直流电阻值，并与正常数据相比较，来发现和确定故障的方法。测量时要注意以下三点：

①测量前要先断开电源，以免测试时损坏万用表和元器件。

②万用表电阻档的内部电压不得大于 6V，量程最好用 $R\times100$ 或 $R\times1k$ 档。

③测量 IC 引脚参数时，要注意测量条件，如被测机型、与 IC 相关的电位器滑动臂位置等，还要考虑外围电路元器件的好坏。

2）直流工作电压测量法。这是一种在通电情况下，用万用表直流电压档对直流供电电压、外围元器件的工作电压进行测量的方法。这种方法通过检测 IC 各引脚对地直流电压值，并与正常值相比较，进而减小故障范围，找出损坏的元器件。测量时要注意以下七点：

①万用表要有足够大的内阻，至少要在被测电路电阻的 10 倍以上，以免造成较大的测量误差。

②通常把各电位器的滑动臂旋到中间位置，如果是电视机，信号源要采用标准彩色信号发生器。

③表笔或探头要采取防滑措施，因任何瞬间短路都会损坏 IC。可采取如下方法防止表笔滑动：取一段自行车用气门芯套在表笔尖上，并长出表笔尖约 0.5mm，这既能使表笔尖良好地与被测试点接触，又能有效防止打滑，即使碰上邻近点也不会短路。

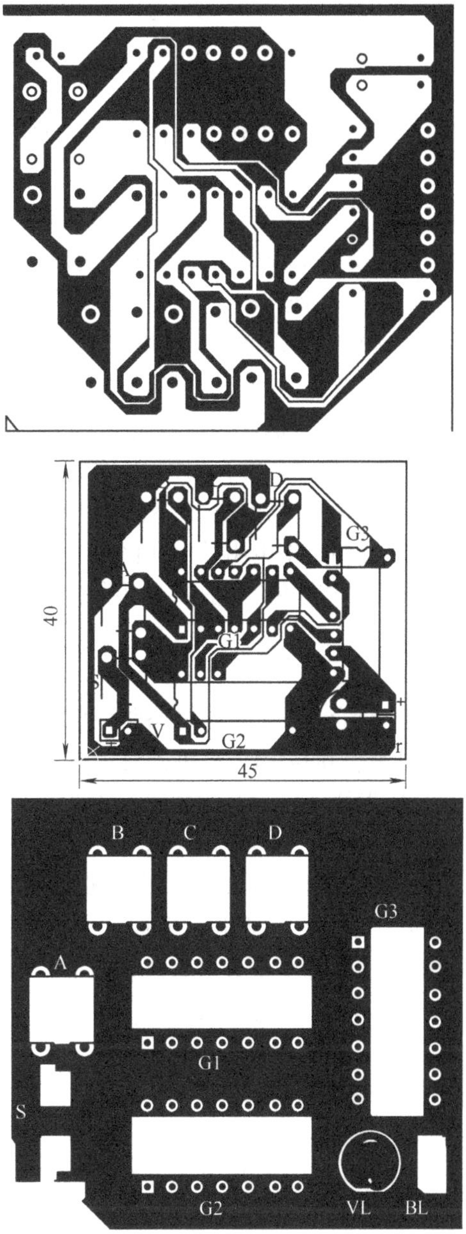

图 6-18 装配电路板（参考）

④当测得某一引脚电压与正常值不符时，应根据该引脚电压对 IC 正常工作有无重要影响以及其他引脚电压的相应变化进行分析，才能判断 IC 的好坏。

⑤IC 引脚电压会受外围元器件影响。当外围元器件发生漏电、短路、开路或变值时，IC 引脚电压会发生变化；若外围电路连接的是一个阻值可变的电位器，则电位器滑动臂所处的位置不同，也会使引脚电压发生变化。

⑥若 IC 各引脚电压正常，则一般认为 IC 正常；若 IC 部分引脚电压异常，则应从偏离正常值最大处入手，检查外围元器件有无故障，若无故障，则 IC 很可能损坏。对于动态接收装置，如电视机，在有无信号时，其 IC 各引脚电压是不同的。如发现引脚电压不该变化的反而变化大，该随信号大小和可调元器件的不同位置而变化的反而不变化，就可确定 IC 已损坏。

⑦对于具有多种工作方式的装置，如录像机，在不同工作方式下，其 IC 各引脚电压也是不同的。

3）交流工作电压测量法。为了掌握 IC 交流信号的变化情况，可以用带有 dB 插孔的万用表对 IC 的交流工作电压进行近似测量。检测时，万用表置于交流电压档，红表笔插入 dB 插孔；对于无 dB 插孔的万用表，需要在红表笔端串联一只 0.1 ~ 0.5μF 的隔直电容。该法适用于工作频率比较低的 IC，如电视机的视频放大级、场扫描电路等。由于这些电路的固有频率不同，波形不同，所以所测的数据是近似值，只能供参考。

4）总电流测量法。该法是通过检测 IC 电源进线的总电流来判断 IC 好坏的一种方法。由于 IC 内部绝大多数为直接耦合，因此 IC 损坏时，如某一个 PN 结击穿或开路会引起后级饱和与截止，总电流会发生变化。所以，通过测量总电流的方法可以判断 IC 的好坏。也可通过测量电源回路中电阻的电压降，再利用欧姆定律计算出总电流值。

以上检测方法各有利弊，在实际应用中最好将各种方法结合起来，灵活运用。

二、制作与调试

1）按照图 6-18 所示的电路装配电路板进行安装。

2）对照表 6-14 四人表决器真值表，分别按下每一组输入的高电平对应按钮，发光二极管亮并且扬声器发出声音的情况是否与真值表的输出结果一致，若一致则安装、调试成功。

3）若步骤 2）结果与真值表不一致，则测图 6-15 中集成电路 G1、G2、G3 的电源引脚电压，若电压不为规定值 5V，则检测相应电源电路。

4）若步骤 3）所测电压为规定值，则测图 6-15 中集成电路 G1、G2、G3 对应的输入、输出引脚电压，观察是否与真值表对应的高低电平参数一致，若不一致则检修相应电路和相应 IC，若一致则重复步骤 2）。

6.6 评分标准

本项任务的评分标准见表 6-16。

表 6-16 评分标准

任务：四人表决器的制作　　组：　　姓名：

项目	配分	考核要求	扣分标准	扣分记录	得分
电路分析	40	能正确分析电路的工作原理	每处错误扣 5 分		
印制电路板的设计制作	8	1. 能手工或用电子 CAD 设计印制电路板 2. 能正确制作电路板	1. 印制电路板设计不规范，扣 3 分 2. 不能正确制作电路板，每一错误步骤扣 2 分		

（续）

任务：四人表决器的制作	组：		姓名：		
项目	配分	考核要求	扣分标准	扣分记录	得分
电路连接	12	1. 能正确测量元器件 2. 工具使用正确 3. 元器件的位置正确，引脚成形、焊点符合要求，连线正确	1. 不能正确测量元器件，不能正确使用工具，每处扣2分 2. 错装、漏装，每处扣2分 3. 引脚成形不规范，焊点不符合要求，每处扣2分 4. 损坏元器件，连线错误，每处扣2分		
电路调试	10	1. 表决器能否按照真值表的功能进行工作 2. 灵敏度能调节	1. 表决器能否按照真值表的功能进行工作，每个功能不正确扣1分，共8分 2. 灵敏度不能调节，扣2分		
故障分析	10	1. 能正确观察出故障现象 2. 能正确分析故障原因，判断故障范围	1. 故障现象观察错误，每次扣2分 2. 故障原因分析错误，每次扣2分 3. 故障范围判断过大，每次扣1分		
故障检修	10	1. 检修思路清晰，方法运用得当 2. 检修结果正确 3. 正确使用仪表	1. 检修思路不清、方法不当，每次扣2分 2. 检修结果错误，扣5分 3. 使用仪表错误，每次扣2分		
安全文明工作	10	1. 安全用电，无人为损坏仪器、元器件和设备 2. 保持环境整洁，秩序井然，操作习惯良好 3. 小组成员协作和谐，态度正确 4. 不迟到、早退、旷课	1. 发生安全事故，扣10分 2. 人为损坏设备、元器件，扣10分 3. 现场不整洁、工作不文明、团队不协作，扣5分 4. 不遵守考勤制度，每次扣2~5分		
总分					

6.7 相关资讯

1. 无关项的概念与表示

无关项是特殊的最小项，这种最小项所对应的变量取值组合或者不允许出现，或者根本不会出现。

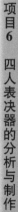

例如 8421 码中，1010 ~ 1111 这 6 种代码是不允许出现的。

又如 A、B 为联动互锁开关，设开为 1，关为 0，则 AB 只能取值 01 或 10，不会出现 00 或 11。

无关项在卡诺图和真值表中用“×”或“Φ”来标记，在逻辑式中则用字母 d 和相应的编号表示。

2. 利用无关项化简逻辑函数

无关项的取值对逻辑函数值没有影响。化简时应视需要将无关项方格看作 1 或 0，使包围圈最少而且最大，从而使结果最简。

例 6-7 用卡诺图化简函数 $Y = \sum m$（0，1，4，6，9，13）$+ \sum d$（2，3，5，7，10，11，15）。

解：（1）画变量卡诺图，如图 6-19 所示。

（2）填图，如图 6-19 所示。

（3）画包围圈，如图 6-19 所示。

（4）写出最简与或式为

$$Y = \overline{A} + D$$

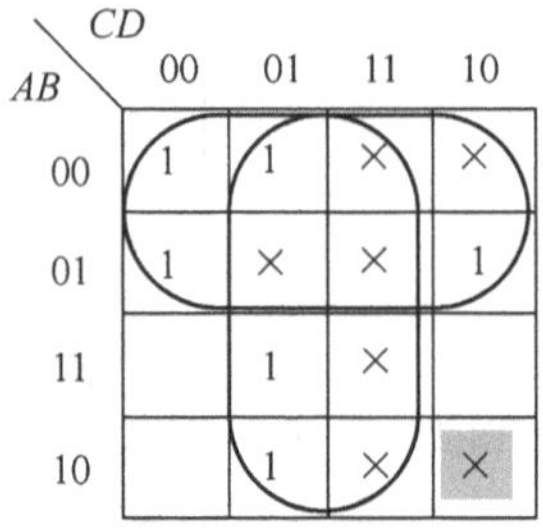

图 6-19 例 6-7 函数卡诺图

6.8 项目小结

本项目要求学生掌握逻辑代数基础知识，掌握用各基本门电路设计和制作简单电子器件的能力，通过本项目，学生学到基本的知识和原理，掌握数字电路设计的基本技能。在项目的实施过程中，学生会在理想基本知识的基础上，进行实战操作，更深入地了解项目的目的，制作过程中也提高学生的团队合作意识，锻炼学生的操作技能，对集成电路进行逻辑功能的测试，加深学生对基本知识的了解，提升自身的操作能力。

项目7　抢答器的分析与制作

7.1　任务描述

抢答器是竞赛问答中常用的一种装置，可用于各类知识竞赛、文娱综艺节目。它除了可以把各抢答组号、违例组号、抢答规定时限、答题时间倒计时/正计时在仪器面板上显示外，还可外接大屏幕将以上内容显示给观众，活跃现场气氛，并便于监督，实现公平竞争。抢答器功能可以由多种控制方式的电路来实现，如模拟电路、数字电路、单片机、PLC 等。本任务是制作一种基于数字电路的简单的 8 路抢答器。

7.2　任务目标

知识目标	1. 掌握对较复杂的组合逻辑电路的分析方法 2. 熟悉门电路的电路设计和相应的逻辑功能 3. 掌握编、译码器的编、译码原理 4. 掌握 8 路抢答器电路的工作原理
技能目标	1. 能按要求用常用的集成门电路实现较复杂的逻辑功能 2. 能对常用组合逻辑集成电路进行测试 3. 能独立完成 8 路抢答器电路的安装与调试
职业素养	1. 具有良好的沟通能力和团队协作精神 2. 建立质量、成本、安全及环保的意识 3. 养成规范操作的习惯

7.3　任务资讯

7.3.1　组合逻辑电路的分析

一、组合逻辑电路的特点

组合逻辑电路是数字电路中最简单的一类逻辑电路，其特点是功能上无记忆，结构上无反馈，即电路任一时刻的输出状态只决定于该时刻各输入状态的组合，而与电路的原状态无关。

二、组合逻辑电路的分析（见图 7-1）

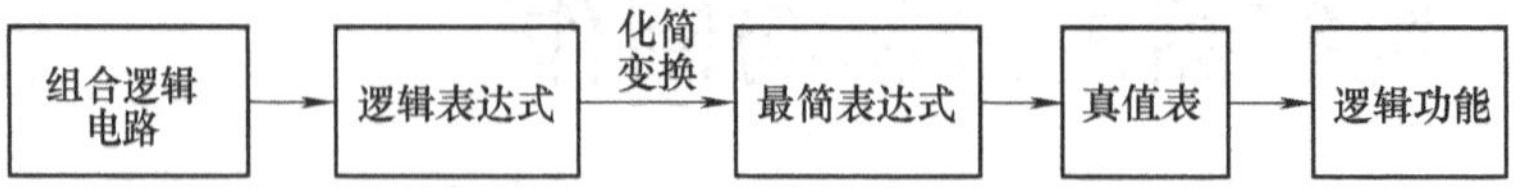

图 7-1 组合逻辑电路的分析步骤框图

例 7-1 组合电路如图 7-2 所示，分析该电路的逻辑功能。

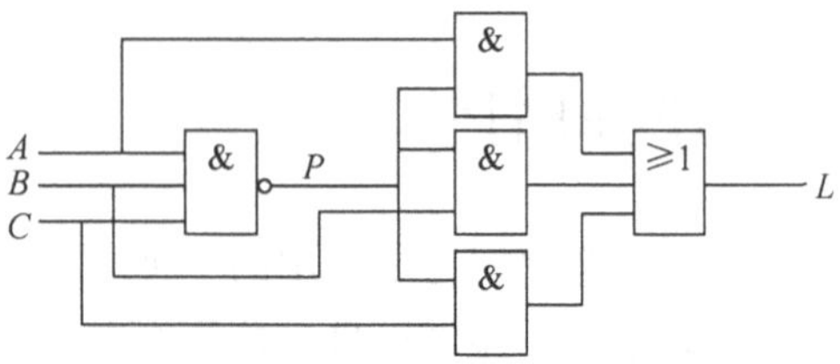

图 7-2 例 7-1 电路图

解： 1）由逻辑图逐级写出逻辑表达式。为了表达式书写方便，这里借助中间变量 P。

$$P=\overline{ABC}$$

$$L=AP+BP+CP$$

$$=A\overline{ABC}+B\overline{ABC}+C\overline{ABC}$$

2）化简与变换。因为下一步要列出真值表，所以要通过化简与变换，使表达式有利于列出真值表，一般应变换成与或式或最小项表达式，即

$$L=\overline{ABC}\ (A+B+C)=\overline{ABC+\overline{A+B+C}}=\overline{ABC+\bar{A}\bar{B}\bar{C}}$$

3）由表达式列出真值表，见表 7-1。经过化简与变换的表达式为两个最小项之和的非，所以很容易列出真值表。

表 7-1 真值表

A	B	C	L	A	B	C	L
0	0	0	0	1	0	0	1
0	0	1	1	1	0	1	1
0	1	0	1	1	1	0	1
0	1	1	1	1	1	1	0

4）分析逻辑功能。由真值表可知，当 A、B、C 三个变量不一致时，电路输出为“1”，所以这个电路称为“不一致电路”。

上例中输出变量只有一个，对于多输出变量的组合逻辑电路，分析方法完全相同。

7.3.2 组合逻辑电路的设计

组合逻辑电路的设计一般应以电路简单、所用器件最少为目标，并尽量减少所用集成器件的种类，因此在设计过程中要用到前面介绍的代数法和卡诺图法来化简或转换逻辑函数。组合逻辑电路的设计步骤框图如图 7-3 所示。

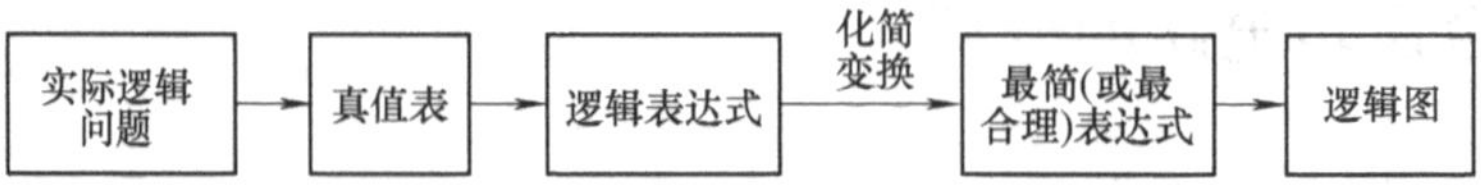

图 7-3 组合逻辑电路的设计步骤框图

例 7-2 设计一个三人表决电路，结果按“少数服从多数”的原则决定。

解： 1）根据设计要求建立该逻辑函数的真值表。

设三人的意见为变量 A、B、C，表决结果为函数 L。对变量及函数进行如下状态赋值：对于变量 A、B、C，设同意为逻辑“1”，不同意为逻辑“0”；对于函数 L，设事情通过为逻辑“1”，没通过为逻辑“0”。列出真值表见表 7-2。

表 7-2　例 7-2 真值表

A	B	C	L	A	B	C	L
0	0	0	0	1	0	0	0
0	0	1	0	1	0	1	1
0	1	0	0	1	1	0	1
0	1	1	1	1	1	1	1

2）由真值表写出逻辑表达式，即

$$L = \bar{A}BC + A\bar{B}C + AB\bar{C} + ABC$$

经观察得知，该逻辑式不是最简表达式。因此，要进行化简。

3）化简。由于卡诺图化简法较方便，故一般用卡诺图进行化简。将该逻辑函数填入卡诺图，如图 7-4 所示。合并最小项，得最简与或表达式，即

$$L = AB + BC + AC$$

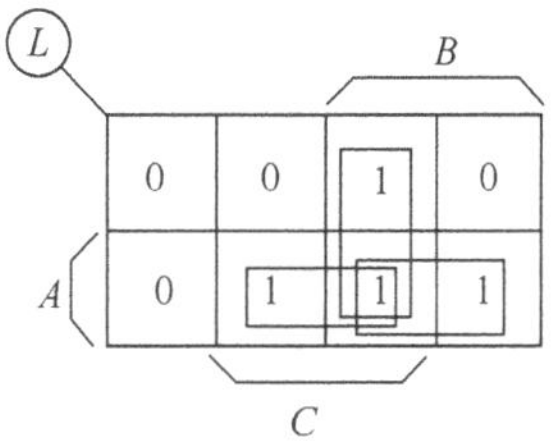

图 7-4　例 7-2 卡诺图

4）画出逻辑图如图 7-5 所示。

如果要求用与非门实现该逻辑电路，就应将表达式转换成**与非—与非**表达式，即

$$L = AB + BC + AC = \overline{\overline{AB}\;\overline{BC}\;\overline{AC}}$$

画出用与非门实现的逻辑图如图 7-6 所示。

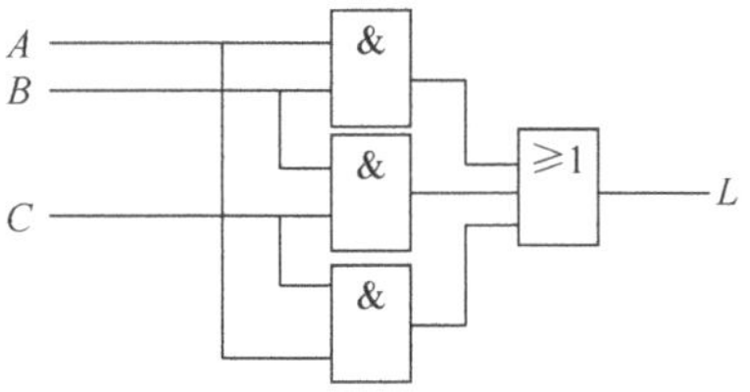

图 7-5　例 7-2 逻辑图

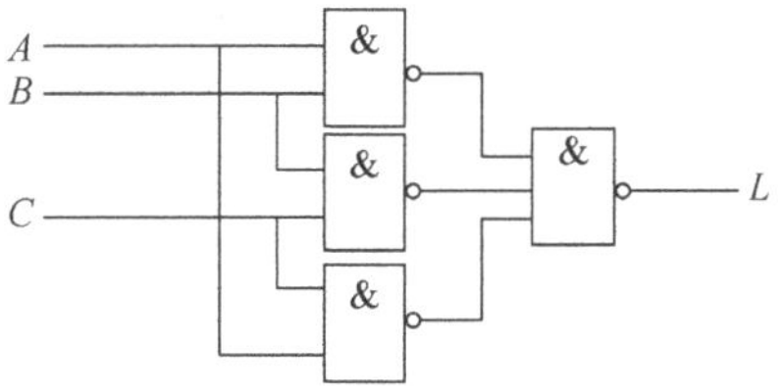

图 7-6　例 7-2 用与非门实现的逻辑图

例 7-3　设计一个电话机信号控制电路。电路有 I_0（火警）、I_1（盗警）和 I_2（日常业务）三种输入信号，通过排队电路分别从 L_0、L_1、L_2 输出，在同一时间只能有一个信号通过。如果同时有两个以上信号出现时，应首先接通火警信号，其次为盗警信号，最后是日常业务信号。试按照上述轻重缓急顺序设计该信号控制电路。要求用集成门电路 74LS00（每片含 4 个 2 输入端与非门）来实现。

解： 1）列真值表（见表 7-3）：

对于输入，设有信号为逻辑“1”，没信号为逻辑“0”。

对于输出，设允许通过为逻辑“1”，不允许通过为逻辑“0”。

2）由真值表写出各输出的逻辑表达式，即

$$L_0 = I_0$$

$$L_1 = \overline{I_0} I_1$$

$$L_2 = \overline{I_0}\,\overline{I_1} I_2$$

这三个表达式已是最简，不需化简。但这里给定的是 74LS00，需要用非门和与门实现，且 L_2 需用 3 输入端与门才能实现，故不符合设计要求。

3）根据要求，转换为与非表达式，即

$$L_0 = I_0$$

$$L_1 = \overline{\overline{\overline{I_0} I_1}}$$

$$L_2 = \overline{\overline{\overline{I_0}\;\overline{I_1}\;I_2}} = \overline{\overline{\overline{\overline{\overline{I_0}\,\overline{I_1}}}\,I_2}}$$

表 7-3　例 7-3 真值表

输入			输出		
I_0	I_1	I_2	L_0	L_1	L_2
0	0	0	0	0	0
1	×	×	1	0	0
0	1	×	0	1	0
0	0	1	0	0	1

4）画出逻辑图如图 7-7 所示，可用两片集成与非门 74LS00 来实现。

可见，在实际设计逻辑电路时，有时并不是表达式最简单就能满足设计要求，还应考虑所使用的集成器件的种类，将表达式转换为能用所要求的集成器件实现的形式，并尽量使所用的集成器件最少，即设计步骤框图中所说的“最合理表达式”。

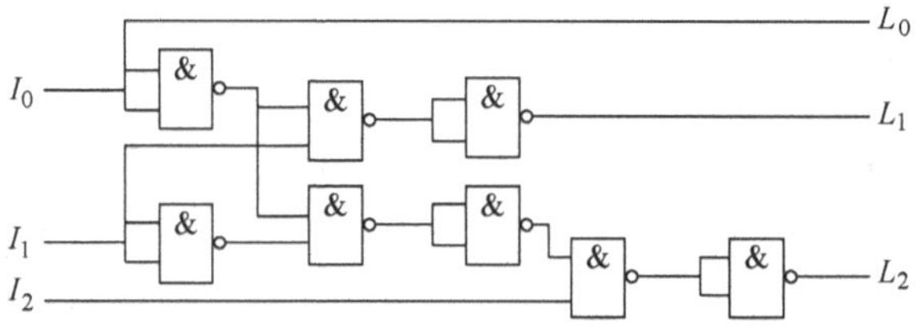

图 7-7　例 7-3 逻辑图

7.3.3　编码器

一、基本概念与类型

所谓编码就是将具有特定含义的信息（如字母、数字、符号等）用二进制代码来表示的过程，实现编码功能的电路称为编码器。

编码器的输入是被编信号，输出为二进制代码。按编码方式的不同，有普通编码器和优先编码器。按输出代码的种类不同有二进制编码器、二-十进制编码器等。

二、二进制编码器

用 n 位二进制代码对 2^n 个信号进行编码的电路称为二进制编码器。

3 位二进制编码器有 8 个输入端 3 个输出端，所以常称为 8 线—3 线编码器，其真值表见表 7-4，输入为高电平有效。

表 7-4　编码器真值表

输　入								输　出		
I_0	I_1	I_2	I_3	I_4	I_5	I_6	I_7	A_2	A_1	A_0
1	0	0	0	0	0	0	0	0	0	0
0	1	0	0	0	0	0	0	0	0	1
0	0	1	0	0	0	0	0	0	1	0
0	0	0	1	0	0	0	0	0	1	1
0	0	0	0	1	0	0	0	1	0	0
0	0	0	0	0	1	0	0	1	0	1
0	0	0	0	0	0	1	0	1	1	0
0	0	0	0	0	0	0	1	1	1	1

由真值表写出各输出的逻辑表达式为

$$A_2=\overline{\overline{I_4}\ \overline{I_5}\ \overline{I_6}\ \overline{I_7}}$$

$$A_1=\overline{\overline{I_2}\ \overline{I_3}\ \overline{I_6}\ \overline{I_7}}$$

$$A_0=\overline{\overline{I_1}\ \overline{I_3}\ \overline{I_5}\ \overline{I_7}}$$

用门电路实现逻辑电路，如图 7-8 所示。

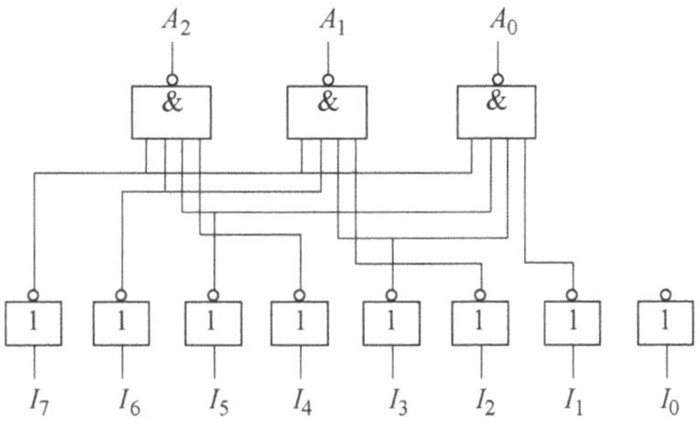

图 7-8　3 位二进制编码器

三、优先编码器

优先编码器——允许同时输入两个以上的编码信号，编码器给所有的输入信号规定了优先顺序，当多个输入信号同时出现时，只对其中优先级最高的一个进行编码。

74148 是一种常用的 8 线—3 线优先编码器。其真值表见表 7-5，其中 $I_0 \sim I_7$ 为编码输入端，低电平有效。$A_0 \sim A_2$ 为编码输出端，也为低电平有效，即反码输出。其他功能：

1）EI 为使能输入端，低电平有效。

2）优先顺序为 $I_7 \rightarrow I_0$，即 I_7 的优先级最高，然后是 I_6、I_5、…、I_0。

3）GS 为编码器的工作标志，低电平有效。

4）EO 为使能输出端，高电平有效。

表 7-5　74148 优先编码器真值表

输入									输出				
EI	I_0	I_1	I_2	I_3	I_4	I_5	I_6	I_7	A_2	A_1	A_0	GS	EO
1	×	×	×	×	×	×	×	×	1	1	1	1	1
0	1	1	1	1	1	1	1	1	1	1	1	1	0
0	×	×	×	×	×	×	×	0	0	0	0	0	1
0	×	×	×	×	×	×	0	1	0	0	1	0	1
0	×	×	×	×	×	0	1	1	0	1	0	0	1
0	×	×	×	×	0	1	1	1	0	1	1	0	1
0	×	×	×	0	1	1	1	1	1	0	0	0	1
0	×	×	0	1	1	1	1	1	1	0	1	0	1
0	×	0	1	1	1	1	1	1	1	1	0	0	1
0	0	1	1	1	1	1	1	1	1	1	1	0	1

四、编码器的扩展

集成编码器的输入、输出端的数目都是一定的，利用编码器的使能输入端 EI、使能输出端 EO 和优先编码工作标志 GS，可以扩展编码器的输入、输出端。图 7-9 所示为用两片 74148 优先编码器串行扩展实现的 16 线—4 线优先编码器。

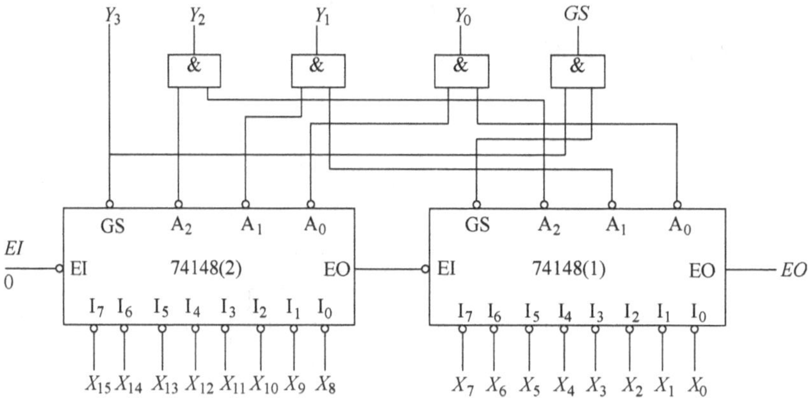

图 7-9　串行扩展实现的 16 线—4 线优先编码器

7.3.4　译码器

一、基本概念与类型

译码是编码的逆过程，即把编码的特定含义“翻译”出来。

译码器是将代表特定信息的二进制代码翻译成对应的输出信号，以表示其原来含义的电路。

译码器按其功能特点可以分为二进制译码器、二-十进制译码器和显示译码器等。假设译码器有 n 个输入信号和 N 个输出信号，如果 $N=2^n$，就称为全译码器，常见的全译码器有 2 线—4 线译码器、3 线—8 线译码器、4 线—16 线译码器等。如果 $N<2^n$，称为部分译码器，如二-十进制译码器（也称作 4 线—10 线译码器）等。

二、二进制译码器

1. 2 线—4 线译码器

2 线—4 线译码器的真值表见表 7-6。

表 7-6　2 线—4 线译码器的真值表

输　入			输　出			
EI	*A*	*B*	Y_0	Y_1	Y_2	Y_3
1	×	×	1	1	1	1
0	0	0	0	1	1	1
0	0	1	1	0	1	1
0	1	0	1	1	0	1
0	1	1	1	1	1	0

由表 7-6 可写出各输出函数表达式，即

$$Y_0 = \overline{\overline{EI}\,\overline{A}\,\overline{B}} \qquad Y_1 = \overline{\overline{EI}\,\overline{A}B}$$

$$Y_2 = \overline{\overline{EI}A\overline{B}} \qquad Y_3 = \overline{\overline{EI}AB}$$

用门电路实现的 2 线—4 线译码器逻辑图如图 7-10 所示。

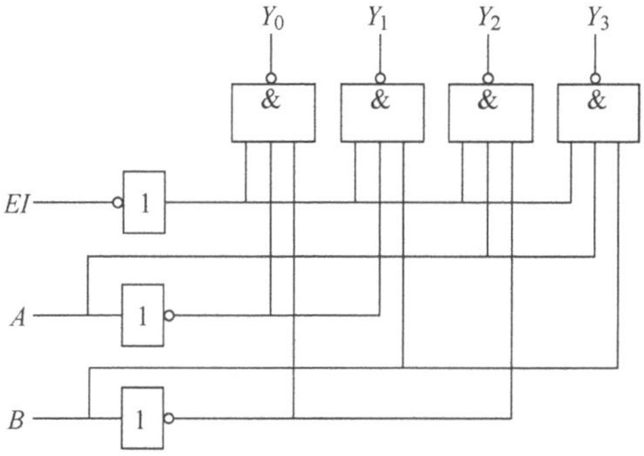

图 7-10　2 线—4 线译码器逻辑图

2. 74138 集成译码器

74138 是一种典型的二进制译码器，其逻辑图和引脚图如图 7-11 所示。它有 3 个输入端 A_2、A_1、A_0，8 个输出端 $Y_0 \sim Y_7$，所以常称为 3 线—8 线译码器，属于全译码器。输出为低电平有效，G_1、G_{2A} 和 G_{2B} 为使能输入端。3 线—8 线译码器 74138 的真值表见表 7-7。

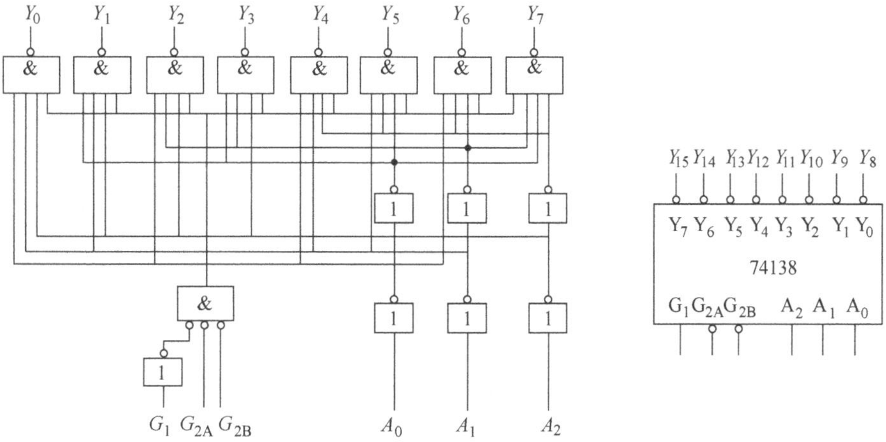

a)　　　b)

图 7-11　74138 集成译码器

a）逻辑图　b）引脚图

表 7-7 3 线—8 线译码器 74138 的真值表

输入						输出							
G_1	G_{2A}	G_{2B}	A_2	A_1	A_0	Y_0	Y_1	Y_2	Y_3	Y_4	Y_5	Y_6	Y_7
×	1	×	×	×	×	1	1	1	1	1	1	1	1
×	×	1	×	×	×	1	1	1	1	1	1	1	1
0	×	×	×	×	×	1	1	1	1	1	1	1	1
1	0	0	0	0	0	0	1	1	1	1	1	1	1
1	0	0	0	0	1	1	0	1	1	1	1	1	1
1	0	0	0	1	0	1	1	0	1	1	1	1	1
1	0	0	0	1	1	1	1	1	0	1	1	1	1
1	0	0	1	0	0	1	1	1	1	0	1	1	1
1	0	0	1	0	1	1	1	1	1	1	0	1	1
1	0	0	1	1	0	1	1	1	1	1	1	0	1
1	0	0	1	1	1	1	1	1	1	1	1	1	0

三、译码器的应用

1. 译码器的扩展

利用译码器的使能端可以方便地扩展译码器的容量。图 7-12 所示是将两片 74138 扩展为 4 线—16 线译码器，其工作原理为：当 $E=1$ 时，两个译码器都禁止工作，输出全 1；当 $E=0$ 时，译码器工作。这时，如果 $A_3=0$，高位片禁止，低位片工作，输出 $Y_0 \sim Y_7$ 由输入二进制代码 $A_2A_1A_0$ 决定；如果 $A_3=1$，低位片禁止，高位片工作，输出 $Y_8 \sim Y_{15}$ 由输入二进制代码 $A_2A_1A_0$ 决定，从而实现了 4 线—16 线译码器功能。

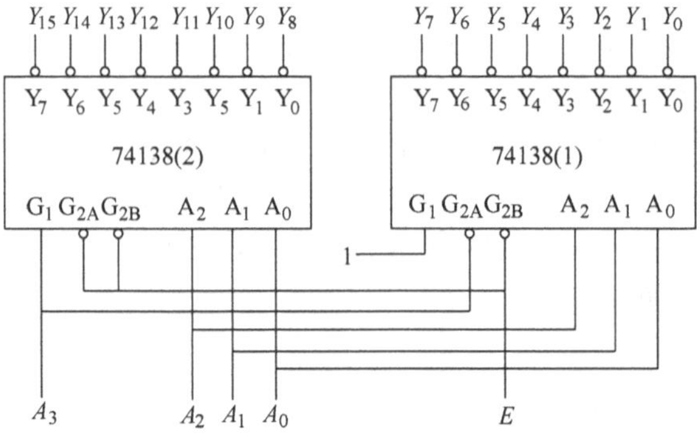

图 7-12 两片 74138 扩展为 4 线—16 线译码器

2. 实现组合逻辑电路

由于译码器的每个输出端分别与一个最小项相对应，因此辅以适当的门电路，便可实现任何组合逻辑函数。

例 7-4 试用译码器和门电路实现逻辑函数

$$L = AB + BC + AC$$

解：（1）将逻辑函数转换成最小项表达式，再转换成与非—与非形式。

$$L = \bar{A}BC + A\bar{B}C + AB\bar{C} + ABC = m_3 + m_5 + m_6 + m_7$$

$$= \overline{\overline{m_3} \cdot \overline{m_5} \cdot \overline{m_6} \cdot \overline{m_7}}$$

（2）该函数有三个变量，所以选用 3 线—8 线译码器 74138。

用一片 74138 加一个与非门就可实现逻辑函数 L。

可见，用译码器实现多输出逻辑函数时，优点更明显。

3. 构成数据分配器

数据分配器——将一路输入数据根据地址选择码分配给多路数据输出中的某一路输出。

它的作用与单刀多掷开关相似，如图 7-13 所示。

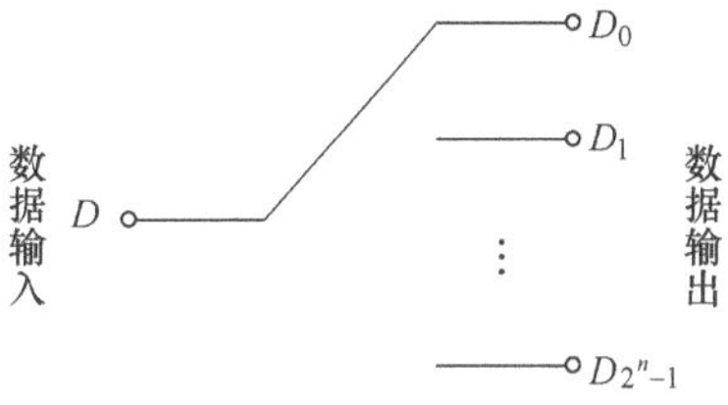

图 7-13　数据分配器示意图

由于译码器和数据分配器的功能非常接近，所以译码器一个很重要的应用就是构成数据分配器。也正因为如此，市场上没有集成数据分配器产品，只有集成译码器产品。当需要数据分配器时，可以用译码器改接。

例 7-5　用译码器设计一个 1 线—8 线数据分配器（见图 7-14）。

解： 设计数据分配器真值表见表 7-8。其他步骤同例 7-4。

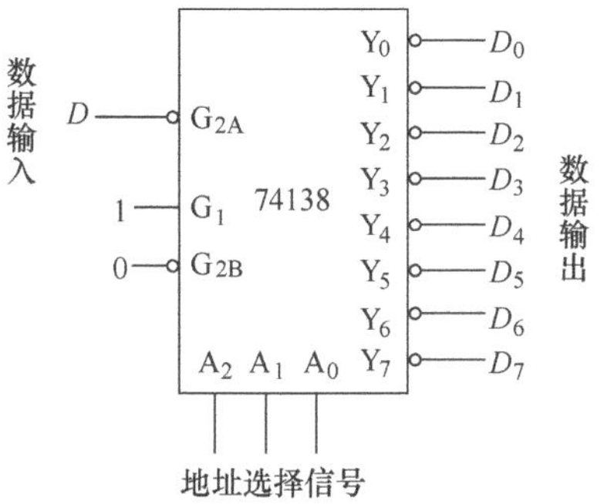

图 7-14　译码器构成的数据分配器

表 7-8　数据分配器真值表

地址选择信号			输出
A_2	A_1	A_0	
0	0	0	$D=D_0$
0	0	1	$D=D_1$
0	1	0	$D=D_2$
0	1	1	$D=D_3$
1	0	0	$D=D_4$
1	0	1	$D=D_5$
1	1	0	$D=D_6$
1	1	1	$D=D_7$

四、数字显示译码器

在数字系统中，常常需要将数字、字母、符号等直观地显示出来，供人们读取或监视系统的工作情况。能够显示数字、字母或符号的器件称为数字显示器。

在数字电路中，数字量都是以一定代码形式出现的，所以这些数字量要先经过译码，才能送到数字显示器去显示。这种能把数字量翻译成数字显示器所能识别信号的译码器称为数字显示译码器。

按显示方式分，数字显示译码器有字型重叠式、点阵式、分段式等。

按发光物质分，数字显示译码器有半导体显示器（又称发光二极管（LED）显示器）、荧光显示器、液晶显示器、气体放电管显示器等。

七段显示译码器 7448 是一种与共阴极数字显示器配合使用的集成译码器，它的功能是将输入的 4 位二进制代码转换成显示器所需要的 7 个段信号 $a \sim g$。

表 7-9 所示为它的逻辑功能表。$a \sim g$ 为译码输出端。另外，它还有 3 个控制端：试灯输入端 LT、灭零输入端 RBI、特殊控制端 BI/RBO。其功能为：

表 7-9 七段显示译码器 7448 的逻辑功能表

功能（输入）	输入		输入/输出	输出	显示字形
	LT RBI	$A_3A_2A_1A_0$	BI/RBO	a b c d e f g	
0	1 1	0 0 0 0	1	1 1 1 1 1 1 0	0
1	1 ×	0 0 0 1	1	0 1 1 0 0 0 0	1
2	1 ×	0 0 1 0	1	1 1 0 1 1 0 1	2
3	1 ×	0 0 1 1	1	1 1 1 1 0 0 1	3
4	1 ×	0 1 0 0	1	0 1 1 0 0 1 1	4
5	1 ×	0 1 0 1	1	1 0 1 1 0 1 1	5
6	1 ×	0 1 1 0	1	0 0 1 1 1 1 1	6
7	1 ×	0 1 1 1	1	1 1 1 0 0 0 0	7
8	1 ×	1 0 0 0	1	1 1 1 1 1 1 1	8
9	1 ×	1 0 0 1	1	1 1 1 0 0 1 1	9
10	1 ×	1 0 1 0	1	0 0 0 1 1 0 1	
11	1 ×	1 0 1 1	1	0 0 1 1 0 0 1	
12	1 ×	1 1 0 0	1	0 1 0 0 0 1 1	
13	1 ×	1 1 0 1	1	1 0 0 1 0 1 1	
14	1 ×	1 1 1 0	1	0 0 0 1 1 1 1	
15	1 ×	1 1 1 1	1	0 0 0 0 0 0 0	暗
灭灯	× ×	× × × ×	0	0 0 0 0 0 0 0	暗
灭零	1 0	0 0 0 0	0	0 0 0 0 0 0 0	暗
试灯	0 ×	× × × ×	1	1 1 1 1 1 1 1	8

1）正常译码显示。$LT=1$，$BI/RBO=1$ 时，对输入为十进制数 1 ~ 15 的二进制码（0001 ~ 1111）进行译码，产生对应的七段显示码。

2）灭零。当输入 $RBI=0$，而输入为 0 的二进制码 0000 时，则译码器的 $a \sim g$ 输出全 0，使显示器全灭；只有当 $RBI=1$ 时，才产生 0 的七段显示码。所以 RBI 称为灭零输入端。

3）试灯。当 $LT=0$ 时，无论输入怎样，$a \sim g$ 输出全 1，数码管七段全亮。由此可以检测显示器 7 个发光段的好坏。LT 称为试灯输入端。

4）特殊控制端 BI/RBO。BI/RBO 可以作输入端，也可以作输出端。

作输入端使用时，如果 $BI=0$，不管其他输入端为何值，$a \sim g$ 均输出 0，显示器全灭。因此 BI 称为灭灯输入端。

作输出端使用时，受控于 RBI。当 $RBI=0$，输入为 0 的二进制码 0000 时，$RBO=0$，用以指示该片正处于灭零状态。所以 RBO 又称为灭零输出端。

将 *BI*/*RBO* 和 *RBI* 配合使用，可以实现多位数显示时的“无效 0 消隐”功能。

7.4 任务分析

一、电路构成

8 路抢答器电路图如图 7-15 所示，它主要由开关及二极管构成的编码器、七段显示译码器 CD4511、七段码显示器 XS 和由 VT、VD13、VD14 等组成的锁存控制电路组成。

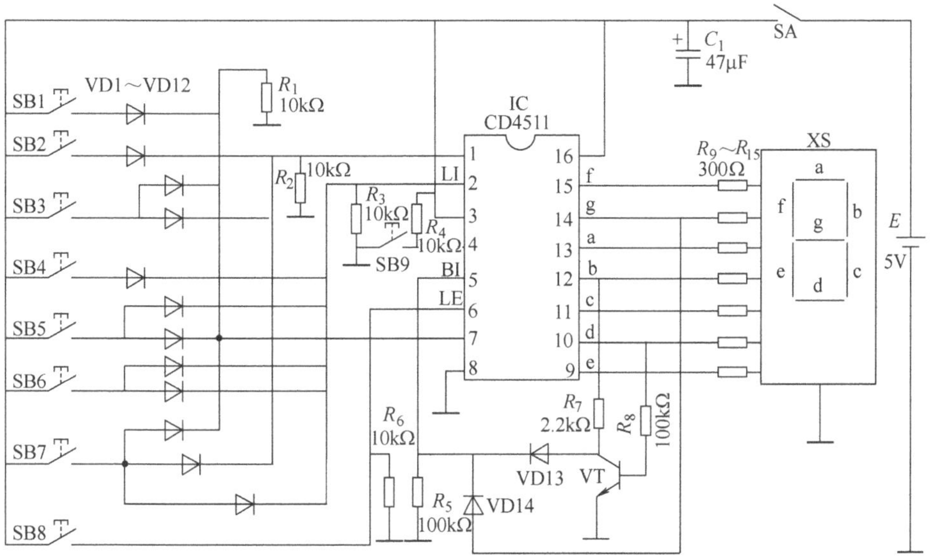

图 7-15　8 路抢答器电路图

二、工作原理

1. 抢答功能

抢答按钮 SB1 ~ SB8 中的任意一个被按下时，输出端 *d* 为低电平，或输出端 *g* 为高电平。这两种状态中必有一个存在或都存在。此时，CD4511 的第 5 脚为高电平，CD4511 接收编码信息锁存，使相应的输出端为高电平，并送给七段码显示器显示选手的编号，之后从 BCD 码输入端送来的数据不再显示。这就实现了抢答功能。

2. 清零功能

当本轮抢答结束，需要进行下一轮的重新抢答时，则只需要按下复位按钮 SB9（SB1 ~ SB8 不能按下），清除锁存器中的数据，使数字熄灭一下，然后恢复为“0”状态，CD4511 第 5 脚为低电平。

三、元器件清单

8 路抢答器的元器件清单见表 7-10。

表 7-10 8 路抢答器的元器件清单

序号	元器件及编号	名称、规格描述	数量	备注
1	VD1 ~ VD14	1N4148	14	二极管
2	SB1 ~ SB9	按钮	9	常开型
3	VT	2N2222A	1	可用 9013、9014 替代
4	CD4511	显示译码器	1	高电平有效
5	$R_1 \sim R_4$、R_6	碳膜电阻 10kΩ，1/4W，J	5	
6	$R_9 \sim R_{15}$	碳膜电阻 300Ω，1/4W，J	7	
7	R_5、R_8	碳膜电阻 100kΩ，1/4W，J	2	
8	R_7	碳膜电阻 2.2kΩ，1/4W，J	1	
9	XS	七段码显示器	1	共阴极

7.5 任务实施

一、电路装配准备

1. 制作工具与仪器设备

1）电路焊接工具：电烙铁（25 ~ 35W）、烙铁架、焊锡丝、松香。

2）加工工具：剪刀、尖嘴钳、斜口钳、一字形螺钉旋具、镊子。

3）测试仪器仪表：万用表、示波器。

2. 装配电路板设计

（1）装配电路板图　装配电路板图如图 7-16 所示。

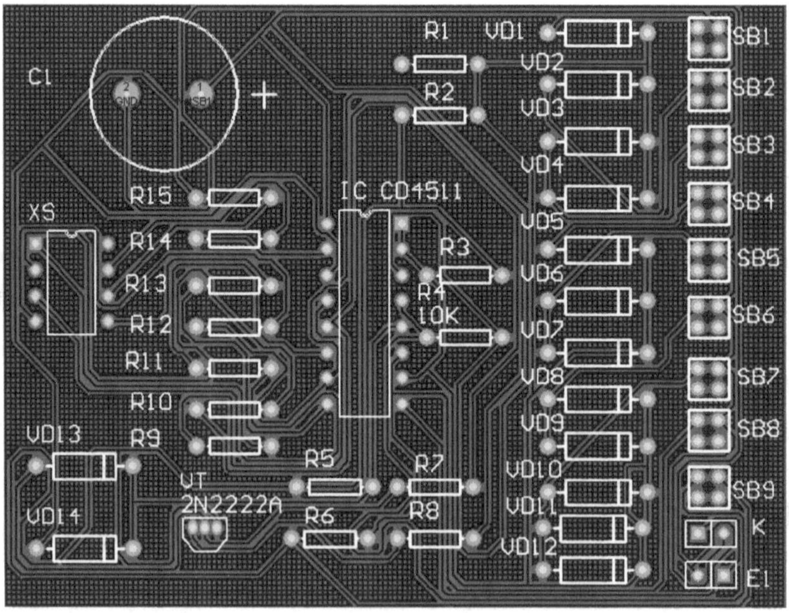

图 7-16　装配电路板图（参考）

（2）装配电路板设计说明　本装配电路板采用 Protel 99 SE 软件绘制，元件面如图 7-16 所示，在装配时应注意各个元器件的方向，不能接反。

3. 电子元器件检测与筛选

（1）外观质量检查　各电子元器件应完整无损，各种型号、规格、标志应清晰、牢固，标志符号不能模糊不清或脱落。

（2）元器件的测试　用万用表检测电阻、二极管、晶体管、按钮的好坏。集成电路可用 IC 测试仪来检测，若不具备此条件，也可直接安装，然后在路测量。

二、制作与调试

1）在 Protel 99 SE 中生成印制电路板 3D 效果图，如图 7-17 所示。可对照此图并按装配工艺要求插接元器件、焊接。

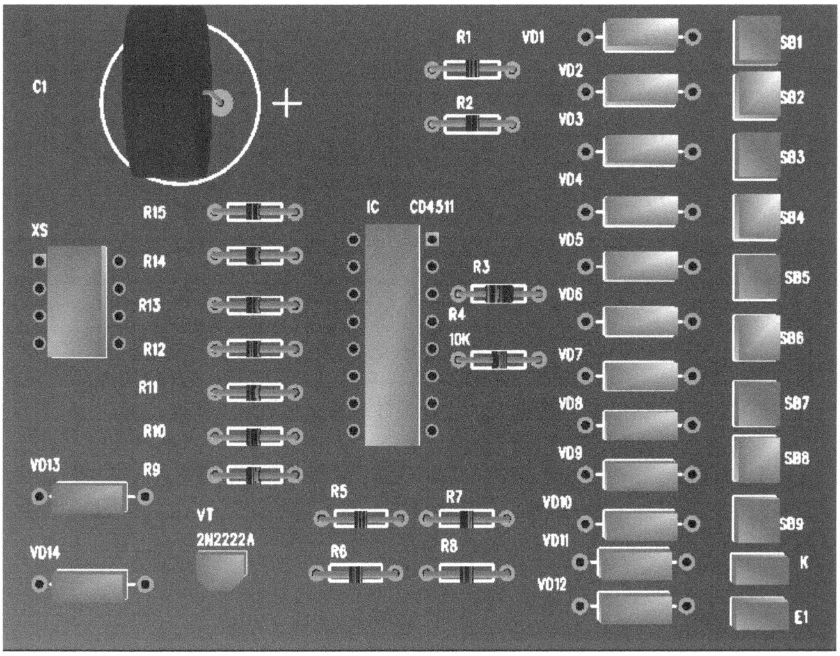

图 7-17　印制电路板 3D 效果图（元件面、参考）

2）组装完成后，仔细检查、核对电路与元器件，确认无误后通电测试。

3）抢答功能测试：按下按钮 SB1 ~ SB8 中的任何一个，数码管显示相应的号码，松开该按钮，数码管继续显示该号码。这时，按下其他按钮，数码管显示不变，这表明抢答功能正常。

4）清零功能测试：按下按钮 SB9，数字显示为“0”。

7.6　评分标准

本项任务的评分标准见表7-11。

表7-11　评分标准

任务：抢答器的制作		组：		姓名：	
项目	配分	考核要求	扣分标准	扣分记录	得分
电路分析	40	能正确分析电路的工作原理	每处错误扣5分		
印制电路板的设计制作	8	1. 能手工或用电子CAD设计印制电路板 2. 能正确制作电路板	1. 印制电路板设计不规范，扣3分 2. 不能正确制作电路板，每一错误步骤扣2分		
电路连接	12	1. 能正确测量元器件 2. 工具使用正确 3. 元器件的位置正确，引脚成形、焊点符合要求，连线正确	1. 不能正确测量元器件，不能正确使用工具，每处扣2分 2. 错装、漏装，每处扣2分 3. 引脚成形不规范，焊点不符合要求，每处扣2分 4. 损坏元器件，连线错误，每处扣2分		
电路调试	10	1. 能实现抢答功能 2. 能清零复位	1. 不能显示选手编号，扣4分 2. 不能实现抢答，扣4分 3. 不能清零复位，扣2分		
故障分析	10	1. 能正确观察出故障现象 2. 能正确分析故障原因，判断故障范围	1. 故障现象观察错误，每次扣2分 2. 故障原因分析错误，每次扣2分 3. 故障范围判断过大，每次扣1分		
故障检修	10	1. 检修思路清晰，方法运用得当 2. 检修结果正确 3. 正确使用仪表	1. 检修思路不清、方法不当，每次扣2分 2. 检修结果错误，扣5分 3. 使用仪表错误，每次扣2分		
安全文明工作	10	1. 安全用电，无人为损坏仪器、元器件和设备 2. 保持环境整洁，秩序井然，操作习惯良好 3. 小组成员协作和谐，态度正确 4. 不迟到、早退、旷课	1. 发生安全事故，扣10分 2. 人为损坏设备、元器件，扣10分 3. 现场不整洁、工作不文明、团队不协作，扣5分 4. 不遵守考勤制度，每次扣2~5分		
总分					

7.7 知识拓展

1. 半加器

半加器的真值表见表 7-12。

表中的 A 和 B 分别表示被加数和加数输入，S 为本位和输出，C 为向相邻高位的进位输出。由真值表可直接写出输出逻辑函数表达式，即

$$S=\bar{A}B+A\bar{B}=A\oplus B$$

$$C=AB$$

表 7-12　半加器的真值表

输　入		输　出	
被加数 A	加数 B	和 S	进位 C
0	0	0	0
0	1	1	0
1	0	1	0
1	1	0	1

可见，可用一个异或门和一个与门组成半加器，如图 7-18 所示。

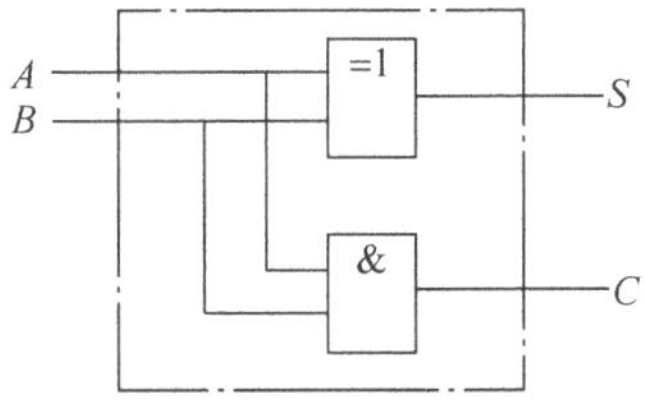

图 7-18　异或门和与门组成的半加器

如果想用与非门组成半加器，可以用代数法变换成与非形式，即

$$S=\bar{A}B+A\bar{B}=\bar{A}B+A\bar{B}+A\bar{A}+B\bar{B}=A(\bar{A}+\bar{B})+B(\bar{A}+\bar{B})=A\overline{AB}+B\overline{AB}$$

$$=\overline{\overline{A\overline{AB}}\;\overline{B\overline{AB}}}$$

$$C=AB=\overline{\overline{AB}}$$

由此画出用与非门组成的半加器，逻辑图和符号如图 7-19a、b 所示。

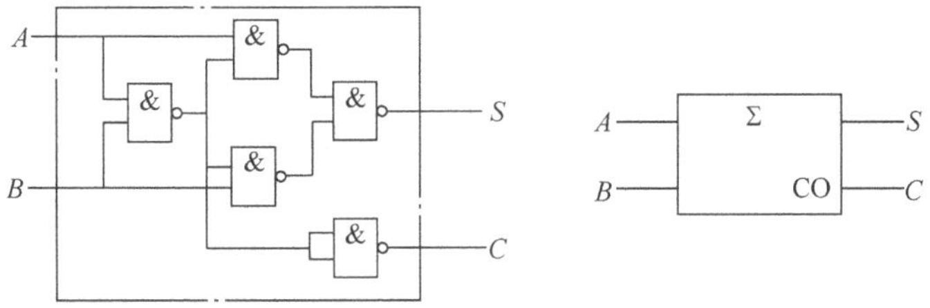

a)　　b)

图 7-19　半加器

a）逻辑图　b）符号

2. 全加器

在多位数加法运算时，除最低位外，其他各位都需要考虑低位送来的进位。全加器就具有这种功能。全加器的真值表见表 7-13。表中的 A_i 和 B_i 分别表示被加数和加数输入，C_{i-1} 表示来自相邻低位的进位输入。S_i 为本位和输出，C_i 为向相邻高位的进位输出。

表 7-13 全加器的真值表

输入			输出	
A_i	B_i	C_{i-1}	S_i	C_i
0	0	0	0	0
0	0	1	1	0
0	1	0	1	0
0	1	1	0	1
1	0	0	1	0
1	0	1	0	1
1	1	0	0	1
1	1	1	1	1

由真值表直接写出 S_i 和 C_i 的输出逻辑函数表达式，再经代数法化简和转换，得

$$S_i = \overline{A_i}\,\overline{B_i}C_{i-1} + \overline{A_i}B_i\overline{C_{i-1}} + A_i\overline{B_i}\,\overline{C_{i-1}} + A_iB_iC_{i-1}$$

$$= \overline{(A_i \oplus B_i)}C_{i-1} + (A_i \oplus B_i)\overline{C_{i-1}} = A_i \oplus B_i \oplus C_{i-1}$$

$$C_i = \overline{A_i}B_iC_{i-1} + A_i\overline{B_i}C_{i-1} + A_iB_i\overline{C_{i-1}} + A_iB_iC_{i-1}$$

$$= A_iB_i + (A_i \oplus B_i)C_{i-1}$$

由此画出全加器的逻辑图如图 7-20a 所示。图 7-20b 所示为全加器的代表符号。

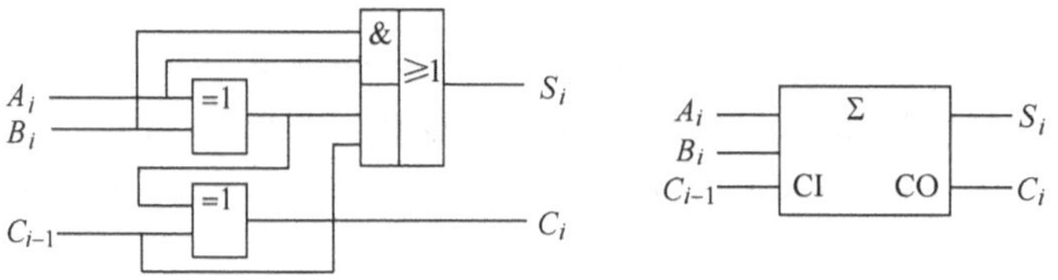

a) b)

图 7-20 全加器

a）逻辑图 b）符号

3. 多位数加法器

要进行多位数相加，最简单的方法是将多个全加器进行级联，称为串行进位加法器。图 7-21 所示是 4 位串行进位加法器，从图中可见，两个 4 位相加数 $A_3A_2A_1A_0$ 和 $B_3B_2B_1B_0$ 的各位同时送到相应全加器的输入端，进位数串行传送。全加器的个数等于相加数的位数。最低位全加器的 C_{i-1} 端应接 0。

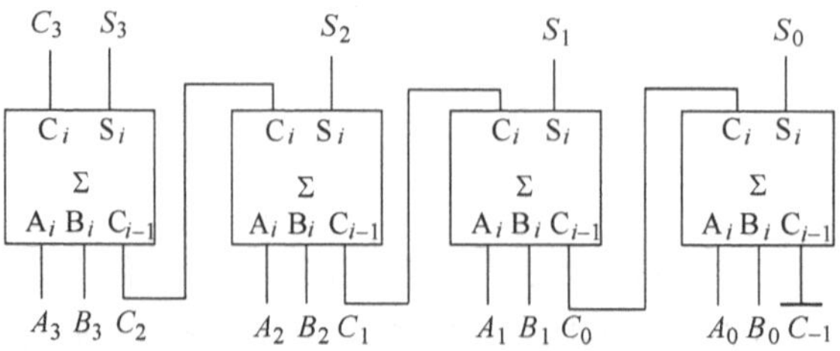

图 7-21 4 位串行进位加法器

串行进位加法器的优点是电路比较简单，缺点是速度比较慢。因为进位信号是串行传递，图 7-21 中最后一位的进位输出 C_3 要经过四位全加器传递之后才能形成。如果位数增加，传输延迟时间将更长，工作速度更慢。

为了提高速度，人们又设计了一种多位数快速进位（又称超前进位）的加法器。所谓快速进位，是指加法运算过程中，各级进位信号同时送到各位全加器的进位输入端。现在的集成加法器大多采用这种方法。

4. 集成加法器

（1）加法器级联实现多位二进制数加法运算　一片 74283 只能进行 4 位二进制数的加法运算，将多片 74283 进行级联，就可扩展加法运算的位数。用两片 74283 组成的 8 位二进制数加法电路如图 7-22 所示。

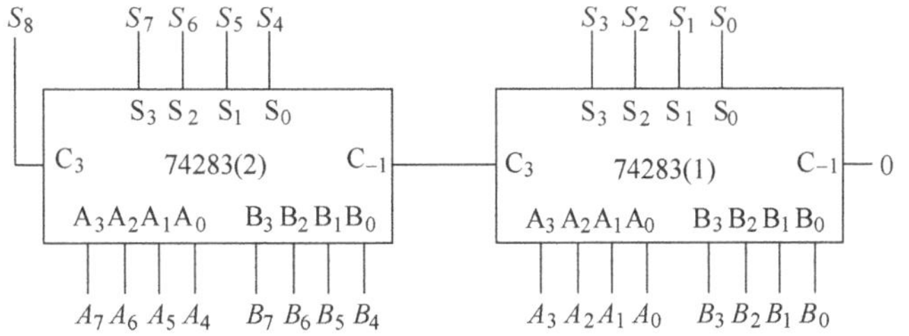

图 7-22　两片 74283 组成的 8 位二进制数加法电路图

（2）用 74283 实现余 3 码到 8421BCD 码的转换　由表 7-14 知，对同一个十进制数符，余 3 码比 8421BCD 码多 3。因此实现余 3 码到 8421BCD 码的变换，只需从余 3 码中减去 3（即 0011）。利用二进制补码的概念，很容易实现上述减法。由于 0011 的补码为 1101，减 0011 与加 1101 等效。所以，从 74283 的 $A_3 \sim A_0$ 输入余 3 码的四位代码，$B_3 \sim B_0$ 接固定代码 1101，就能实现相应的转换，其逻辑图如图 7-23 所示。

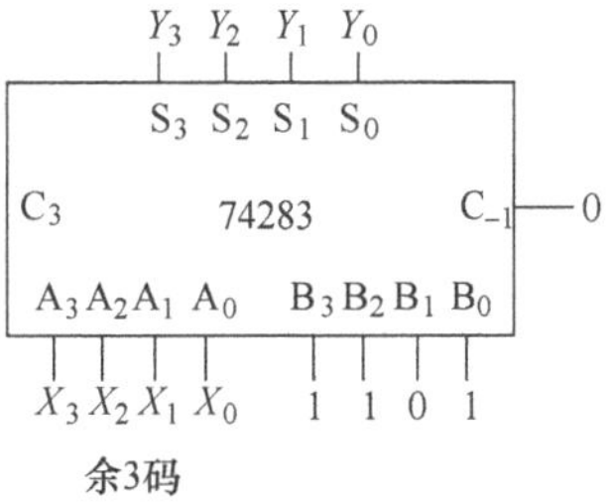

图 7-23　将余 3 码转换成 8421 BCD 码的逻辑图

表 7-14　常用 BCD 码

十进制数	8421 码	2421 码	5421 码	余 3 码
0	0 0 0 0	0 0 0 0	0 0 0 0	0 0 1 1
1	0 0 0 1	0 0 0 1	0 0 0 1	0 1 0 0
2	0 0 1 0	0 0 1 0	0 0 1 0	0 1 0 1
3	0 0 1 1	0 0 1 1	0 0 1 1	0 1 1 0
4	0 1 0 0	0 1 0 0	0 1 0 0	0 1 1 1
5	0 1 0 1	1 0 1 1	1 0 0 0	1 0 0 0
6	0 1 1 0	1 1 0 0	1 0 0 1	1 0 0 1
7	0 1 1 1	1 1 0 1	1 0 1 0	1 0 1 0
8	1 0 0 0	1 1 1 0	1 0 1 1	1 0 1 1
9	1 0 0 1	1 1 1 1	1 1 0 0	1 1 0 0
位权	8 4 2 1 $b_3b_2b_1b_0$	2 4 2 1 $b_3b_2b_1b_0$	5 4 2 1 $b_3b_2b_1b_0$	无权

7.8 思考与练习

一、填空题

1. 组合逻辑电路的特点是输出状态只与__________，与电路原来的状态__________，其基本单元电路是__________。

2. 半导体数码显示器有共__________和共__________两种接法。

3. 8421BCD 编码器有__________个输入端，__________个输出端，它能将十进制转换成代码。

4. 四选一数据选择器的数据线有__________根，地址线有__________根。

5. 3-8 译码器的输入线有__________根，输出线有__________根。

二、简答题

1. 调试时，按下不同的键应显示相对应的数字，同时将其锁存。如果显示的数字出现残缺不全的情况，原因是什么，如何处理?

2. 三种载客列车分别为特快、直快和普快。它们的优先级别为：特快优先级最高，其次是直快，优先级最低的是普快。在同一时间里只能有一趟列车从车站开出，即只能给出一个开车信号，试设计该逻辑电路。

7.9 项目小结

本项目主要是制作抢答器，学生利用编码、译码显示等原理，学习制作抢答器的基本知识，在制作过程中，培养学生的动手能力及简单组合逻辑电路的设计能力。在电路的装配、制作与调试过程中，培养学生的职业素养，考核部分对学生的实际操作给出客观的评价，学生还在项目中学到电路的调试、故障分析和检修能力。

项目8　电子生日蜡烛的分析与制作

8.1　任务描述

在日常生活中，当伴随着“生日快乐”乐曲而点燃蜡制生日蜡烛时，人们都会沉浸在被关爱的惊喜和欢乐之中，这种由烛光营造的氛围往往让人难以忘怀。“电子生日蜡烛”应用触发器的特性，模拟仿真生日蜡烛，推动音乐IC进行工作。这种“电子蜡烛”与吹灭蜡制蜡烛一样具有相同的乐趣，并且它是可重复利用的、可改进的以及环保的。本任务是制作一支电子生日蜡烛。

8.2　任务目标

知识目标	1. 掌握RS触发器的构成、功能和工作原理 2. 掌握边沿JK、D触发器的组成、逻辑功能和应用 3. 掌握集成触发器的功能转换方法
技能目标	1. 能够对集成触发器的逻辑功能进行测试和应用，并能识读引脚 2. 能独立完成电子生日蜡烛电路的安装与调试
职业素养	1. 具有良好的沟通能力和团队协作精神 2. 建立质量、成本、安全及环保的意识 3. 养成规范操作的习惯

8.3　任务资讯

触发器由门电路构成，是具有记忆功能的电路，也是构成时序逻辑电路必不可少的基本逻辑单元，在数字信号的产生、变换、存储、控制等方面有着广泛的应用。触发器的输出有两个稳定状态，分别用二进制数码0、1表示。在输入信号不发生改变时，触发器的状态保持，直到输入信号改变后它的状态才可能发生改变，即具有状态保持、信息接收、状态更新等特点。

触发器按逻辑功能可分为RS触发器、JK触发器、D触发器、T触发器、T′触发器。

一、基本RS触发器

(1)电路结构　由两个输入、输出端交叉耦合的与非门构成，其逻辑图和符号如图8-1

所示。RS 触发器与组合电路的根本区别在于，电路中有反馈线。它有两个输入端$\overline{R}$、$\overline{S}$，有两个输出端 Q、$\overline{Q}$。一般情况下，Q、$\overline{Q}$ 是互补的。当 $Q=1$，$\overline{Q}=0$ 时，称为触发器处于 1 态；当 $Q=0$，$\overline{Q}=1$ 时，称为触发器处于 0 态。

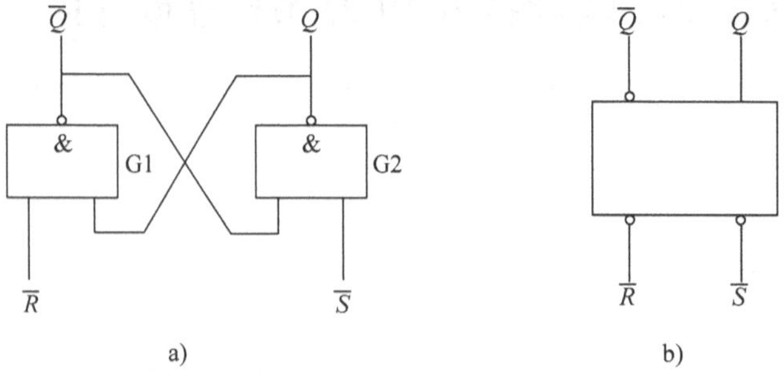

图 8-1　与非门组成的基本 RS 触发器
a) 逻辑图　b) 逻辑符号

(2) 逻辑功能分析

1) $\overline{R}=0$，$\overline{S}=1$ 时，不论触发器原来处于什么状态，次态都将变成 0 态，这种情况称将触发器清零或复位。$\overline{R}$ 端称为触发器的清零端或复位端(低电平有效)。

2) $\overline{R}=1$，$\overline{S}=0$ 时，不论触发器原来处于什么状态，次态都将变成"1"态，这种情况称将触发器置 1 或置位。$\overline{S}$ 端称为触发器的置 1 端或置位端(低电平有效)。

3) $\overline{R}=1$，$\overline{S}=1$ 时，触发器保持原有状态不变，即原来的状态被触发器存储起来，这体现了触发器具有记忆能力。

4) $\overline{R}=0$、$\overline{S}=0$ 时，$Q^{n+1}=\overline{Q}^{n+1}=1$，不符合触发器的互补输出关系，并且当 $\overline{R}$、$\overline{S}$ 同时由 0 变为 1 时，由于两个与非门的延迟时间不等，使触发器的次态不确定。这种情况是不允许的，规定 RS 触发器要遵循 $\overline{R}+\overline{S}=1$ 的约束条件。

将以上的分析结果列成表格，即可得到基本 RS 触发器的真值表，也称特性表或状态表，见表 8-1。

表 8-1　基本 RS 触发器的特性表

$\overline{R}$	$\overline{S}$	Q^n	Q^{n+1}	功能说明
0	0	0	×	不稳定状态
0	0	1	×	
0	1	0	0	置 0(复位)
0	1	1	0	
1	0	0	1	置 1(置位)
1	0	1	1	
1	1	0	0	保持原状态
1	1	1	1	

可见，触发器的新状态 Q^{n+1}(也称次态)不仅与输入信号的状态有关，也与触发器原来的状态 Q^n(也称现态或初态)有关，具有以下特点：

①有两个互补的输出端，有两个稳态。

②有复位($Q=0$)、置位($Q=1$)、保持原状态三种功能。

③$\overline{R}$ 为复位输入端，$\overline{S}$ 为置位输入端，该电路为低电平有效。

④由于反馈线的存在，无论是复位还是置位，有效信号只需作用很短的一段时间，即可

"一触即发"。

(3)波形分析　以例题的形式进行分析。

例8-1　用与非门组成的基本RS触发器如图8-1a所示，设初始状态为0，已知输入$\overline{S}$、$\overline{R}$的波形图如图8-2所示，画出输出Q、$\overline{Q}$的波形图。

解：由表8-1可画出输出Q、$\overline{Q}$的波形如图8-2所示。

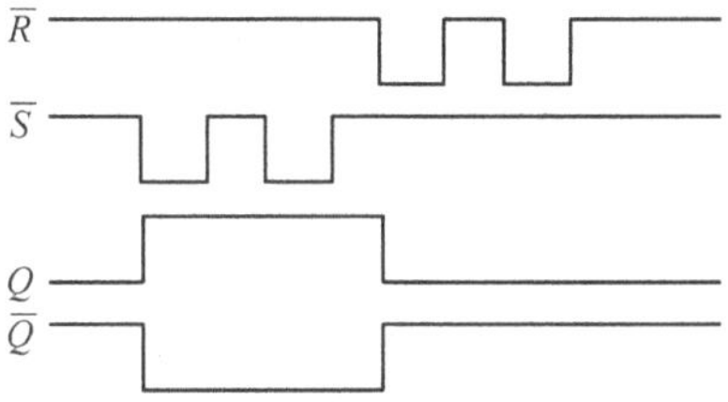

图8-2　例8-1波形图

综上所述，基本RS触发器具有复位($Q=0$)、置位($Q=1$)、保持原状态三种功能；$\overline{R}$为复位输入端，$\overline{S}$为置位输入端，可以是低电平有效，也可以是高电平有效，取决于触发器的结构。

二、钟控(同步)触发器

在实际应用中，触发器的工作状态不仅要由R、S端的信号来决定，而且还希望按一定的节拍翻转。为此，给触发器加一个时钟控制端CP，只有在CP端上出现时钟脉冲时，触发器的状态才能变化。具有时钟脉冲控制的触发器状态的改变与时钟脉冲同步，所以称为同步触发器。

(1)电路结构　如图8-3a所示，在基本RS触发器电路结构上增加了两个与非门和一个时钟端，其逻辑符号如图8-3b所示。

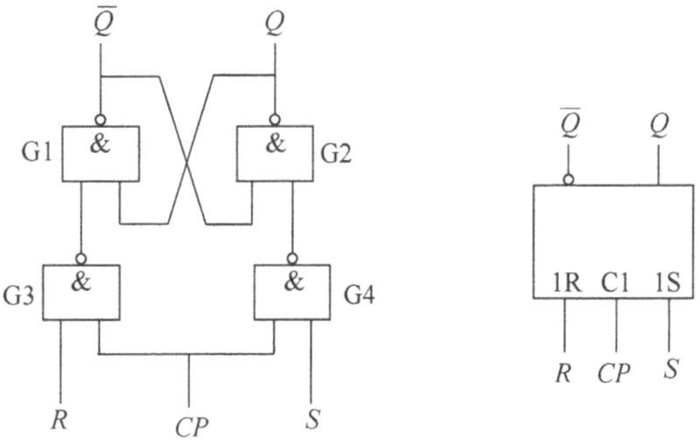

a)　　b)

图8-3　同步RS触发器

a)逻辑图　b)逻辑符号

(2)逻辑功能分析　当$CP=0$时，控制门G3、G4关闭，都输出1。这时，不管R端和S端的信号如何变化，触发器的状态都保持不变。

当$CP=1$时，G3、G4打开，R、S端的输入信号才能通过这两个门，使基本RS触发器的状态翻转，其输出状态由R、S端的输入信号决定。同步RS触发器的特性表见表8-2。

表8-2　同步RS触发器的特性表

R	S	Q^n	Q^{n+1}	功能说明
0	0	0	0	保持原状态
0	0	1	1	
0	1	0	1	输出状态与S状态相同
0	1	1	1	
1	0	0	0	输出状态与S状态相同
1	0	1	0	
1	1	0	×	输出状态不稳定
1	1	1	×	

由此可以看出，同步 RS 触发器的状态转换分别由 R、S 和 CP 控制，其中，R、S 控制状态转换的方向，即转换为何种次态；CP 控制状态转换的时刻，即何时发生转换。

(3)触发器功能的几种表示方法

1)特性方程。触发器次态 Q^{n+1} 与输入状态 R、S 及现态 Q^n 之间关系的逻辑表达式称为触发器的特性方程。根据表 8-2 可画出同步 RS 触发器 Q^{n+1} 的卡诺图，如图 8-4 所示。由此可得，同步 RS 触发器的特性方程为

$$Q^{n+1}=S+\overline{R}Q^n$$

$$RS=0 \qquad \text{（约束条件）}$$

2)状态转换图。状态转换图表示触发器从一个状态变化到另一个状态或保持原状态不变时，对输入信号的要求。同步 RS 触发器的状态转换图如图 8-5 所示。

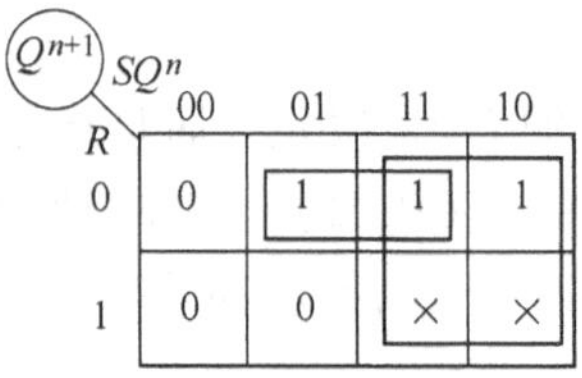

图 8-4　同步 RS 触发器 Q^{n+1} 的卡诺图

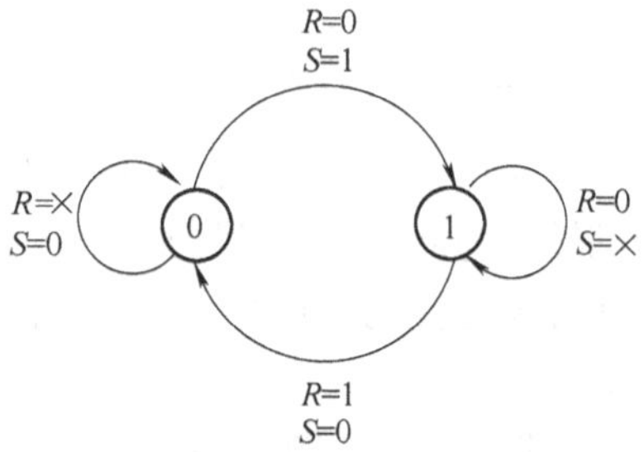

图 8-5　同步 RS 触发器的状态转换图

3)驱动表。驱动表是用表格的方式表示触发器从一个状态变化到另一个状态或保持原状态不变时，对输入信号的要求。表 8-3 所示是根据表 8-2 画出的同步 RS 触发器的驱动表。驱动表对时序逻辑电路的设计是很有用的。

表 8-3　同步 RS 触发器的驱动表

$Q^n\rightarrow$	Q^{n+1}	R	S
0	0	×	0
0	1	0	1
1	0	1	0
1	1	0	×

4)波形图。触发器的功能也可以用输入、输出波形图直观地表示出来，图 8-6 所示为同步 RS 触发器的波形图。

(4)同步触发器存在的问题——空翻　在一个时钟周期的整个高电平期间或整个低电平期间都能接收输入信号并改变状态的触发方式称为电平触发。由此引起的在一个时钟脉冲周期中，触发器发生多次翻转的现象，叫做空翻，同步 RS 触发器的空翻波形如图 8-7 所示。空翻是一种有害的现象，它使得时序电路不能按时钟节拍工作，易造成系统的误动作。

造成空翻现象的原因是同步触发器结构不完善。

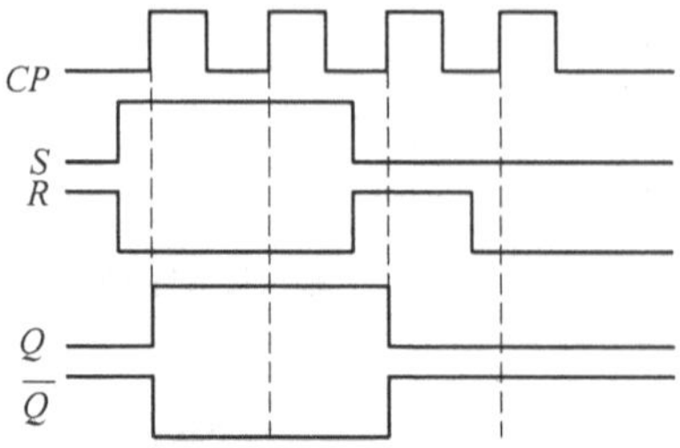

图 8-6　同步 RS 触发器的波形图

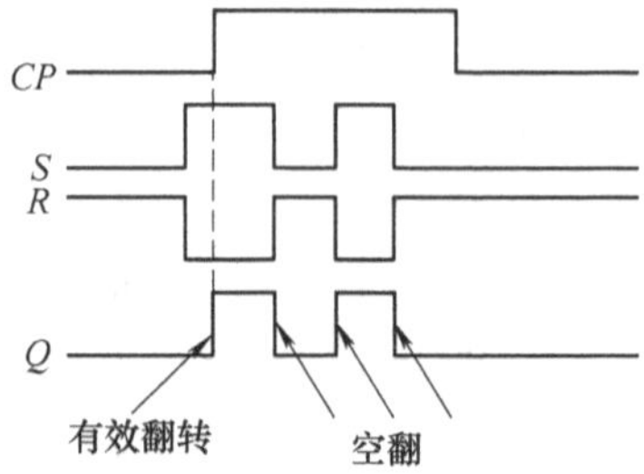

图 8-7　同步 RS 触发器的空翻波形

三、边沿触发器

边沿触发器不仅将触发器的触发翻转控制在 *CP* 触发沿到来的一瞬间，而且将接收输入信号的时间也控制在 *CP* 触发沿到来的前一瞬间。因此，边沿触发器既没有空翻现象，也没有一次变化问题，从而大大提高了触发器工作的可靠性和抗干扰能力。现以维持—阻塞边沿D触发器为例进行介绍。

(1)电路结构　在同步RS触发器的电路基础上，再加两个门G5、G6，将输入信号 D 变成互补的两个信号分别送给 R、S 端，即 $R=\overline{D}$，$S=D$，就构成了同步D触发器，如图8-8a所示。

为了克服空翻，使触发器具有边沿触发的特性，在图8-8a所示电路的基础上引入三根反馈线 L_1、L_2、L_3，即构成了维持—阻塞边沿D触发器，如图8-8b所示。

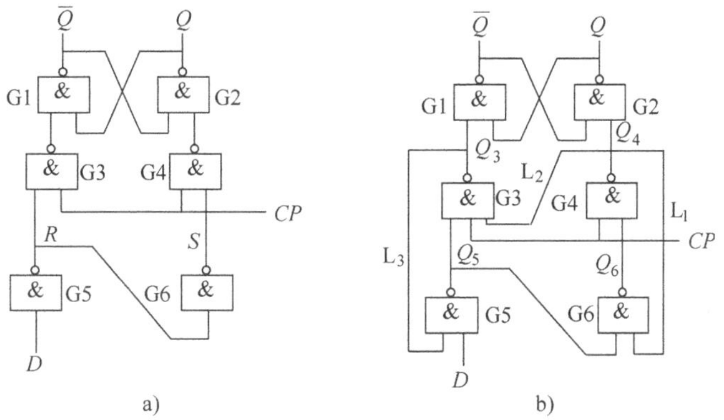

图8-8　D触发器的逻辑图

a)同步D触发器　b)维持—阻塞边沿D触发器

(2)逻辑功能分析

1)输入 $D=1$。在 $CP=0$ 时，G3、G4被封锁，$Q_3=1$、$Q_4=1$，G1、G2组成的基本RS触发器保持原状态不变。因 $D=1$，G5输入全1，输出 $Q_5=0$，它使 $Q_3=1$，$Q_6=1$。当 CP 由0变1时，G4输入全1，输出 Q_4 变为0。继而，Q 翻转为1，$\overline{Q}$ 翻转为0，完成了使触发器翻转为1状态的全过程。同时，一旦 Q_4 变为0，通过反馈线 L_1 封锁了G6门，这时如果 D 信号由1变为0，只会影响G5的输出，不会影响G6的输出，从而维持了触发器的1状态。因此，称 L_1 线为置1维持线。同理，Q_4 变0后，通过反馈线 L_2 也封锁了G3门，从而阻塞了置0通路，故称 L_2 线为置0阻塞线。

2)输入 $D=0$。在 $CP=0$ 时，G3、G4被封锁，$Q_3=1$、$Q_4=1$，G1、G2组成的基本RS触发器保持原状态不变。因 $D=0$，$Q_5=1$，G6输入全1，输出 $Q_6=0$。当 CP 由0变1时，G3输入全1，输出 Q_3 变为0。继而，$\overline{Q}$ 翻转为1，Q 翻转为0，完成了使触发器翻转为0状态的全过程。同时，一旦 Q_3 变为0，通过反馈线 L_3 封锁了G5门，这时无论 D 信号再怎么变化，也不会影响G5的输出，从而维持了触发器的0状态。因此，称 L_3 线为置0维持线。

可见，维持—阻塞触发器是利用了维持线和阻塞线，将触发器的触发翻转控制在 *CP* 上跳沿到来的一瞬间，并接收 CP 上跳沿到来前一瞬间的 D 信号。维持—阻塞触发器因此而得名。

D 触发器只有一个触发输入端 D，因此，逻辑关系非常简单，D 触发器的真值表见表 8-4。

表 8-4 D 触发器的真值表

D	Q^n	Q^{n+1}	功能说明
0	0	0	输出状态与 D 状态相同
0	1	0	
1	0	1	
1	1	1	

D 触发器的特性方程为

$$Q^{n+1}=D$$

D 触发器的状态转换图如图 8-9 所示。

D 触发器的驱动表见表 8-5 。

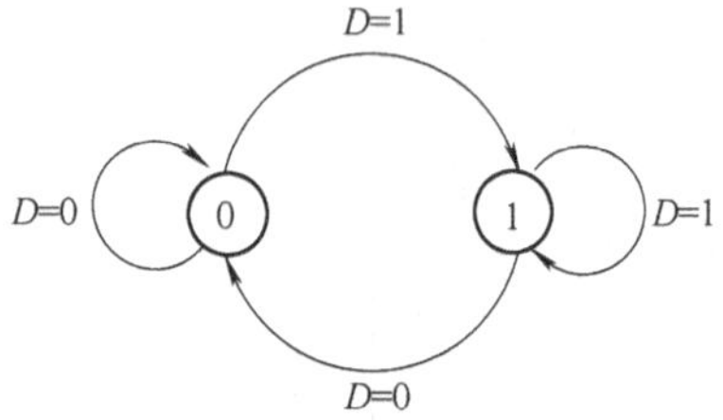

图 8-9 D 触发器的状态转换图

表 8-5 D 触发器的驱动表

$Q^n \to Q^{n+1}$	D
0 0	0
0 1	1
1 0	0
1 1	1

例 8-2 维持—阻塞边沿 D 触发器如图 8-8b 所示，设初始状态为 0，已知输入 D 的波形图如图 8-10 所示，画出输出 Q 的波形图。

解： 由于是边沿触发器，在画波形图时，应注意以下两点：

1）触发器的触发翻转发生在时钟脉冲的触发沿（这里是上升沿）。

2）判断触发器次态的依据是时钟脉冲触发沿前一瞬间（这里是上升沿前一瞬间）输入端的状态。

根据 D 触发器的功能表或特性方程或状态转换图，可画出输出端 Q 的波形图如图 8-10 所示。

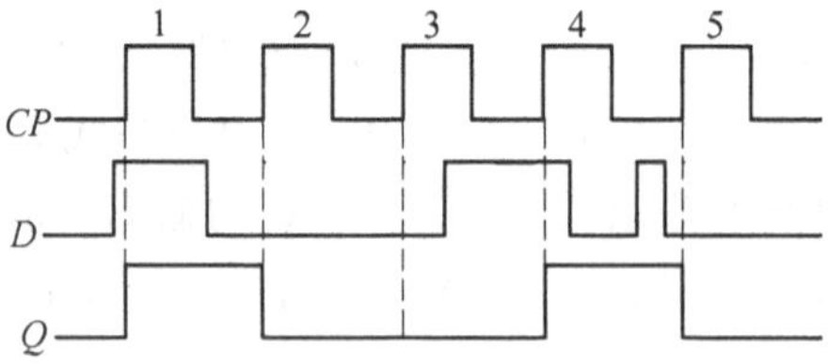

图 8-10 例 8-2 波形图

（3）触发器的直接置 0 和置 1 端 直接置 0 端 $\overline{R}_D$，直接置 1 端 $\overline{S}_D$。带有 $\overline{R}_D$ 和 $\overline{S}_D$ 端的维持—阻塞 D 触发器的电路图和图形符号如图 8-11 所示。该电路 $\overline{R}_D$ 和 $\overline{S}_D$ 端都为低电平有效。$\overline{R}_D$ 和 $\overline{S}_D$ 信号不受时钟信号 CP 的制约，具有最高的优先级。$\overline{R}_D$ 和 $\overline{S}_D$ 的作用主要是用来给触发器设置初始状态，或对触发器的状态进行特殊的控制。在使用时要注意，任何时刻只能一个信号有效，不能两个信号同时有效。

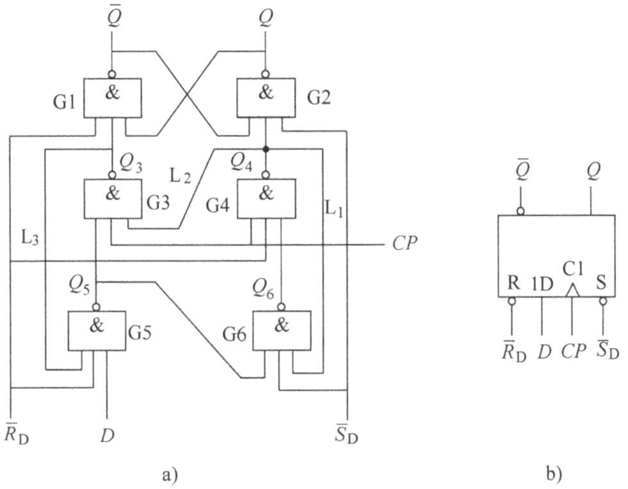

图 8-11　带有 $\overline{R}_D$ 和 $\overline{S}_D$ 端的维持—阻塞 D 触发器

a) 电路图　b) 图形符号

8.4　任务分析

一、电路构成

电子生日蜡烛原理图电路如图 8-12 所示，电路由核心集成电路 IC1、音乐芯片 IC2、驻极体传声器 BM、压电式蜂鸣器 HTD 和集成电路外围元器件组成。其中，VT1 用于驱动发光二极管点亮，VT2 控制音乐芯片 IC2 是否得电，IC1A、IC1B 及电阻、电容构成反相器，IC1C 与 IC1D(两个与非门)构成基本 RS 触发器。

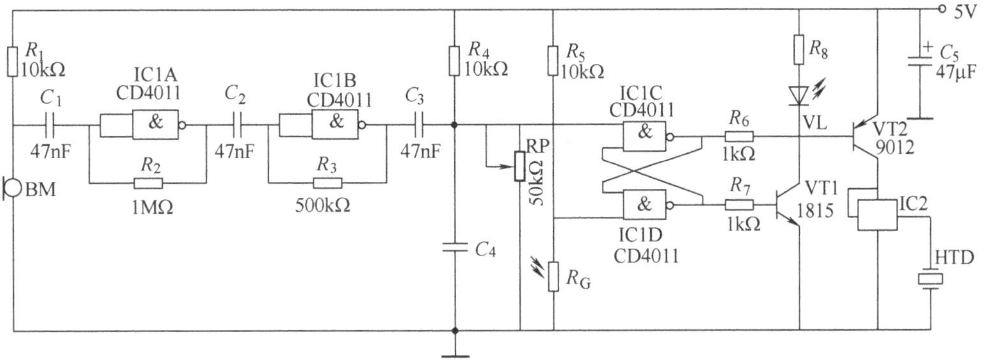

图 8-12　电子生日蜡烛原理图电路

二、工作原理

1. 初始状态

接通电源的瞬间，电容 C_4 上的电压不能突变，IC1C 输出高电平，IC1D 输出低电平，VT1、VT2 均不导通，蜡烛即发光二极管 VL 不亮，音乐集成电路 IC2 不工作。

2. 点亮“蜡烛”

用打火机照耀 R_G 光敏电阻时，R_G 的内阻会随光电流增大而变小。当 A 点电位下降到一定值时，RS 触发器输出状态翻转，IC1D 输出高电平，VT1 导通，“蜡烛”VL 点亮。与此同时，IC1C 输出低电平，VT2 导通，音乐芯片 IC2 得电工作，促使 HTD 发出“祝你生日快乐”的音乐声。

3. 熄灭“蜡烛”

当对着 BM 吹气时，吹气声由 BM 拾取并转换成电信号，经 IC1A、IC1B 放大后触发 RS 触发器翻转，此时，IC1D 输出低电平，VT1 和 VT2 均截止，音乐声终止，VL 不亮，即“蜡烛”熄灭。调节电位器 RP 可改变 RS 触发器翻转的灵敏度。

三、元器件清单

电子生日蜡烛的元器件清单见表 8-6。

表 8-6 “电子生日蜡烛”元器件清单

序号	元器件及编号	名称、规格描述	数量	备注
1	R_1、R_4、R_5	碳膜电阻 10kΩ，1/4W，J	3	
2	R_2	碳膜电阻 1MΩ，1/4W，J	1	
3	R_3	碳膜电阻 500kΩ，1/4W，J	1	
4	R_6、R_7	碳膜电阻 1kΩ，1/4W，J	2	
5	R_8	碳膜电阻 560Ω，1/4W，J	1	
6	RP	普通对数型碳膜电阻 50kΩ，1W	1	电位器
7	C_1、C_2、C_3	涤纶电容 47nF/63V	3	
8	C_4	涤纶电容 22nF/63V	1	
9	C_5	电解电容 47μF/50V	1	
10	IC1	CD4011	4	IC1C 与 IC1D 构成基本 RS 触发器
11	IC2	音乐芯片	1	生日快乐乐曲
12	VT1、VT2	1815、9012	2	
13	VL	发光二极管	1	模拟“蜡烛”
14	BM	驻极体传声器	1	
15	R_G	光敏电阻	1	
16	HTD	压电式蜂鸣器	1	
17	音乐芯片 IC 外接晶体管	9013	1	图 8-12 中没有标出

8.5 任务实施

一、电路装配准备

1. 制作工具与仪器设备

1）电路焊接工具：电烙铁（25～35W）、烙铁架、焊锡丝、松香。

2）加工工具：尖嘴钳、偏口钳、一字形螺钉旋具、镊子。

3）测试仪器仪表：万用表。

2. 装配电路板设计

（1）装配电路板 装配电路板如图 8-13 所示。

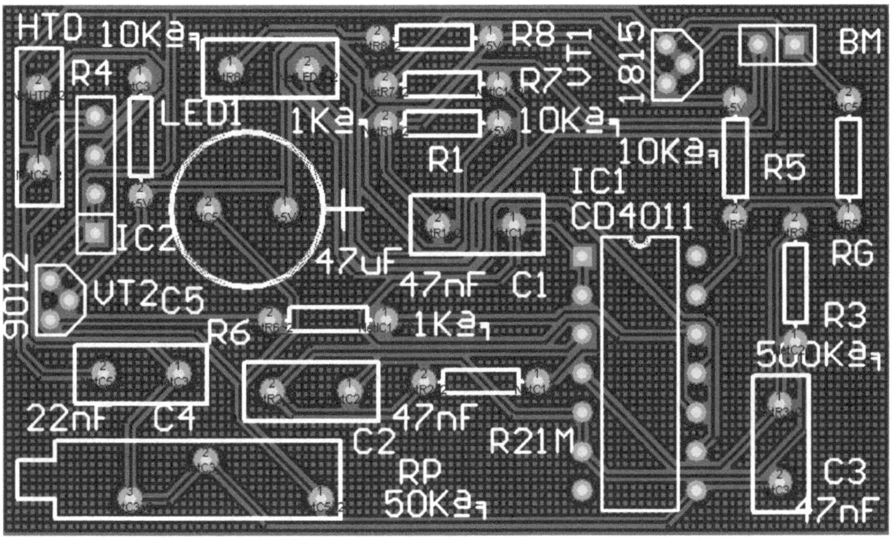

图 8-13　装配电路板图(参考)

(2)装配电路板设计说明　本装配电路板采用 Protel 99 SE 软件绘制，元件面如图 8-13 所示，在装配时应注意各个元器件的方向，不能接反。

3. 元器件检测

(1)驻极体传声器的检测

1)极性判别。将万用表拨至 $R\times1$k 档，黑表笔接驻极体传声器的任一极，红表笔接另一极，读取电阻测量值；再对调两表笔，重新读取电阻测量值。比较两次测量结果，阻值较小时，黑表笔接的是传声器的源极，红表笔接的是漏极。

2)驻极体传声器灵敏度检测。将万用表拨至 $R\times100$ 档，两表笔分别接传声器两电极(注意不能错接到传声器的接地极)，当万用表显示一定读数后，用嘴对准传声器轻轻吹气(吹气速度要慢而均匀)，边吹气边观察表针的摆动幅度。吹气瞬间表针摆动幅度越大，传声器灵敏度就越高，送话、录音效果就越好。若摆动幅度不大(微动)或根本不摆动，说明此传声器性能差，不宜应用。

(2)蜂鸣器的检测　蜂鸣器是一种一体化结构的电子讯响器，采用直流电源供电，广泛应用于计算机、打印机、复印机、报警器、电子玩具、汽车电子设备、电话机、定时器等电子产品中作发声器件。蜂鸣器主要分为压电式蜂鸣器和电磁式蜂鸣器两种类型。

测试时选用万用表 $R\times10$k 档，红、黑表笔分别接蜂鸣器的两个引脚，正常时蜂鸣器应发出声响，若蜂鸣器不发出声响，说明蜂鸣器已经损坏。

二、制作与调试

1)在 Protel 99 SE 中生成的印制电路板 3D 效果图如图 8-14 所示，对照此图并按装配工艺要求插接元器件，然后焊接。

2)组装完成后，用打火机对光敏电阻照耀，观察“生日蜡烛”(发光二极管 VL)是否点亮，音乐是否奏响。然后对传声器 BM 吹气，是否能“灯熄乐停”。

3)调节电位器 RP，改变“电子生日蜡烛”的灵敏度。

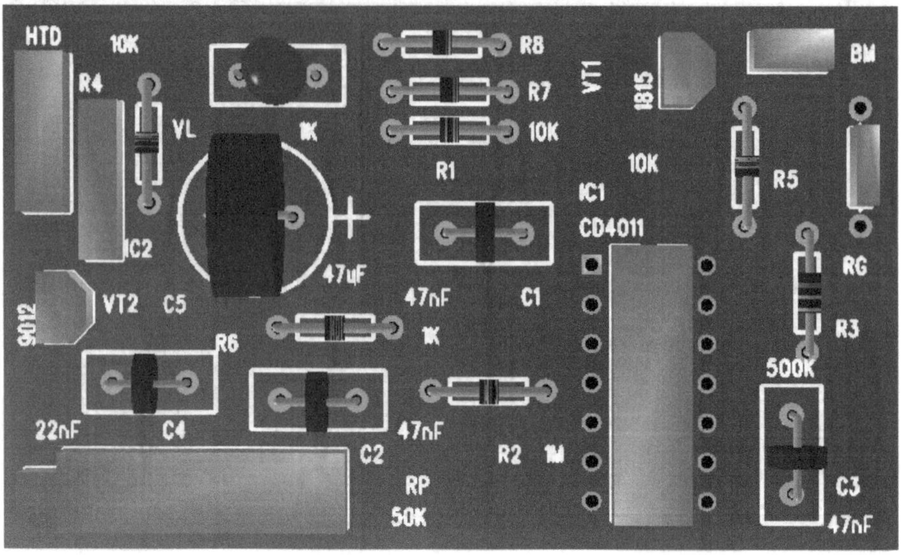

图 8-14　印制电路板 3D 效果图（元件面，供参考）

8.6　评分标准

本项任务的评分标准见表 8-7。

表 8-7　评分标准

任务：电子生日蜡烛的制作			组：		姓名：
项目	配分	考核要求	扣分标准	扣分记录	得分
电路分析	40	能正确分析电路的工作原理	每处错误扣 5 分		
印制电路板的设计制作	8	1. 能手工或用电子 CAD 设计印制电路板 2. 能正确制作电路板	1. 印制电路板设计不规范，扣 3 分 2. 不能正确制作电路板，每一错误步骤扣 2 分		
电路连接	12	1. 能正确测量元器件 2. 工具使用正确 3. 元器件的位置正确，引脚成形、焊点符合要求，连线正确	1. 不能正确测量元器件，不能正确使用工具，每处扣 2 分 2. 错装、漏装，每处扣 2 分 3. 引脚成形不规范，焊点不符合要求，每处扣 2 分 4. 损坏元器件，连线错误，每处扣 2 分		
电路调试	10	1.“电子生日蜡烛”能点亮、熄灭 2. 灵敏度能调节	1.“蜡烛”不能“点亮”，扣 4 分 2.“蜡烛”不能“熄灭”，扣 4 分 3. 灵敏度不能调节，扣 2 分		

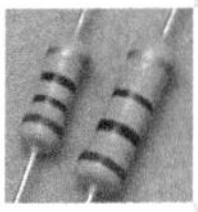

（续）

项目	配分	考核要求	扣分标准	扣分记录	得分
故障分析	10	1. 能正确观察出故障现象 2. 能正确分析故障原因，判断故障范围	1. 故障现象观察错误，每次扣2分 2. 故障原因分析错误，每次扣2分 3. 故障范围过大，每次扣1分		
故障检修	10	1. 检修思路清晰，方法运用得当 2. 检修结果正确 3. 正确使用仪表	1. 检修思路不清、方法不当，每次扣2分 2. 检修结果错误，扣5分 3. 使用仪表错误，每次扣2分		
安全文明工作	10	1. 安全用电，无人为损坏仪器、元器件和设备 2. 保持环境整洁，秩序井然，操作习惯良好 3. 小组成员协作和谐，态度正确 4. 不迟到、不早退、不旷课	1. 发生安全事故，扣10分 2. 人为损坏设备、元器件，扣10分 3. 现场不整洁、工作不文明、团队不协作，扣5分 4. 不遵守考勤制度，每次扣2~5分		
总分					

8.7　相关资讯

一、触发器的举例

1. TTL 主从 JK 触发器 74LS72

74LS72 为多输入端的单 JK 触发器，为 TTL 电平。它有 3 个 J 端和 3 个 K 端，3 个 J 端之间是与逻辑关系，3 个 K 端之间也是与逻辑关系。使用中如有多余的输入端，应将其接高电平。该触发器带有直接置 0 端 $\overline{R}_D$ 和直接置 1 端 $\overline{S}_D$，都为低电平有效，不用时应接高电平。74LS72 为主从型触发器，在 CP 下降沿触发。74LS72 的逻辑符号和引脚排列如图 8-15a、b 所示。74LS72 的功能表见表 8-8。

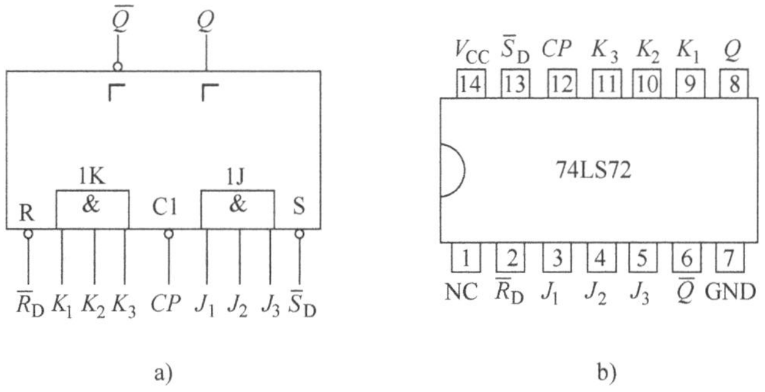

图 8-15　TTL 主从 JK 触发器 74LS72

a)逻辑符号　b)引脚排列图

表 8-8 74LS72 的功能表

输入					输出	
$\overline{R}_D$	$\overline{S}_D$	CP	$1J$	$1K$	Q	$\overline{Q}$
0	1	×	×	×	0	1
1	0	×	×	×	1	0
1	1	↓	0	0	Q^n	$\overline{Q^n}$
1	1	↓	0	1	0	1
1	1	↓	1	0	1	0
1	1	↓	1	1	$\overline{Q^n}$	Q^n

2. 高速 CMOS 边沿 D 触发器 74HC74

74HC74 为单输入端的双 D 触发器，也称高速 CMOS 边沿 D 触发器。它的特征是一个片子里封装着两个相同的 D 触发器；每个触发器只有一个 D 端；每个触发器都带有直接置 0 端 $\overline{R}_D$ 和直接置 1 端 $\overline{S}_D$，均为低电平有效；CP 上升沿触发。74HC74 的逻辑符号和引脚排列分别如图 8-16a、b 所示。74HC74 的功能表见表 8-9。

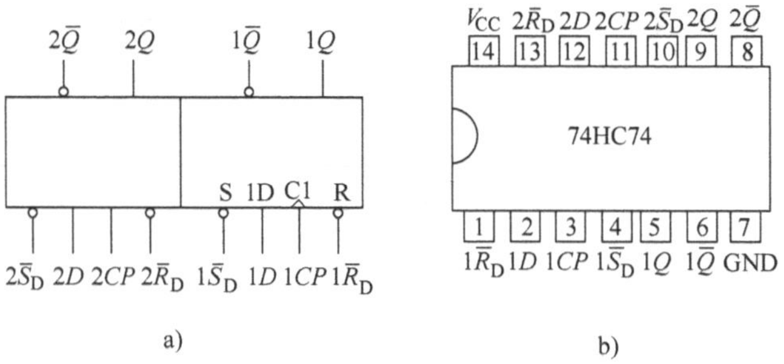

图 8-16 高速 CMOS 边沿 D 触发器 74HC74

a) 逻辑符号 b) 引脚排列图

表 8-9 74HC74 的功能表

输入				输出	
$\overline{R}_D$	$\overline{S}_D$	CP	D	Q	$\overline{Q}$
0	1	×	×	0	1
1	0	×	×	1	0
1	1	↑	0	0	1
1	1	↑	1	1	0

二、触发器的功能转换

触发器按功能分为 RS、JK、D、T、T′五种类型，但最常见的集成触发器是 JK 触发器和 D 触发器。T、T′触发器没有集成产品，如需要时，可用其他触发器转换成 T 或 T′触发器。JK 触发器与 D 触发器之间的功能也是可以互相转换的。

1. 用 JK 触发器转换成其他功能的触发器

（1）JK→D 写出 JK 触发器的特性方程，即

$$Q^{n+1}=J\overline{Q^n}+\overline{K}Q^n$$

再写出 D 触发器的特性方程并变换为

$$Q^{n+1}=D=D(\overline{Q^n}+Q^n)=D\overline{Q^n}+DQ^n$$

比较以上两式，得：$J=D$，$K=\overline{D}$。

画出用 JK 触发器转换成 D 触发器的逻辑图如图 8-17a 所示。

（2）JK→T(T′)　写出 T 触发器的特性方程，即

$$Q^{n+1}=T\overline{Q^n}+\overline{T}Q^n$$

与 JK 触发器的特性方程比较，得：$J=T$，$K=T$。

画出用 JK 触发器转换成 T 触发器的逻辑图如图 8-17b 所示。

令 $T=1$，即可得 T′触发器，如图 8-17c 所示。

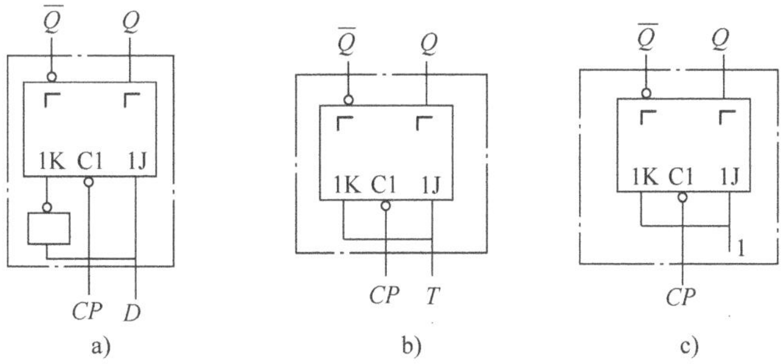

图 8-17　JK 触发器转换成其他功能的触发器

a) JK→D　b) JK→T　c) JK→T′

2. 用 D 触发器转换成其他功能的触发器

（1）D→JK　写出 D 触发器和 JK 触发器的特性方程，即

$$Q^{n+1}=D$$

$$Q^{n+1}=J\overline{Q^n}+\overline{K}Q^n$$

联立两式，得

$$D=J\overline{Q^n}+\overline{K}Q^n$$

画出用 D 触发器转换成 JK 触发器的逻辑图如图 8-18a 所示。

（2）D→T　写出 D 触发器和 T 触发器的特性方程，即

$$Q^{n+1}=D$$

$$Q^{n+1}=T\overline{Q^n}+\overline{T}Q^n$$

联立两式，得

$$D=T\overline{Q^n}+\overline{T}Q^n=T\oplus Q^n$$

画出用 D 触发器转换成 T 触发器的逻辑图如图 8-18b 所示。

（3）D→T′　写出 D 触发器和 T′触发器的特性方程，即

$$Q^{n+1}=D$$

$$Q^{n+1}=\overline{Q^n}$$

联立两式，得

$$D=\overline{Q^n}$$

画出用 D 触发器转换成 T′触发器的逻辑图如图 8-18c 所示。

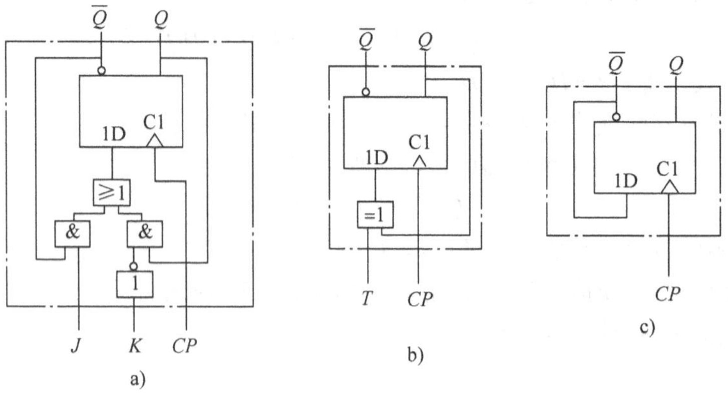

图 8-18 D 触发器转换成其他功能的触发器
a) D→JK b) D→T c) D→T′

8.8 思考与练习

一、填空题

1. 触发器按动作特点可分为________型、________型、______型和________型。

2. JK 触发器的特性方程为________；D 触发器的特性方程为________。

3. 若将 JK 触发器转换成 T 触发器，则令___________________。

二、简答题

1. 在 EWB 仿真软件环境下如何对电子生日蜡烛进行仿真，仿真时闭合 J_2 之前，需要先断开 J_1 吗?

2. VT1、VT2 能采用相同极性的晶体管吗？为什么？

8.9 项目小结

本项目要求学生掌握触发器的基础知识，掌握用各门电路、触发器设计和制作简单电子电路的能力，通过本项目，学生学到基本的知识和原理，掌握数字电路设计的基本技能。在项目的实施过程中，学生会在理解基本知识的基础上，进行实战操作，更深入地了解项目的目的，制作过程中也提高学生的团队合作意识，锻炼学生的操作技能，对集成电路进行逻辑功能的测试，加深学生对基本知识的了解，提升自身的操作能力。

项目9 数字电子钟的分析与制作

9.1 任务描述

数字电子钟被广泛用于个人、家庭、车站、码头、办公室等场所，成为人们日常生活中的必需品。由于数字集成电路的发展和石英晶体振荡器的广泛应用，使得数字电子钟的精度、运用超过老式钟表，钟表的数字化给人们的生产生活带来了极大的方便，而且大大地扩展了钟表的基本报时功能。因此，研究数字电子钟及扩大其应用，有着非常重要的现实意义。

本次任务是利用 NE555、74LS90、74LS92 和 74LS191 制作数字电子钟，它的精准度高、安装调试简单、成本较低，耗电量也较低。本次任务的要求如下：

1）设计的数字电子钟接上电源和振荡电路供电后，秒运行正常。

2）设计的数字电子钟接上电源和振荡电路供电后，分运行正常。

3）设计的数字电子钟接上电源和振荡电路供电后，时运行正常。

9.2 任务目标

知识目标	1. 掌握二进制、十进制计数器的组成及工作原理 2. 掌握常用数字电路及其设计方法
技能目标	1. 学会数字电子钟的设计方法、元器件参数的计算方法和元器件选取方法 2. 能独立完成数字电子钟电路的安装与调试
职业素养	1. 具有良好的沟通能力、团队协作精神及职业道德 2. 建立质量、成本、安全及环保的意识

9.3 任务资讯

9.3.1 二进制计数器

按二进制数运算规律进行计数的电路称为二进制计数器。

二进制计数器分为同步计数器和异步计数器两种。

同步计数器：计数脉冲同时加到所有触发器的时钟信号输入端，使应翻转的触发器同时翻转的计数器，称为同步计数器。

异步计数器：计数脉冲只加到部分触发器的时钟脉冲输入端上，而其他触发器的触发信号则由电路内部提供，应翻转的触发器状态更新有先有后的计数器，称为异步计数器。

一、同步二进制计数器

同步计数器中，各触发器的翻转与时钟脉冲同步。同步计数器的工作速度较快，工作频率也较高。

1. 同步二进制加法计数器

1）所有触发器的时钟控制端均由计数脉冲 CP 输入，CP 的每一个触发沿都会使所有的触发器状态更新。

2）应控制触发器的输入端，可将触发器接成 T 触发器。当低位不向高位进位时，令高位触发器的 $T=0$，触发器状态保持不变；当低位向高位进位时，令高位触发器的 $T=1$，触发器翻转，计数加 1。

下面以由 JK 触发器构成的 4 位同步二进制加法计数器为例进行讲述。

（1）电路组成　4 位同步二进制加法计数器如图 9-1 所示。

（2）工作原理　当低位为全 1 时，再加 1，则低位向高位进位。

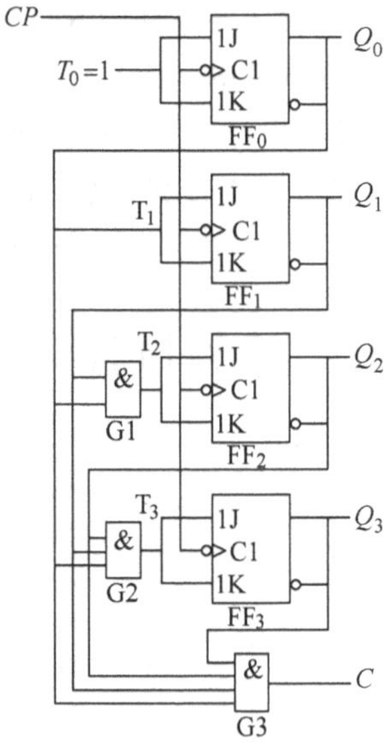

图 9-1　4 位同步二进制加法计数器

驱动方程为

$$\begin{cases} T_0 = 1 \\ T_1 = Q_0 \\ T_2 = Q_1Q_0 \\ T_3 = Q_2Q_1Q_0 \end{cases}$$

状态方程为

$$\begin{cases} Q_0^{n+1} = \overline{Q_0} \\ Q_1^{n+1} = Q_0 \oplus Q_1 \\ Q_2^{n+1} = (Q_1Q_0) \oplus Q_2 \\ Q_3^{n+1} = (Q_2Q_1Q_0) \oplus Q_3 \end{cases}$$

输出方程为

$$C = Q_3Q_2Q_1Q_0$$

（3）计数器的状态转换表　见表 9-1。

表 9-1　4 位二进制加法计数器的状态转换表

CP 顺序	Q_3	Q_2	Q_1	Q_0	CP 顺序	Q_3	Q_2	Q_1	Q_0
1	0	0	0	1	9	1	0	0	1
2	0	0	1	0	10	1	0	1	0
3	0	0	1	1	11	1	0	1	1
4	0	1	0	0	12	1	1	0	0
5	0	1	0	1	13	1	1	0	1
6	0	1	1	0	14	1	1	1	0
7	0	1	1	1	15	1	1	1	1
8	1	0	0	0	16	0	0	0	0

（4）时序图　如图 9-2 所示。

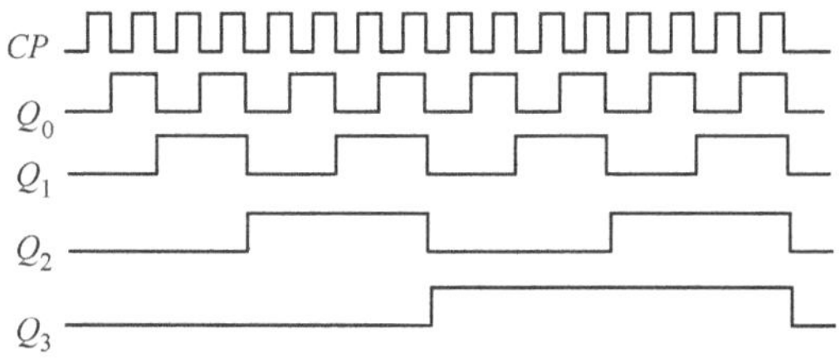

图 9-2 4 位同步二进制加法计数器的时序图

（5）状态转换图 如图 9-3 所示。

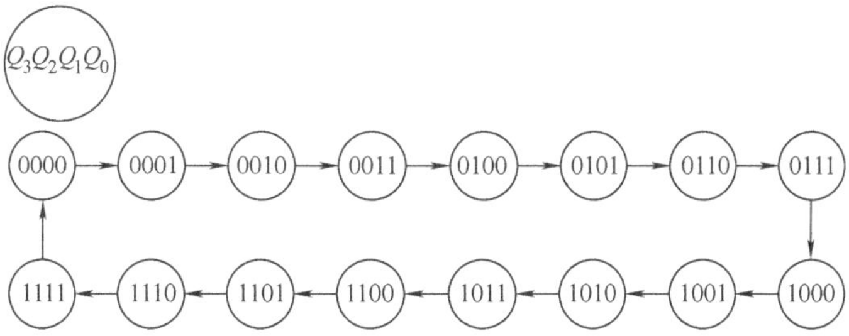

图 9-3 4 位同步二进制加法计数器的状态转换图

2. 同步二进制减法计数器

（1）设计思想

1）所有触发器的时钟控制端均由计数脉冲 CP 输入，CP 的每一个触发沿都会使所有的触发器状态更新。

2）应控制触发器的输入端，可将触发器接成 T 触发器。当低位不向高位借位时，令高位触发器的 $T=0$，触发器状态保持不变；当低位向高位借位时，令高位触发器的 $T=1$，触发器翻转，计数减 1。

（2）触发器的翻转条件 当低位触发器的 Q 端全 1 时，再减 1，则低位向高位借位。即

$$T_0 = J_0 = K_0 = 1$$

$$T_1 = J_1 = K_1 = \overline{Q_0}$$

$$T_2 = J_2 = K_2 = \overline{Q_1}\ \overline{Q_0}$$

$$T_3 = J_3 = K_3 = \overline{Q_2}\ \overline{Q_1}\ \overline{Q_0}$$

二、异步二进制计数器

异步二进制计数器是计数器中最基本最简单的电路，它一般由接成计数型的触发器连接而成，计数脉冲加到最低位触发器的 CP 端，低位触发器的输出 Q 作为相邻高位触发器的时钟脉冲。

1. 异步二进制加法计数器

必须满足二进制加法原则：逢二进一（1 + 1 = 10，即 Q 由 1 变为 0 时有进位。）

组成二进制加法计数器时，各触发器应当满足：

1）每输入一个计数脉冲，计数一次（用 T′触发器）。

2）当低位触发器由 1 变为 0 时，应输出一个进位信号加到相邻高位触发器的计数输入端。

下面以由 JK 触发器构成的 3 位异步二进制加法计数器（用 CP 脉冲下降沿触发）为例进行讲述。

（1）电路组成 如图 9-4 所示。

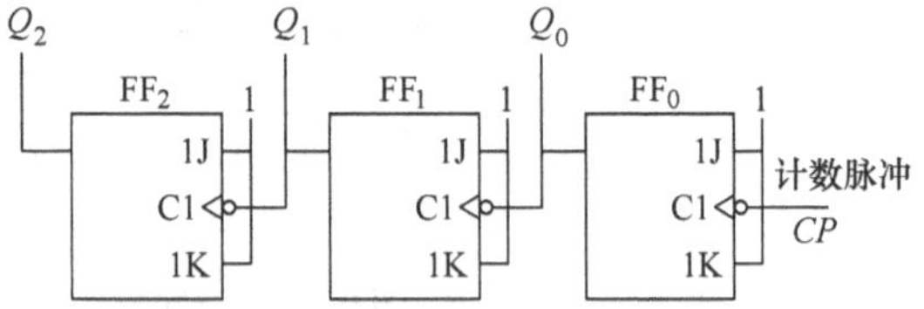

图 9-4 3 位异步二进制加法计数器

（2）工作原理 驱动方程如下：

$$FF_0: Q_0^{n+1} = \overline{Q_0^n}$$

$$FF_1: Q_1^{n+1} = \overline{Q_1^n}$$

$$FF_2: Q_2^{n+1} = \overline{Q_2^n}$$

（3）计数器的状态转换表 见表 9-2。

表 9-2 3 位异步二进制加法计数器状态转换表

CP 顺序	Q_2	Q_1	Q_0	等效十进制数
0	0	0	0	0
1	0	0	1	1
2	0	1	0	2
3	0	1	1	3
4	1	0	0	4
5	1	0	1	5
6	1	1	0	6
7	1	1	1	7
8	0	0	0	8

（4）时序图 如图 9-5 所示。

（5）状态转换图 如图 9-6 所示。

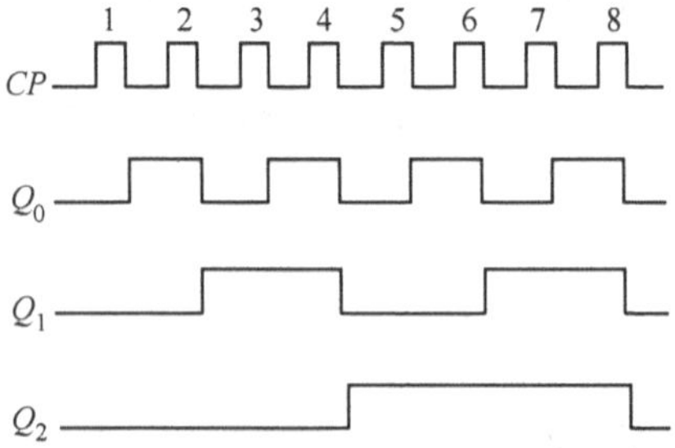

图 9-5 3 位异步二进制加法计数器的时序图

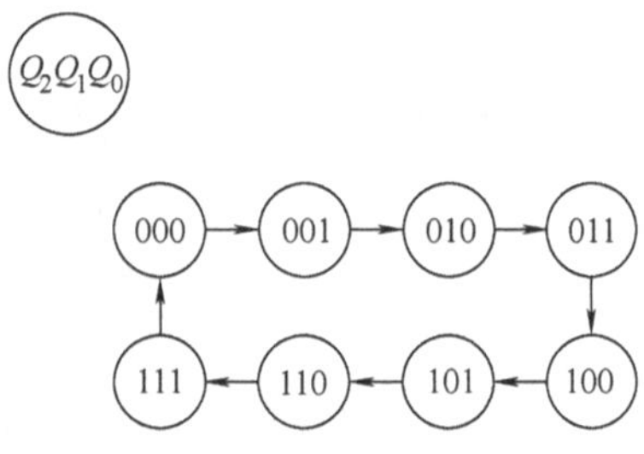

图 9-6 3 位异步二进制加法计数器的状态转换图

（6）结论 如果计数器从 000 状态开始计数，在第八个计数脉冲输入后，计数器又重新回到 000 状态，完成了一次计数循环。所以该计数器是八进制加法计数器或称为模 8 加法计数器。

如果计数脉冲 CP 的频率为 f_0，那么 Q_0 输出波形的频率为 $f_0/2$，Q_1 输出波形的频率为 $f_0/4$，Q_2 输出波形的频率为 $f_0/8$。这说明计数器除具有计数功能外，还具有分频的功能。

2. 异步二进制减法计数器

必须满足二进制数的减法运算规则：0 − 1 不够减，应向相邻高位借位，即 10 − 1 = 1。

组成二进制减法计数器时，各触发器应当满足：

1）每输入一个计数脉冲，触发器应当翻转一次（用 T' 触发器）。

2）当低位触发器由 0 变为 1 时，应输出一个借位信号加到相邻高位触发器的计数输入端。

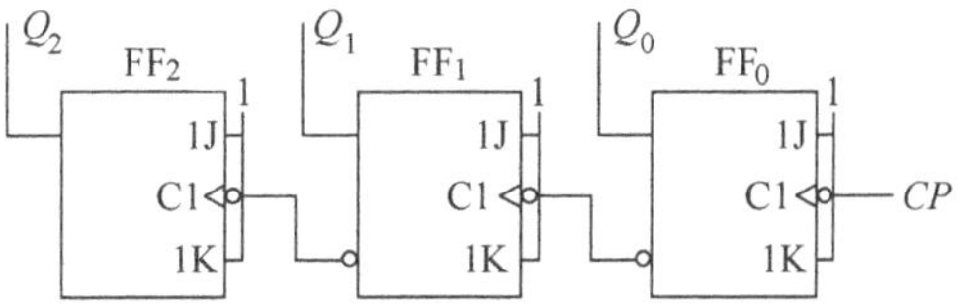

图 9-7　3 位异步二进制减法计数器

下面以由 JK 触发器组成的 3 位异步二进制减法计数器（用 CP 脉冲下降沿触发）为例进行讲述。

（1）电路组成　如图 9-7 所示。

（2）计数器的状态转换表　见表 9-3。

表 9-3　3 位异步二进制减法计数器状态转换表

CP 顺序	Q_2	Q_1	Q_0	等效十进制数
0	0	0	0	0
1	1	1	1	7
2	1	1	0	6
3	1	0	1	5
4	1	0	0	4
5	0	1	1	3
6	0	1	0	2
7	0	0	1	1
8	0	0	0	0

（3）时序图　如图 9-8 所示。

（4）状态转换图　如图 9-9 所示。

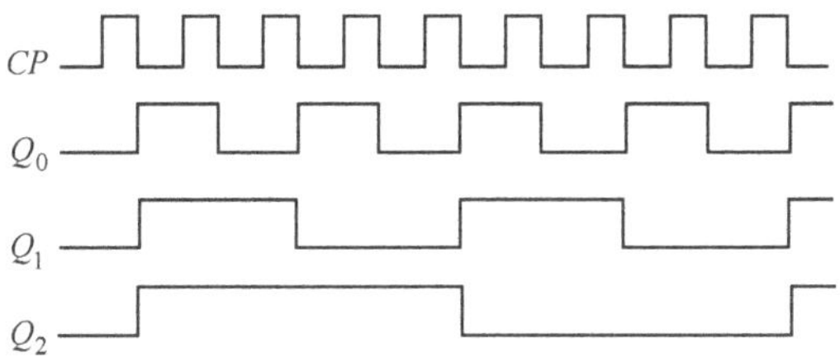

图 9-8　3 位异步二进制减法计数器的时序图

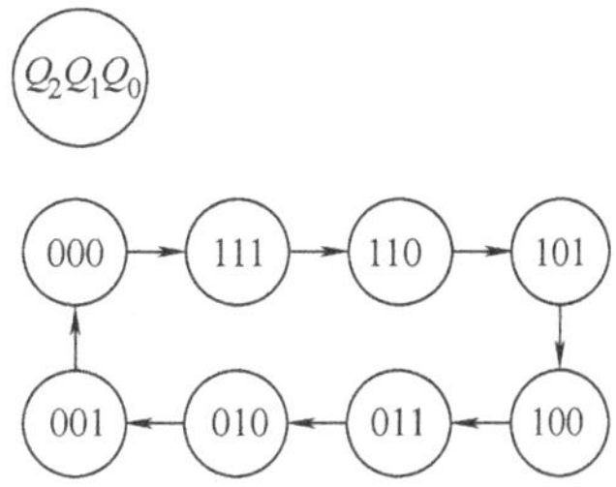

图 9-9　3 位异步二进制减法计数器的状态转换图

3. 异步二进制计数器的优缺点

优点：电路较为简单。

缺点：进位（或借位）信号是逐级传送的，工作频率不能太高；状态逐级翻转，存在中间过渡状态。

9.3.2 十进制计数器

一、同步十进制加法计数器

1. 电路原理

同步十进制加法计数器如图 9-10 所示。

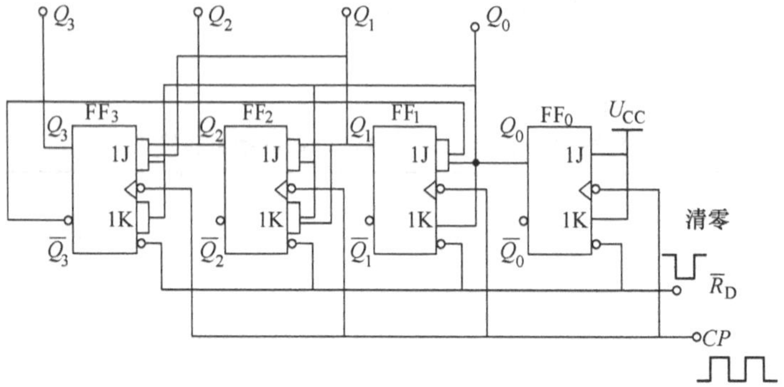

图 9-10 同步十进制加法计数器

1）FF_0：每来一个时钟脉冲就翻转一次，故 $J_0=1$，$K_0=1$。

2）FF_1：在 $Q_0=1$ 时再来一个时钟脉冲才翻转，但在 $Q_3=1$ 时不得翻转，故 $J_1=Q_0\overline{Q_3}$，$K_1=Q_0$。

3）FF_2：在 $Q_1=Q_0=1$ 时再来一个时钟脉冲才翻转，故 $J_2=Q_1Q_0$，$K_2=Q_1Q_0$。

4）FF_3：在 $Q_2=Q_1=Q_0=1$ 时再来一个时钟脉冲才翻转，当来第十个脉冲时应由 1 翻转为 0，故 $J_3=Q_2Q_1Q_0$，$K_3=Q_0$。

2. 状态转换表

同步十进制加法计数器的状态转换表见表 9-4。

表 9-4 十进制加法计数器的状态转换表

CP 顺序	Q_3	Q_2	Q_1	Q_0	等效十进制数
0	0	0	0	0	0
1	0	0	0	1	1
2	0	0	1	0	2
3	0	0	1	1	3
4	0	1	0	0	4
5	0	1	0	1	5
6	0	1	1	0	6
7	0	1	1	1	7
8	1	0	0	0	8
9	1	0	0	1	9
10	0	0	0	0	进位

3. 十进制加法计数器的工作波形图

十进制加法计数器的工作波形图如图 9-11 所示。

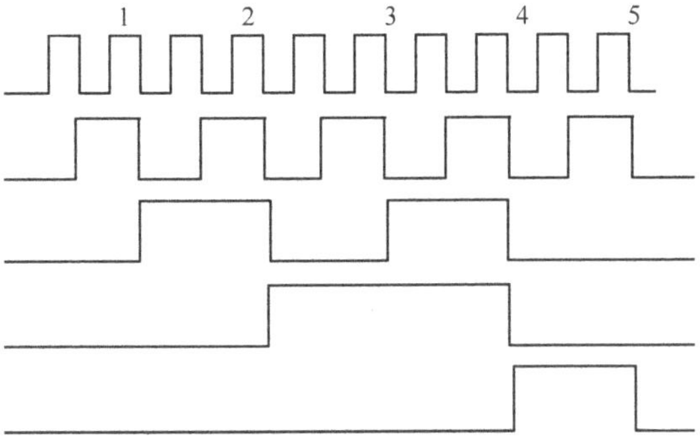

图 9-11　十进制加法计数器工作波形

二、同步十进制减法计数器

1. 电路原理

选用 4 个 CP 下降沿触发的 JK 触发器，分别用 FF_0、FF_1、FF_2、FF_3 表示。同步十进制减法计数器如图 9-12 所示。

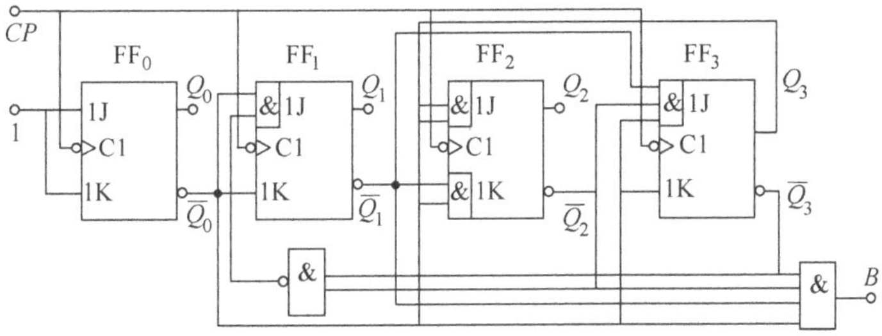

图 9-12　同步十进制减法计数器

时钟方程为

$$CP_0 = CP_1 = CP_2 = CP_3 = CP$$

输出方程为

$$B = \overline{Q_3^n}\,\overline{Q_2^n}\,\overline{Q_1^n}\,\overline{Q_0^n}$$

状态方程为

$$\begin{cases} Q_0^{n+1} = 1 \cdot \overline{Q_0^n} + \overline{1} \cdot Q_0^n \\ Q_1^{n+1} = \overline{\overline{Q_3^n}\,\overline{Q_2^n}}\,\overline{Q_0^n}\,\overline{Q_1^n} + Q_0^n Q_1^n \\ Q_2^{n+1} = Q_3^n\,\overline{Q_0^n}\,\overline{Q_2^n} + \overline{\overline{Q_1^n}\,\overline{Q_0^n}}\,Q_2^n \\ Q_3^{n+1} = \overline{Q_2^n}\,\overline{Q_1^n}\,\overline{Q_0^n}\,\overline{Q_3^n} + Q_0^n\,Q_3^n \end{cases}$$

与 JK 触发器的状态方程比较，得到驱动方程，即

$$\begin{cases} J_0 = K_0 = 1 \\ J_1 = \overline{\overline{Q_3^n}\,\overline{Q_2^n}}\,\overline{Q_0^n}, K_1 = \overline{Q_0^n} \\ J_2 = Q_3^n\,\overline{Q_0^n}, K_2 = \overline{Q_1^n}\,\overline{Q_0^n} \\ J_3 = \overline{Q_2^n}\,\overline{Q_1^n}\,\overline{Q_0^n}, K_3 = \overline{Q_0^n} \end{cases}$$

2. 状态图

同步十进制减法计数器的状态图如下：

排列顺序：$Q_3^nQ_2^nQ_1^nQ_0^n \xrightarrow{/B}$

```
     /0        /0        /0        /0
0000←—0001←—0010←—0011←—0100
/1 ↓                              ↑ /0
1001—→1000—→0111—→0110—→0101
     /0        /0        /0        /0
```

9.4 任务分析

一、电路原理框图

六十进制计数器电路原理框图如图 9-13 所示。

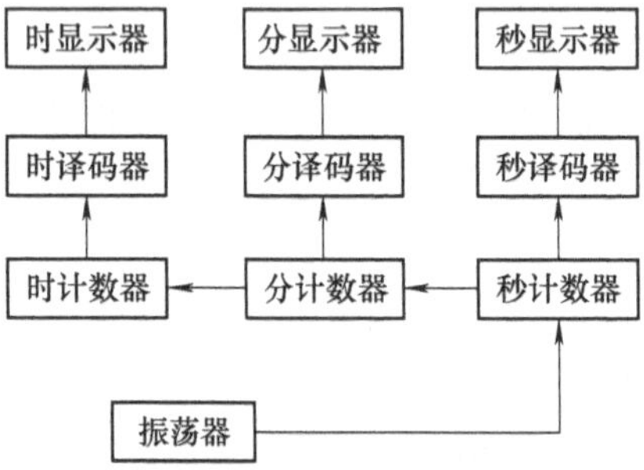

图 9-13 六十进制计数器电路原理框图

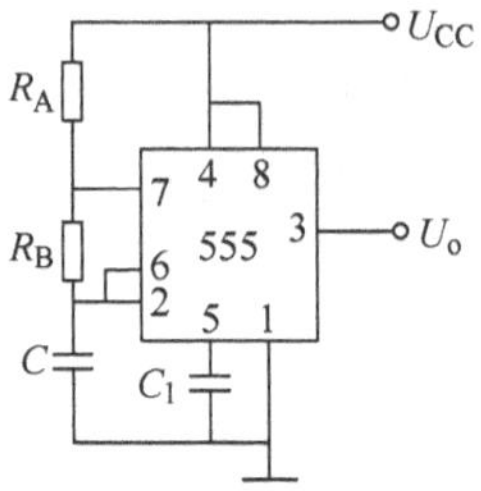

图 9-14 NE555 定时器电路

二、电路设计

1. 振荡电路设计

采用 NE555 定时器，如图 9-14 所示。电路产生 1s 的定时：$T_1 = T_2 = 0.5\text{s}$

$$T_1 = 0.693(R_A + R_B)C$$

$$T_2 = 0.693R_BC$$

取 $C = 10\mu\text{F}$，则 R_B 取 72kΩ，R_A 取 150Ω。图 9-14 中，C_1 取 0.1μF。

2. 六十进制计数器

电路如图 9-15 所示，74LS92 作为十位计数器，在电路中采用六进制计数；74LS90 作为个位计数器，在电路中采用十进制计数。当 74LS90 的 14 脚接振荡电路的 1Hz 输出脉冲时，74LS90 开始工作，它计数到 10 时向十位计数器 74LS92 进位。

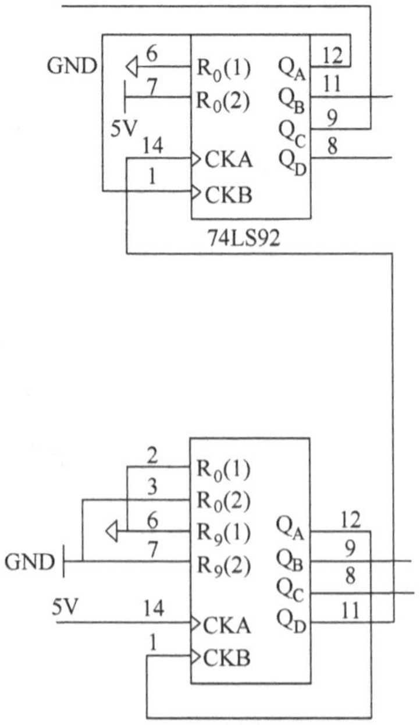

图 9-15 六十进制计数器电路

（1）十进制计数器 74LS90 74LS90 是二—五—十进制计数器，它有两个时钟输入端 CKA 和 CKB。其中，

CKA 和 Q_A 组成一位二进制计数器：CKB 和 $Q_CQ_BQ_A$ 组成五进制计数器；若将 Q_A 与 CKB 相连接，时钟脉冲从 CKA 输入，则构成了 8421BCD 码十进制计数器。74LS90 有两个清零端 R_0（1）、R_0（2），两个置 9 端 R_9（1）和 R_9（2），其 BCD 码十进制计数时序见表 9-5。74LS90 的引脚图如图 9-16 所示。

表 9-5　BCD 码十进制计数时序

CP	Q_D	Q_C	Q_B	Q_A
1	0	0	0	1
2	0	0	1	0
3	0	0	1	1
4	0	1	0	0
5	0	1	0	1
6	0	1	1	0
7	0	1	1	1
8	1	0	0	0
9	1	0	0	1

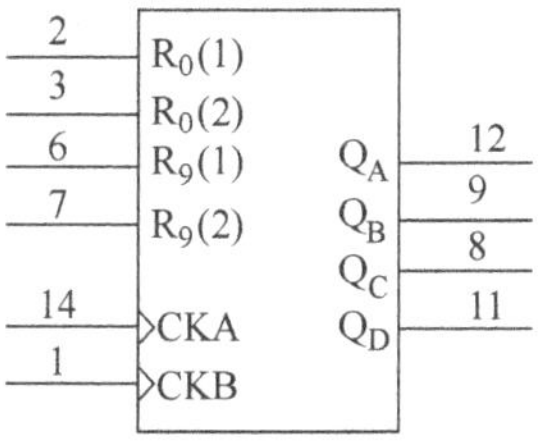

图 9-16　74LS90 的引脚图

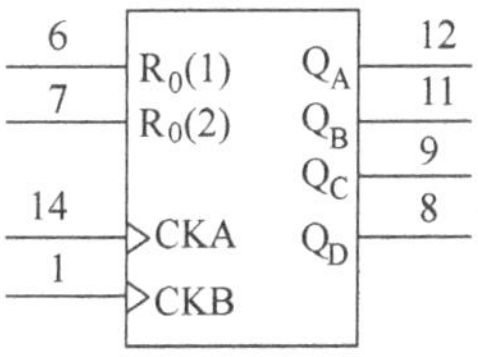

图 9-17　74LS92 的引脚图

（2）异步计数器 74LS92　所谓异步计数器是指计数器内各触发器的时钟信号不是来自于同一外接输入时钟信号，因而触发器不是同时翻转。这种计数器的计数速度慢。异步计数器 74LS92 是二—六—十二进制计数器，即 CKA 和 Q_A 组成二进制计数器，CKB 和 $Q_CQ_BQ_A$ 在 74LS92 中为六进制计数器。当 CKB 和 Q_A 相连时，时钟脉冲从 CKA 输入，74LS92 构成十二进制计数器。74LS92 的引脚图如图 9-17 所示。

（3）“12 翻 1”小时计数器电路　电路图如图 9-18 所示。

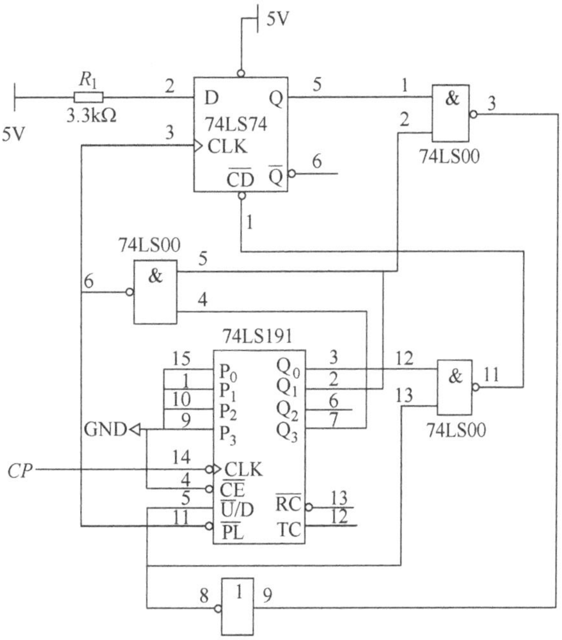

图 9-18　“12 翻 1”小时计数器电路

“12 翻 1”小时计数器是按照“01—02—03—04—05—06—07—08—09—10—11—12—01”规律计数的，计

数器的计数状态转换表见表 9-6。

表 9-6 “12 翻 1”小时计数状态转换表

	十位	个 位					十位	个 位			
CP	Q_{10}	Q_{03}	Q_{02}	Q_{01}	Q_{00}	CP	Q_{10}	Q_{03}	Q_{02}	Q_{01}	Q_{00}
0	0	0	0	0	0	8	0	1	0	0	0
1	0	0	0	0	1	9	0	1	0	0	1
2	0	0	0	1	0		0	1	0	1	0
3	0	0	0	1	1	10	1	0	0	0	0
4	0	0	1	0	0	11	1	0	0	0	1
5	0	0	1	0	1	12	1	0	0	1	0
6	0	0	1	1	0	13	0	0	0	1	1
7	0	0	1	1	1						

由表 9-6 可知：个位计数器由 4 位二进制同步可逆计数器 74LS191 构成，十位计数器由双 D 触发器 74LS74 构成，将它们组成“12 翻 1”小时计数器。

由表可知：计数器的状态要发生两次跳跃：一是计数器计到 9，即个位计数器的状态为 $Q_{03}Q_{02}Q_{01}Q_{00}=1001$ 后，在下一计数脉冲的作用下计数器进入暂态 1010，利用暂态的两个 1 即 $Q_{03}Q_{01}$ 使个位异步置 0，同时向十位计数器进位使 $Q_{10}=1$；二是计数到 12 后，在第 13 个计数脉冲作用下个位计数器的状态应为 $Q_{03}Q_{02}Q_{01}Q_{00}=0011$，十位计数器的 $Q_{10}=0$。第二次跳跃的十位清“0”和个位置“1”的输出端 Q_{10}、Q_{01}、Q_{00} 来产生。下面对电路中所用的主要元器件及功能进行介绍。

1）D 触发器 74LS74。74LS74 的引脚图如图 9-19 所示。触发器是由门电路构成的逻辑电路，它的输出具有两个稳定的物理状态（高电平和低电平），所以它能记忆一位二进制代码。触发器是存放二进制信息的最基本的单元。按其功能可分为基本 RS 触发器、JK 触发器、D 触发器和 T 触发器。

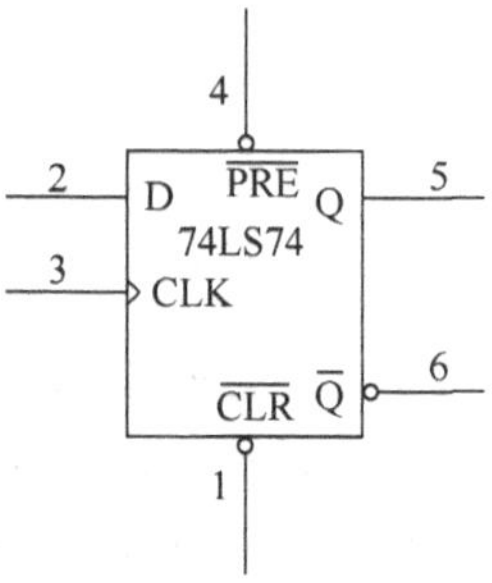

图 9-19 74LS74 的引脚图

这几种触发器都有集成电路产品，其中应用最广泛的是 JK 触发器和 D 触发器。不过，深刻理解 RS 触发器对全面掌握触发器的工作方式或动作特点是至关重要的。事实上，JK 触发器和 D 触发器是 RS 触发器的改进型，其中 JK 触发器保留了两个数据输入端，而 D 触发器只保留了一个数据输入端。D 触发器有边沿 D 触发器和高电平 D 触发器。74LS74 为高电平 D 触发器。

2）计数器 74LS191。74LS191 的引脚图如图 9-20 所示。

（4）译码与显示电路 译码与显示电路如图 9-21 所示。

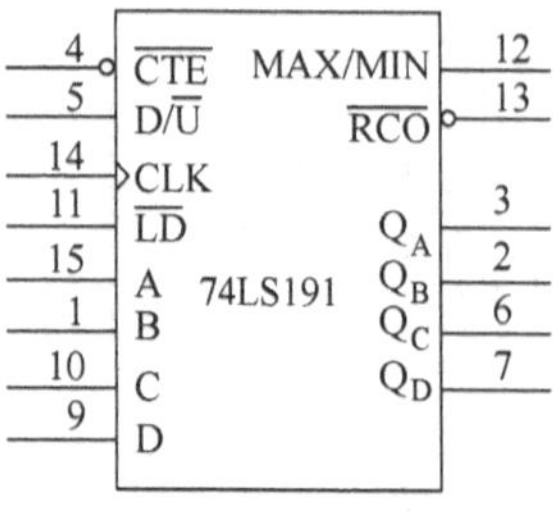

图 9-20 74LS191 的引脚图

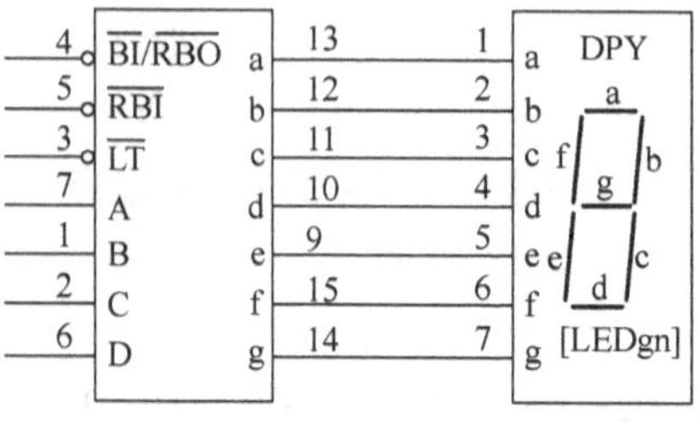

图 9-21 译码与显示电路图

1）译码器74LS48。译码器是一个多输入、多输出的组合逻辑电路。它的工作是把给定的代码进行“翻译”，变成相应的状态，使输出通道中相应的一路有信号输出。译码器在数字系统中有广泛的用途，不仅用于代码的转换、终端的数字显示，还用于数字分配、存储器寻址和组合控制信号等。译码器可以分为通用译码器和显示译码器两大类。在电路中用的译码器是共阴极译码器74LS48，用74LS48把输入的8421BCD码$ABCD$译成7段输出$a \sim g$，再由七段数码管显示相应的数。74LS48的引脚图如图9-22所示。在引脚图中，引脚$\overline{\text{LT}}$、$\overline{\text{RBI}}$、$\overline{\text{BI}}/\overline{\text{RBO}}$都是低电平起作用，作用分别为：

$\overline{\text{LT}}$是试灯输入，用LT可检查七段显示器各字段是否能正常被点燃。

$\overline{\text{BI}}$是灭灯输入，可以使显示灯熄灭。

$\overline{\text{RBI}}$是灭零输入，可以按照需要将显示的零予以熄灭。$\overline{\text{BI}}/\overline{\text{RBO}}$是共用输出端，$\overline{\text{RBO}}$称为灭零输出端，可以配合灭零输入端$\overline{\text{RBI}}$，在多位十进制数表示时，把多余零位熄灭掉，以提高视图的清晰度。也可用共阴译码器74LS248、CD4511。

2）显示器SM421050N。在此电路图中所用的显示器是共阴极形式，阴极必须接地。SM421050N的引脚图如图9-23所示。

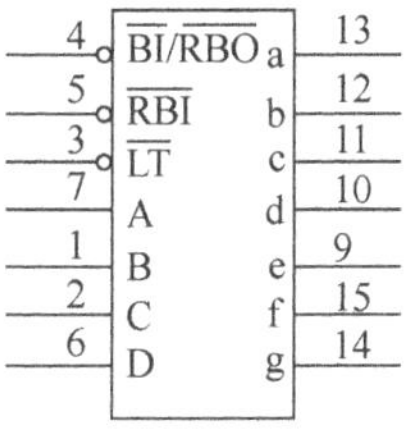

图9-22　74LS48的引脚图

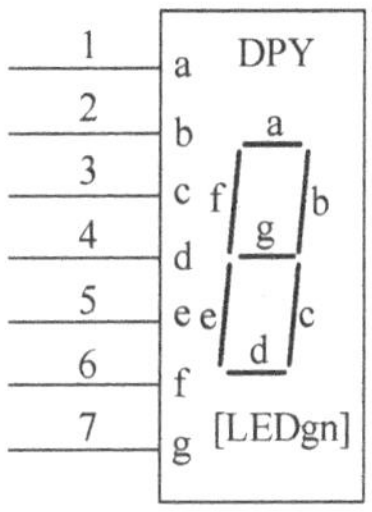

图9-23　SM421050N的引脚图

三、元器件清单

数字电子钟的元器件清单见表9-7。

表9-7　元器件清单

序号	元器件及编号	名称、规格描述	数量	备注
1	U12	集成电路NE555	1	
2	U7 ~ U8	集成电路74LS90	2	
3	U9 ~ U10	集成电路74LS92	2	
4	U1 ~ U6	集成电路74LS48	6	
5	U14	集成电路74LS191	1	
6	U11	集成电路74LS00	1	
7	U13	集成电路74LS74	1	
8		集成电路插座14P	6	
9		集成电路插座16P	7	

（续）

序号	元器件及编号	名称、规格描述	数量	备注
10	DS1 ~ DS6	共阴数码管 LG5011AH	6	
11	C_2	电解电容 10μF/50V	1	
12	R_3、R_4	可调电阻 10kΩ	2	
13	R_5	碳膜电阻 3.3kΩ，1/4W，J	1	
14	R_6	碳膜电阻 2kΩ，1/4W，J	1	
15	R_1	可调电阻 300Ω	1	
16	R_2	碳膜电阻 5.1kΩ，1/4W，J	1	
17	C_1	瓷片电容 0.1μF	1	
18	C_2	电解电容 10μF/50V	1	

9.5 任务实施

一、电路装配准备

1. 制作工具与仪器设备

1）电路焊接工具：电烙铁（25 ~ 35W）、烙铁架、焊锡丝、松香。

2）加工工具：尖嘴钳、偏口钳、一字形螺钉旋具、镊子。

3）测试仪器仪表：万用表。

2. 电路装配线路板设计

本装配线路板可以采用 Protel 99 SE 软件绘制，在装配时应注意各个元器件的方向，不能反接。电路采用双面板设计。数字电子钟顶层和底层布线图如图 9-24 和图 9-25 所示。

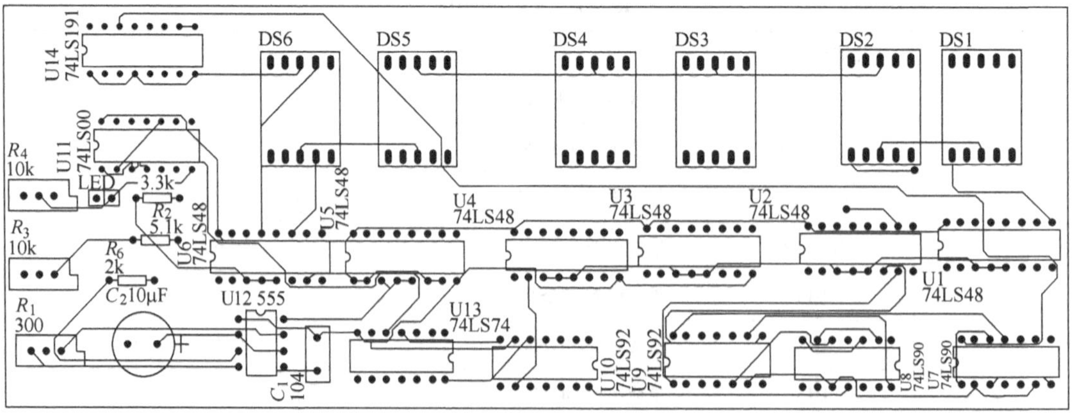

图 9-24 数字电子钟顶层布线图

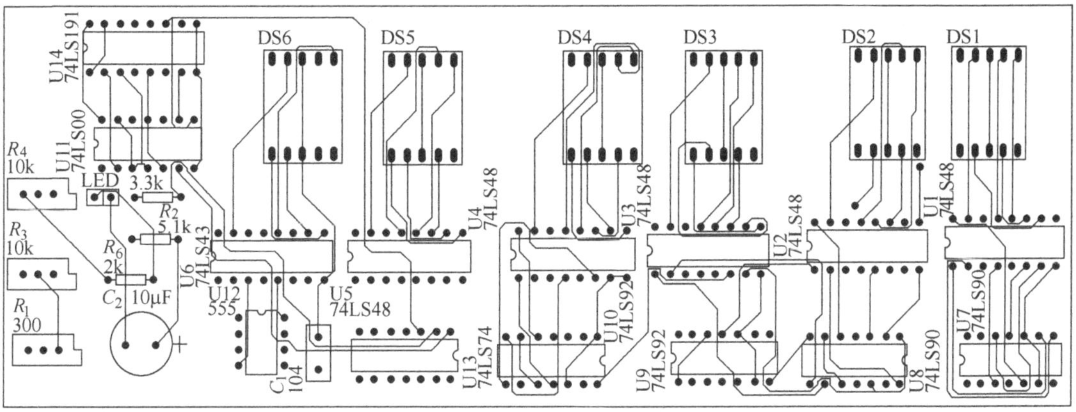

图 9-25　数字电子钟底层布线图

二、制作与调试

1）在万能 PCB（尺寸约为 15cm × 15cm）上，按装配工艺要求插接元器件并焊接。

2）按平面布置图在万能板上安装好各元器件，然后用导线连接电路。

3）电阻采用水平安装，贴紧电路板，电阻的色环方向要一致。

4）可调电阻采用直立安装并紧贴面板，注意三个脚的位置，安装前应调至一定数值。

5）连接导线不能交叉，可正面穿孔焊接，也可反面直接焊接。

6）所有插入焊盘孔的元器件脚及导线均采用直脚焊接，剪脚留头在焊面以上 0.5 ~ 1mm。

7）未要求之处均按常规工艺操作。

8）核对、检查，确认安装、焊接无误后，即可通电测试。

9）反复检查振荡电路。用 5V 直流稳压电源给振荡电路供电，用示波器测试输出脉冲，调节可调电位器，使电路输出的脉冲频率为 1Hz。

三、测试方法和步骤

1）检查秒电路后，用 5V 直流稳压电源给秒电路和振荡电路供电，使其按秒运行。

2）检查分电路后，用 5V 直流稳压电源给秒电路、分电路和振荡电路供电，使其运行正常。

3）检查时电路后，用 5V 直流稳压电源给整个电路供电，使其全部正常运行。

9.6　评分标准

1）根据老师提示查阅相关资料，提出具体设计方案，本书中给出的方案仅供参考。

2）学生需在教师的指导下，验证了方案的可行性后，方可实施。

3）按照指导老师指定的时间在实训室进行操作，并调试。

表 9-8 评分标准

任务：数字电子钟的制作			组：	姓名：	
项　目	配分	考核要求	扣分标准	扣分记录	得分
电路分析	30	能正确分析电路的工作原理	每处错误扣 5 分		
印制电路板的设计制作	20	1. 能手工或用 Protel 设计印制电路板 2. 能正确制作电路板	1. 印制电路板设计不规范，扣 5 分 2. 不能正确制作电路板，每个错误步骤扣 2 分		
电路连接	10	1. 能正确测量电子元器件 2. 能正确使用工具 3. 元器件的位置正确，引脚成形、焊点符合要求，连线正确	1. 不能正确测量元器件，不能正确使用工具，每处扣 2 分 2. 错装、漏装，每处扣 2 分 3. 引脚成形不规范，焊点不符合要求，每处扣 2 分 4. 损坏元器件，连线错误每处扣 2 分		
电路调试	10	能够显示时间	不能显示时间，扣 10 分		
故障分析	10	1. 能正确观察出故障现象 2. 能正确分析故障原因，判断故障范围	1. 故障现象观察错误，每次扣 2 分 2. 故障原因分析错误，每次扣 2 分 3. 故障范围判断过大，每次扣 1 分		
故障检修	10	1. 检修思路清晰，方法运用得当 2. 检修结果正确 3. 正确使用仪表	1. 检修思路不清、方法不当，每次扣 2 分 2. 检修结果错误，扣 5 分 3. 使用仪表错误，每次扣 2 分		
安全文明工作	10	1. 安全用电，无人为损坏仪器、元件和设备 2. 保持环境整洁，秩序井然，操作习惯良好 3. 小组成员协作和谐，态度正确 4. 不迟到、早退、旷课	1. 发生安全事故，扣 10 分 2. 人为损坏设备、元器件，扣 10 分 3. 现场不整洁、工作不文明、团队不协作，扣 5 分 4. 不遵守考勤制度，每次扣 2～5 分		
总分					

9.7 项目小结

数字电子钟的分析与制作主要是使学生熟悉常用数字电路及其设计，在设计过程中培养学生分析问题、解决问题的能力。学生在学习基本的门电路及触发器的相关知识的基础上，设计整体电路，进行相关的计算，得出最优电路，从节约成本的角度考虑电路的设计。同时设计完成后，学生还要根据设计的电路完成数字电子钟电路的安装与调试，此项目可以分组进行，学生在实作的过程中通过模块与整体的设计，掌握设计的思想，并通过安装与调试电路来锻炼动手能力。

项目10　双音门铃的分析与制作

10.1　任务描述

随着电子技术的迅速发展和日益普及，门铃已经得到广泛的应用。它给人们的生活带来极大的方便。门铃的种类很多，如可视门铃、音乐门铃、密码门铃等。本次任务是利用555定时器制作双音门铃，它的音质优美，安装调试简单，成本较低，耗电量也较低。本次任务的要求如下：

1）设计的门铃接上电源后，按上开关发出响声。

2）能够发出两种高低不同的声音，表现为叮咚的高低音。

3）调节滑动变阻器能够调节响音长短，即延时时间。

10.2　任务目标

知识目标	1. 熟悉555定时器电路工作原理 2. 掌握由555定时器构成多谐振荡器、单稳态触发器的方法
技能目标	1. 学会双音门铃的设计方法 2. 独立完成双音门铃的安装与调试
职业素养	1. 具有良好的沟通能力、团队协作精神及职业道德 2. 建立质量、成本、安全及环保的意识

10.3　任务资讯

一、555定时器的组成

555定时器是一种多用途的数字——模拟混合集成电路，利用它能极方便地构成施密特触发器、单稳态触发器和多谐振荡器。由于使用灵活、方便，所以555定时器在波形的产生与变换、测量与控制、家用电器、电子玩具等许多领域中都得到了应用。

图10-1是国产双极型定时器CB555的电路结构图。它由比较器C_1和C_2、基本触发器RS、集电极开路的放电晶体管VT、分压器（由三个5kΩ电阻组成，因此称为555定时器）和输出缓冲门等组成。

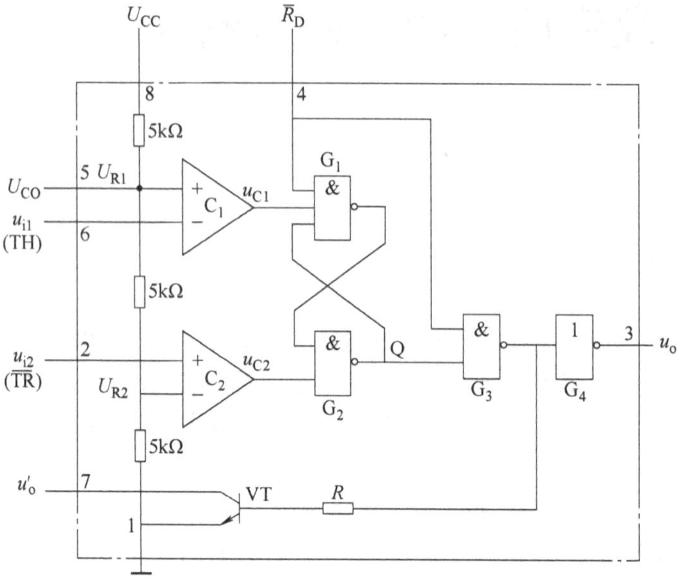

图 10-1　CB555 的电路结构图

二、555 定时器的工作原理

u_{i1}是比较器 C_1 的输入端（也称阈值端，用 TH 标注），u_{i2}是比较器 C_2 的输入端（也称触发端，用$\overline{TR}$标注）。C_1 和 C_2 的参考电压（电压比较的基准）U_{R1}和 U_{R2}由 U_{CC}经三个 5kΩ 电阻分压给出。在控制电压输入端 U_{CO}悬空时，$U_{R1}=\frac{2}{3}U_{CC}$，$U_{R2}=\frac{1}{3}U_{CC}$。如果 U_{CO}外接固定电压，则

$$U_{R1}=U_{CO}\qquad U_{R2}=\frac{1}{2}U_{CO}$$

$\overline{R}_D$ 是置零输入端。只要在$\overline{R}_D$ 端加上低电平，输出端 u_o 便立即被置成低电平，不受其他输入端状态的影响。正常工作时必须使$\overline{R}_D$ 处于高电平。图 10-1 中的标号 1 ~ 8 为器件引脚的编号。

由图 10-1 可知，当 $u_{i1}>U_{R1}$、$u_{i2}>U_{R2}$时，比较器 C_1 的输出 $u_{C1}=0$，比较器 C_2 的输出 $u_{C2}=1$，基本 RS 触发器被置 0，VT 导通，同时 u_o 为低电平。

当 $u_{i1}<U_{R1}$、$u_{i2}>U_{R2}$时，$u_{C1}=1$，$u_{C2}=1$，触发器的状态保持不变，因而 T_D 和输出端的状态也维持不变。

当 $u_{i1}<U_{R1}$、$u_{i2}<U_{R2}$时，$u_{C1}=1$，$u_{C2}=0$，故触发器被置 1，u_o 为高电平，同时 T_D 截止。

当 $u_{i1}>U_{R1}$、$u_{i2}<U_{R2}$时，$u_{C1}=0$，$u_{C2}=0$，触发器处于 $Q=\overline{Q}=1$ 的状态，u_o 处于高电平，同时 VT 截止，这样我们就得到了表 10-1 所示的 CB555 的真值表。

表 10-1　CB555 的真值表

输　入			输　出	
$\overline{R}_D$	u_{i1}	u_{i2}	u_o	VT 状态
0	×	×	0	导通
1	$>\frac{2}{3}U_{CC}$	$>\frac{1}{3}U_{CC}$	0	导通
1	$<\frac{2}{3}U_{CC}$	$>\frac{1}{3}U_{CC}$	不变	不变
1	$<\frac{2}{3}U_{CC}$	$<\frac{1}{3}U_{CC}$	1	截止
1	$>\frac{2}{3}U_{CC}$	$<\frac{1}{3}U_{CC}$	1	截止

为了提高电路的带负载能力，还在输出端设置了缓冲器 G_4。如果将 u_o'端经过电阻接到电源上，那么只要这个电阻的阻值足够大，u_o 为高电平时，u_o'也一定为高电平，u_o 为低电平时，u_o'也一定为低电平。555 定时器能在很宽的电源电压范围内工作，并可承受较大的负载电流，双极型 555 定时器的电源电压范围为 5 ~ 16V，最大的负载电流达 200mA。CMOS 型 7555 定时器的电源电压范围为 3 ~ 18V，但最大负载电流在 4mA 以下。

可以设想，如果使 u_{C1} 和 u_{C2} 的低电平信号发生在输入电压信号的不同电平，那么输出与输入之间的关系将为施密特触发特性；如果在 u_{i2} 加入一个低电平触发信号以后，经过一定的时间能在 u_{C1} 输入端自动产生一个低电平信号，就可以得到单稳态触发器；如果能使 u_{C1} 和 u_{C2} 的低电平信号交替地反复出现，就可以得到多谐振荡器。

三、555 定时器的典型应用

1. 用 555 定时器接成的单稳态触发器

若以 555 定时器的 u_{i2} 端作为触发信号的输入端，并将由 VT 和 R 组成的反相器输出电压 u_o'接至 u_{i1} 端，同时在 u_{i1} 对地接入电容 C 就构成了图 10-2a 所示的单稳态触发器。图 10-2b 所示为其工作波形图。

如果没有触发信号时，u_i 处于高电平，那么稳态时这个电路一定处于 $u_{C1} = u_{C2} = 1$、$Q = 0$，$u_o = 0$ 的状态。假定接通电源后触发器停在 $Q = 0$ 的状态，则 VT 导通 $u_C \approx 0$。故 $u_{C1} = u_{C2} = 1$、$Q = 0$，$u_o = 0$ 的状态将稳定地维持不变。

如果接通电源后触发器停在 $Q = 1$ 的状态了，这时 VT 一定截止，U_{CC} 便经 R 向 C 充电。当充到 $u_C = \frac{2}{3}U_{CC}$ 时，u_{C1} 变为 0，于是将触发器置 0。同时，VT 导通，电容 C 经 VT 迅速放电，使 $u_C \approx 0$。此后由于 $u_{C1} = u_{C2} = 1$，触发器保持 0 状态不变，输出也相应地稳定在 $u_o = 0$ 的状态。

因此，通电后电路便自动地停在 $u_o = 0$ 的稳态。

当触发脉冲的下降沿到达，使 u_{i2} 跳变到 $\frac{1}{3}U_{CC}$ 以下时，使 $u_{C2} = 0$（此时 $u_{C1} = 1$），触发器被置 1，u_o 跳变为高电平，电路进入暂稳态，与此同时 VT 截止，U_{CC} 经 R 开始向电容 C 充电。

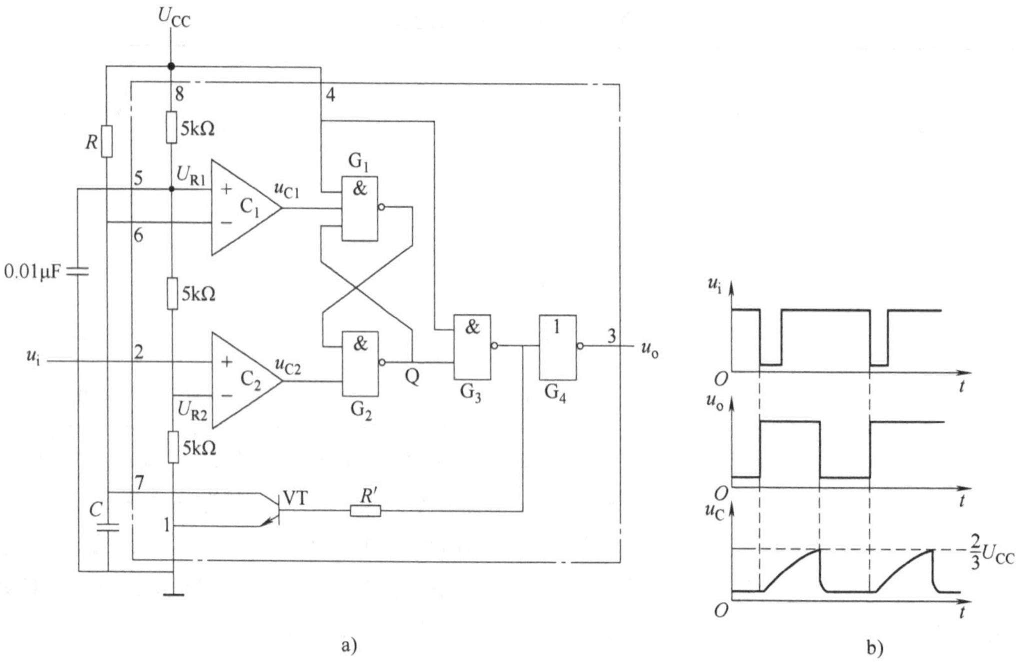

图 10-2 用 555 定时器接成的稳态触发器

a）电路图 b）工作波形图

当充电至 $u_C=\frac{2}{3}U_{CC}$时，u_{C1}变成 0。如果此时输入端的触发脉冲已消失，u_i 回到了高电平，则触发器将被置 0，于是输出返回 $u_o=0$ 的状态。同时 VT 又变为导通状态，电容 C 经 VT 迅速放电，直至 $u_C\approx 0$，电路恢复到稳态。

输出脉冲的宽度 t_W 等于暂稳态的持续时间，而暂稳态的持续时间取决于外接电阻 R 和电容 C 的大小。由图 10-2 可知，t_W 等于电容电压在充电过程中从 0 上升到$\frac{2}{3}U_{CC}$所需要的时间。因此得到

$$t_W=RC\ln\frac{U_{CC}-0}{U_{CC}-\frac{2}{3}U_{CC}}=RC\ln 3=1.1RC \qquad (10\text{-}1)$$

通常 R 的取值在几百欧姆到几兆欧姆之间，电容的取值范围为几百皮法到几百微法，t_W 的范围为几微秒到几分钟。但必须注意，随着 t_W 的宽度增加，它的精度和稳定度也将下降。

2. 用 555 定时器接成的多谐振荡器

用 555 定时器能很方便地接成施密特触发器，然后在施密特触发器的基础上改接成多谐振荡器。接的方法是先将 555 定时器的 u_{i1} 和 u_{i2} 连在一起接成施密特触发器，然后再将 u_o 经 RC 积分电路接回输入端。

为了减轻 G_4 的负载，在电容 C 的容量较大时不宜直接由 G_4 提供电容的充、放电电流。为此，在图 10-3 电路中将 VT 与 R 接成了一个反相器，它的输出 u_o' 与 u_o 在高、低电平状态上完全相同。将 u_o' 经 R_2 和 C 组成的积分电路接到施密特触发器的输入端同样也能构成多谐振荡器。

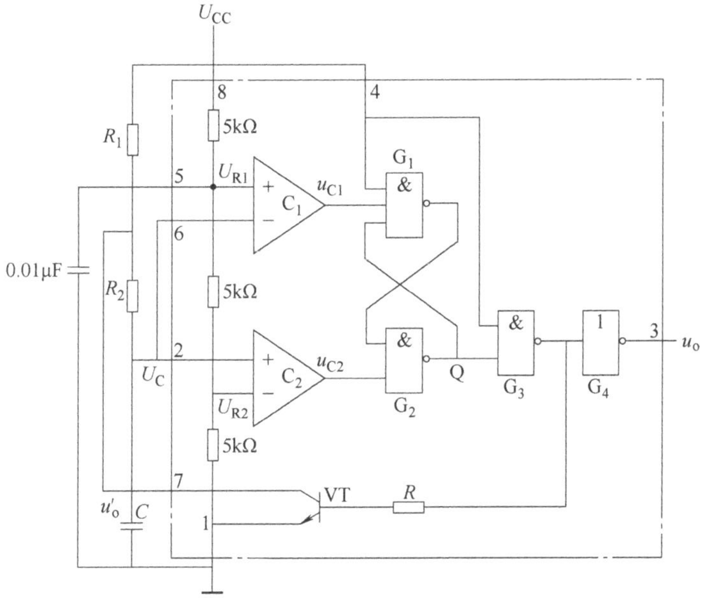

图 10-3　用 555 定时器接成的多谐振荡器

分析得知，电容上的电压 u_C 将在 U_{T+} 与 U_{T-} 之间往复振荡，u_C 和 u_o 的波形如图 10-5 所示。

由图 10-5u_C 的波形，求得电容 C 的充电时间 t_1 和放电时间 t_2 各为

$$t_1 = (R_1 + R_2)C\ln\frac{U_{CC} - U_{T-}}{U_{CC} - U_{T+}} = (R_1 + R_2)C\ln 2 \qquad (10\text{-}2)$$

$$t_2 = R_2 C\ln\frac{0 - U_{T+}}{0 - U_{T-}} = R_2 C\ln 2 \qquad (10\text{-}3)$$

故电路的振荡周期为

$$T = t_1 + t_2 = (R_1 + 2R_2)C\ln 2 \qquad (10\text{-}4)$$

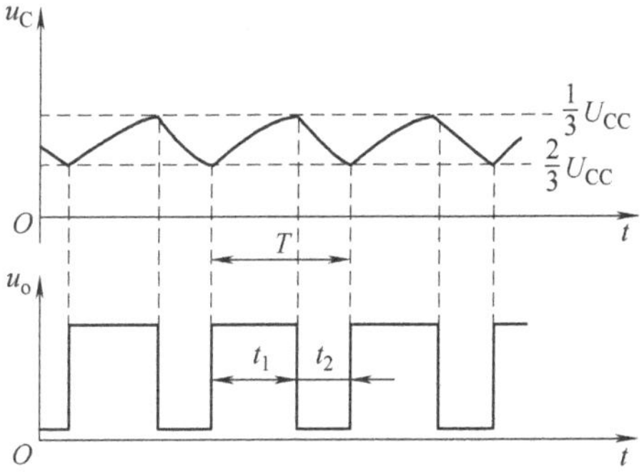

图 10-4　图 10-3 电路的电压波形

振荡频率为

$$f = \frac{1}{T} = \frac{1}{(R_1 + 2R_2)C\ln 2} \qquad (10\text{-}5)$$

通过改变 R 和 C 的参数即可改变振荡频率。用 CB555 组成的多谐振荡器最高振荡频率可达 500kHz，用 CB7555 组成的多谐振荡器最高振荡频率可达 1MHz。

由式（10-3）和式（10-4）可求出输出脉冲的占空比为

$$q = \frac{t_1}{T} = \frac{R_1 + R_2}{R_1 + 2R_2} \qquad (10\text{-}6)$$

式（10-6）说明，图 10-3 电路输出脉冲的占空比始终大于 50%。为了得到小于或等于 50% 的占空比，可以采用图 10-5 所示的改进电路。由于接入了二极管 VD1 和 VD2，电容的

充电电流和放电电流流经不同的路径，充电电流只流经 R_1，放电电流只流经 R_2，因此电容 C 的充电时间变为

$$t_1 = R_1 C\ln 2$$

而放电时间为

$$t_2 = R_2 C\ln 2$$

故得输出脉冲的占空比为

$$q = \frac{R_1}{R_1 + R_2} \tag{10-7}$$

若取 $R_1 = R_2$，则 $q = 50\%$。

图 10-5 电路的振荡周期也相应地变成

$$T = t_1 + t_2 = (R_1 + R_2)C\ln 2 \tag{10-8}$$

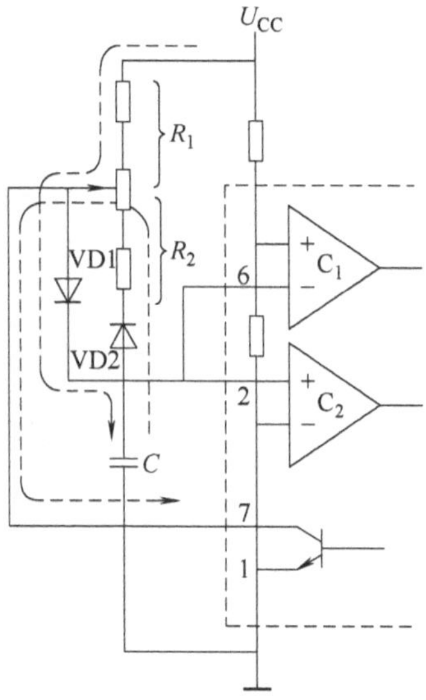

图 10-5 用 555 定时器组成的占空比可调的多谐振荡器

例 10-1 试用 CB555 定时器设计一个多谐振荡器，要求振荡周期为 1s，输出脉冲幅度大于 3V 而小于 5V，输出脉冲的占空比 $q = \frac{2}{3}$。

解： 由 CB555 的特性参数可知，当电源电压取为 5V 时，在 100mA 的输出电流下输出电压的典型值为 3.3V，所以取 $U_{CC} = 5V$ 可以满足对输出脉冲幅度的要求。若采用图 10-3 中的电路，则据式（10-6）可知

$$q = \frac{R_1 + R_2}{R_1 + 2R_2} = \frac{2}{3}$$

故得到 $R_1 = R_2$。

又由式（10-4）知

$$T = (R_1 + 2R_2)C\ln 2 = 1$$

所以 $3R_1 C\ln 2 = 1$

若取 $C = 10\mu F$，则代入上式得到

$$R_1 = \frac{1}{3C\ln 2}\Omega = \frac{1}{3 \times 10^{-5} \times 0.69}\Omega = 48k\Omega$$

因 $R_1 = R_2$，所以取两只 47kΩ 的电阻与一个 2kΩ 的电位器串联，即得到图 10-6 所示的设计结果。

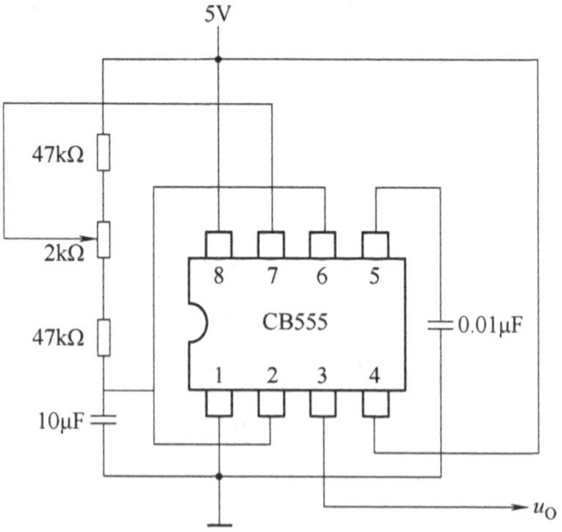

图 10-6 例 10-1 设计的多谐振荡器

10.4 任务分析

特点提示：

1）根据老师提示查阅相关资料，提出具体设计方案，本书中给出的方案仅供参考。

2）学生需在教师的指导下，验证了方案的可行性后，方可实施。

3）按照指导教师指定的时间在实训室进行操作，并调试。

一、电路构成

双音门铃原理图设计方案可参考如图 10-7 所示电路，该电路由核心集成电路 555 定时器及外围元器件组成。其中，SB 是门铃按钮。

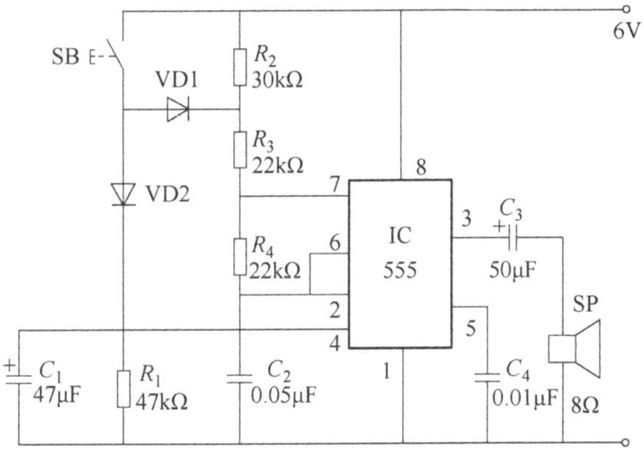

图 10-7　双音门铃原理图

二、工作原理

按下按钮 SB（装在门上），振荡器振荡，振荡频率约 700Hz，扬声器 SP 发出“叮”的声音。与此同时，电源通过二极管 VD2 给 C_1 充电。松开按钮时，C_1 便通过电阻 R_1 放电，维持振荡。松开按扭 SB 后，电阻 R_2 被串入电路，使振荡频率有所改变，大约为 500Hz，此时扬声器 SP 发出“咚”的声音。直到 C_1 上电压放到不能维持 555 振荡为止。“咚”音的长短可通过改变 C_1 的数值来改变。

三、元器件清单

双音门铃的元器件清单见表 10-2。

表 10-2　元器件清单

序号	元件及编号	名称、规格描述	数量	备注
1	R_1	碳膜电阻 47kΩ，1/4W，J	1	
2	R_2	碳膜电阻 30kΩ，1/4W，J	1	
3	R_3、R_4	碳膜电阻 22kΩ，1/4W，J	2	
4	C_1	电解电容 47μF/50V，Z	1	
5	C_2	涤纶电容 0.05μF/63V，M	1	
6	C_3	电解电容 50μF/50V，Z	1	
7	C_4	涤纶电容 0.01μF/63V，M	1	
8	VD1、VD2	2CP	2	
9	SB	XB2EA135	1	按钮
10	IC	NE555	1	
11	SP	阻抗为 8Ω，额定功率为 0.5W	1	扬声器

10.5 任务实施

一、电路装配准备

1. 制作工具与仪器设备

1）电路焊接工具：电烙铁（25～35W）、烙铁架、焊锡丝、松香。

2）加工工具：钳子、镊子。

3）测试仪器仪表：万用表、频率测试仪。

2. 装配电路板设计

（1）装配电路板　装配电路板如图 10-8 所示。

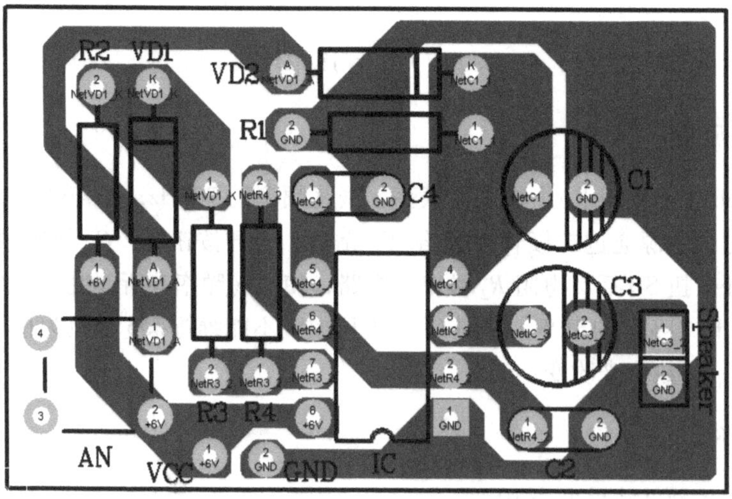

图 10-8　装配电路板

（2）装配电路板设计说明　本装配电路板采用 Protel 99 SE 软件绘制，图 10-8 是从元器件面向下看的透明装配电路板图，在装配时注意各个元器件的方向，不能反接。该电路板的参考尺寸为 60mm×40mm。

二、制作与调试

1）在万能 PCB（尺寸约为 60mm×40mm）上，按装配工艺要求插接元器件并焊接，元器件平面布置图如图 10-9 所示，导线连接图如图 10-10 所示。

2）组装完成后，接通电源，按下按钮，检查是否有声音。如果没有声音，检查焊接电路。

3）有声音，但只有单音，检查 8、4 线方向是否接反。

4）“咚”音的长短可以通过改变 C_1 的容量来改变。

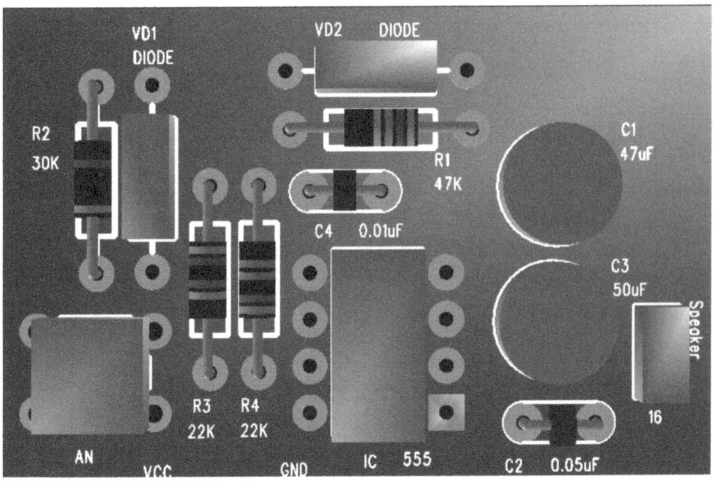

图 10-9　元器件平面布置图（元器件面，供参考）

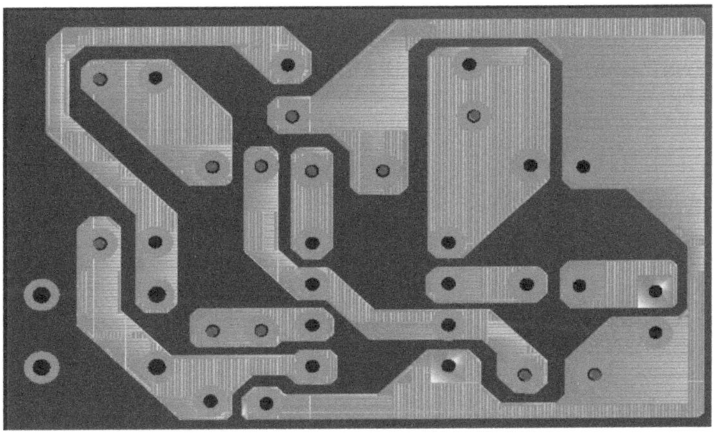

图 10-10　导线连接图（焊接面，供参考）

10.6　评分标准

本项任务的检查评价标准见表 10-3。

表 10-3　任务检查与评价标准

序号	检查项目	分值	评价标准	检查得分	建议考核方式
1	方案设计	20 分	设计方案可行，能够实现所需功能		教师评价 80% + 互评 20%
2	印制电路板的设计制作	10 分	能手工或采用 Protel 99 SE 软件设计印制电路板，能正确制作电路板		教师评价 60% + 互评 20%
3	元器件测量与连线	15 分	能正确测量元器件，工具使用正确，元器件的位置正确，引脚成形、焊点符合要求，连线正确		教师评价 70% + 互评 30%
4	电路调试	10 分	门铃有声音，且是双音，音调合适		教师评价 50% + 互评 50%
5	故障分析与检修	15 分	能正确观察出故障现象，能正确分析故障原因，判断故障范围，检修思路清晰，方法运用得当，检修结果正确，正确使用仪表		教师评价 60% + 互评 40%
6	任务总结报告	10 分	总结报告有完整详细的任务分析、实施、总结过程记录，并能提出一些新的实施建议		教师评价 100%
7	职业素养	20 分	工作积极主动，遵守安全操作规程，安全用电，无人为损坏仪器、元器件和设备，保持环境整洁，秩序井然，操作习惯良好，节约材料，小组成员协作和谐，态度端正		教师评价 30% + 互评 50% + 自评 20%

<table>
<tr><td rowspan="3">学生
自我
总结</td><td>班级</td><td></td><td>姓名</td><td></td><td>学 号</td><td></td></tr>
<tr><td>组别</td><td></td><td>组长签名</td><td></td><td>日 期</td><td></td></tr>
<tr><td>总
结</td><td colspan="5"></td></tr>
<tr><td>教师
评语</td><td colspan="6">教师签名：</td></tr>
</table>

10.7 相关资讯

将 555 定时器的 u_{i1} 和 u_{i2} 两个输入端连在一起作为信号输入端，如图 10-11 所示，即可得到施密特触发器。

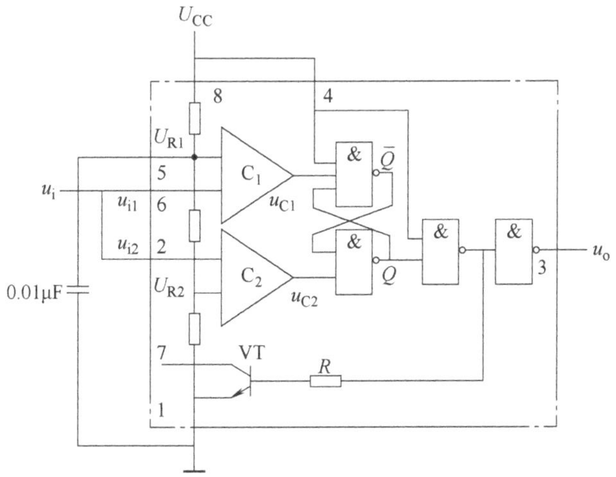

图 10-11 用 555 定时器接成的施密特触发器

由于比较器 C_1 和 C_2 的参考电压不同，因而基本 RS 触发器的置 0 信号（$u_{C1}=0$）和置 1 信号（$u_{C2}=0$）必然会随输入信号 u_i 的不同而改变。因此，输出电压 u_o 由高电平变为低电平和由低电平变为高电平所对应的 u_i 值也不相同，这样就形成了施密特触发特性。

为提高比较器参考电压 U_{R1} 和 U_{R2} 的稳定性，通常在 u_{CO} 端接有 0.01μF 的滤波电容。

首先我们来分析 u_i 从 0 逐渐升高的过程：

当 $u_i<\frac{1}{3}U_{CC}$ 时，$u_{C1}=1$、$u_{C2}=0$，$Q=1$，故 $u_o=U_{oH}$；

当 $\frac{1}{3}U_{CC}<u_i<\frac{2}{3}U_{CC}$ 时，$u_{C1}=u_{C2}=1$，故 $u_o=U_{oH}$ 保持不变；

当 $u_i>\frac{2}{3}U_{CC}$ 以后，$u_{C1}=0$、$u_{C2}=1$，$Q=0$，故 $u_o=U_{oL}$，因此，$U_{T+}=\frac{2}{3}U_{CC}$。

其次，再看 u_i 从高于 $\frac{2}{3}U_{CC}$ 逐渐下降的过程：

当 $\frac{1}{3}U_{CC}<u_i<\frac{2}{3}U_{CC}$ 时，$u_{C1}=u_{C2}=1$，故 $u_o=U_{oL}$ 不变；

当 $u_i<\frac{1}{3}U_{CC}$ 以后，$u_{C1}=1$、$u_{C2}=0$、$Q=1$，故 $u_o=U_{oH}$，因此，$U_{T-}=\frac{1}{3}U_{CC}$。

由此得到电路的回差电压为

$$\Delta U_T = U_{T+} - U_{T-} = \frac{1}{3}U_{CC} \tag{10-9}$$

图 10-12 是图 10-11 电路的电压传输特性，它是一个典型的反相输出施密特触发特性。

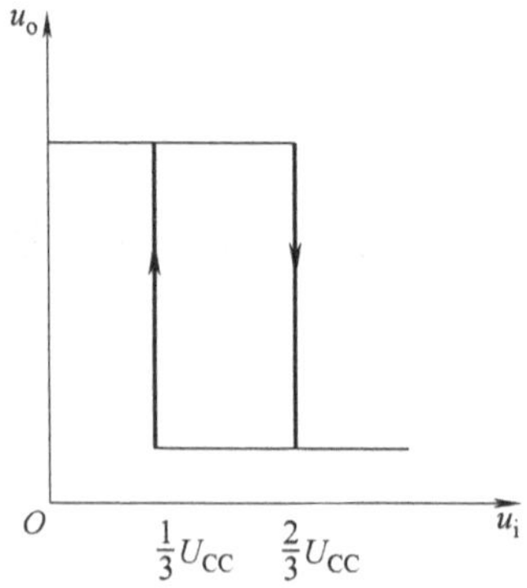

图 10-12 图 10-11 电路的电压传输特性

如果参考电压由外接的电压 U_{CO} 供给，则不难看出这时 $U_{T+}=U_{CO}$，$U_{T-}=\frac{1}{2}U_{CO}$，$\Delta U_T=\frac{1}{2}U_{CO}$。通过改变 U_{CO} 值可以调回差电压的大小。

10.8 项目小结

本项目要求学生掌握 555 定时器电路的工作原理和 555 定时器构成的多谐振荡器——施密特触发器和单稳态触发器。通过双音门铃的安装与调试，使学生掌握双音门铃电路的设计、安装调试。在项目的实施过程中，通过实战操作加深学生对 555 定时电路工作原理的理解，进一步掌握双音门铃电路的安装调试和检测方法，同时制作过程中也提高学生的团队合作意识，锻炼学生的操作技能。

参考文献

[1] 邓木生，周红兵．模拟电子电路分析与应用［M］．北京：高等教育出版社，2009.
[2] 童诗白，华成英．模拟电子技术基础［M］．北京：高等教育出版社，2004.
[3] 唐俊英．电子电路分析与实践［M］．北京：电子工业出版社，2009.
[4] 阎石．数字电子技术基础［M］．北京：高等教育出版社，1989.
[5] 周良权，方向乔．数字电子技术基础［M］．北京：高等教育出版社，2008.
[6] 苏丽萍．电子技术基础［M］．西安：西安电子科技大学出版社，2006.
[7] 何济．模拟电子技术基础［M］．成都：电子科技大学出版社，2003.
[8] 何济．数字电路［M］．成都：电子科技大学出版社，2005.